国家出版基金项目

绿色制造丛书

组织单位 | 中国机械工程学会

国家出版基金项目

NATIONAL PUBLICATION FOUNDATION

丝杠绿色干切
关键技术与装备

王禹林　郭　覃　何　彦
李育锋　李　军　冯虎田　　著

机械工业出版社

CHINA MACHINE PRESS

滚珠丝杠副具有传动性好、传动效率高、传动精度高这些优点，已被广泛应用于高档数控机床和诸多仪器设备中。我国滚珠丝杠副正在逐渐从低技术、低利润的中低端产品向高质量、高利润的中高端产品转变，对高效、高精、高可靠、智能、绿色的高性能制造工艺技术也提出了更为迫切的需求。高速硬态旋铣干切技术具有优质、低耗、高效、绿色等优势，是丝杠批量加工的核心技术，具有较大的市场价值及广阔的应用前景，属于重点发展的绿色制造工艺之一。本书针对丝杠绿色干切工艺关键技术与装备进行了体系化研究，主要内容包括丝杠绿色干切工艺装备及其关键技术的国内外研究现状、旋铣干切机床及刀具设计、干切工艺材料去除机理与建模分析、丝杠干切工艺在线监测与分析和丝杠表面完整性及服役性能试验研究。

　　本书可供工科院校机械类本科生和研究生使用，也可作为相关专业工程技术人员、管理人员以及对绿色制造领域感兴趣的广大公众人员的参考书。

图书在版编目（CIP）数据

丝杠绿色干切关键技术与装备/王禹林等著.—北京：
机械工业出版社，2022.6
　　（绿色制造丛书）
国家出版基金项目
ISBN 978-7-111-70534-5

Ⅰ.①丝… Ⅱ.①王… Ⅲ.①滚珠丝杠–生产技术
Ⅳ.①TH136

中国版本图书馆 CIP 数据核字（2022）第 058923 号

机械工业出版社（北京市百万庄大街22号　邮政编码100037）
策划编辑：郑小光　　　　　责任编辑：郑小光　章承林
责任校对：张　征　李　婷　责任印制：李　娜
北京宝昌彩色印刷有限公司印刷
2022年6月第1版第1次印刷
169mm×239mm·15.25印张·265千字
标准书号：ISBN 978-7-111-70534-5
定价：76.00元

电话服务　　　　　　　　　网络服务
客服电话：010-88361066　机 工 官 网：www.cmpbook.com
　　　　　010-88379833　机 工 官 博：weibo.com/cmp1952
　　　　　010-68326294　金 书 网：www.golden-book.com
封底无防伪标均为盗版　机工教育服务网：www.cmpedu.com

"绿色制造丛书"编撰委员会

主　任
宋天虎　中国机械工程学会
刘　飞　重庆大学

副主任（排名不分先后）
陈学东　中国工程院院士，中国机械工业集团有限公司
单忠德　中国工程院院士，南京航空航天大学
李　奇　机械工业信息研究院，机械工业出版社
陈超志　中国机械工程学会
曹华军　重庆大学

委　员（排名不分先后）
李培根　中国工程院院士，华中科技大学
徐滨士　中国工程院院士，中国人民解放军陆军装甲兵学院
卢秉恒　中国工程院院士，西安交通大学
王玉明　中国工程院院士，清华大学
黄庆学　中国工程院院士，太原理工大学
段广洪　清华大学
刘光复　合肥工业大学
陆大明　中国机械工程学会
方　杰　中国机械工业联合会绿色制造分会
郭　锐　机械工业信息研究院，机械工业出版社
徐格宁　太原科技大学
向　东　北京科技大学
石　勇　机械工业信息研究院，机械工业出版社
王兆华　北京理工大学
左晓卫　中国机械工程学会
朱　胜　再制造技术国家重点实验室
刘志峰　合肥工业大学
朱庆华　上海交通大学

张洪潮　大连理工大学
李方义　山东大学
刘红旗　中机生产力促进中心
李聪波　重庆大学
邱　城　中机生产力促进中心
何　彦　重庆大学
宋守许　合肥工业大学
张超勇　华中科技大学
陈　铭　上海交通大学
姜　涛　工业和信息化部电子第五研究所
姚建华　浙江工业大学
袁松梅　北京航空航天大学
夏绪辉　武汉科技大学
顾新建　浙江大学
黄海鸿　合肥工业大学
符永高　中国电器科学研究院股份有限公司
范志超　合肥通用机械研究院有限公司
张　华　武汉科技大学
张钦红　上海交通大学
江志刚　武汉科技大学
李　涛　大连理工大学
王　蕾　武汉科技大学
邓业林　苏州大学
姚巨坤　再制造技术国家重点实验室
王禹林　南京理工大学
李洪丞　重庆邮电大学

"绿色制造丛书"编撰委员会办公室

主　任
刘成忠　陈超志

成　员（排名不分先后）
王淑芹　曹　军　孙　翠　郑小光　罗晓琪　李　娜　罗丹青　张　强　赵范心
李　楠　郭英玲　权淑静　钟永刚　张　辉　金　程

　　制造是改善人类生活质量的重要途径，制造也创造了人类灿烂的物质文明。

　　也许在远古时代，人类从工具的制作中体会到生存的不易，生命和生活似乎注定就是要和劳作联系在一起的。工具的制作大概真正开启了人类的文明。但即便在农业时代，古代先贤也认识到在某些情况下要慎用工具，如孟子言："数罟不入洿池，鱼鳖不可胜食也；斧斤以时入山林，材木不可胜用也。"可是，我们没能记住古训，直到 20 世纪后期我国乱砍滥伐的现象比较突出。

　　到工业时代，制造所产生的丰富物质使人们感受到的更多是愉悦，似乎自然界的一切都可以为人的目的服务。恩格斯告诫过：我们统治自然界，决不像征服者统治异民族一样，决不像站在自然以外的人一样，相反地，我们同我们的肉、血和头脑一起都是属于自然界，存在于自然界的；我们对自然界的整个统治，仅是我们胜于其他一切生物，能够认识和正确运用自然规律而已（《劳动在从猿到人转变过程中的作用》）。遗憾的是，很长时期内我们并没有听从恩格斯的告诫，却陶醉在"人定胜天"的臆想中。

　　信息时代乃至即将进入的数字智能时代，人们惊叹欣喜，日益增长的自动化、数字化以及智能化将人从本是其生命动力的劳作中逐步解放出来。可是蓦然回首，倏地发现环境退化、气候变化又大大降低了我们不得不依存的自然生态系统的承载力。

　　不得不承认，人类显然是对地球生态破坏力最大的物种。好在人类毕竟是理性的物种，诚如海德格尔所言：我们就是除了其他可能的存在方式以外还能够对存在发问的存在者。人类存在的本性是要考虑"去存在"，要面向未来的存在。人类必须对自己未来的存在方式、自己依赖的存在环境发问！

　　1987 年，以挪威首相布伦特兰夫人为主席的联合国世界环境与发展委员会发表报告《我们共同的未来》，将可持续发展定义为：既满足当代人的需要，又不对后代人满足其需要的能力构成危害的发展。1991 年，由世界自然保护联盟、联合国环境规划署和世界自然基金会出版的《保护地球——可持续生存战略》一书，将可持续发展定义为：在不超出支持它的生态系统承载能力的情况下改善人类的生活质量。很容易看出，可持续发展的理念之要在于环境保护、人的生存和发展。

世界各国正逐步形成应对气候变化的国际共识，绿色低碳转型成为各国实现可持续发展的必由之路。

中国面临的可持续发展的压力尤甚。经过数十年来的发展，2020 年我国制造业增加值突破 26 万亿元，约占国民生产总值的 26%，已连续多年成为世界第一制造大国。但我国制造业资源消耗大、污染排放量高的局面并未发生根本性改变。2020 年我国碳排放总量惊人，约占全球总碳排放量 30%，已经接近排名第 2~5 位的美国、印度、俄罗斯、日本 4 个国家的总和。

工业中最重要的部分是制造，而制造施加于自然之上的压力似乎在接近临界点。那么，为了可持续发展，难道舍弃先进的制造？非也！想想庄子笔下的圃畦丈人，宁愿抱瓮舀水，也不愿意使用桔槔那种杠杆装置来灌溉。他曾教训子贡："有机械者必有机事，有机事者必有机心。机心存于胸中，则纯白不备；纯白不备，则神生不定；神生不定者，道之所不载也。"（《庄子·外篇·天地》）单纯守纯朴而弃先进技术，显然不是当代人应守之道。怀旧在现代世界中没有存在价值，只能被当作追逐幻境。

既要保护环境，又要先进的制造，从而维系人类的可持续发展。这才是制造之道！绿色制造之理念如是。

在应对国际金融危机和气候变化的背景下，世界各国无论是发达国家还是新型经济体，都把发展绿色制造作为赢得未来产业竞争的关键领域，纷纷出台国家战略和计划，强化实施手段。欧盟的"未来十年能源绿色战略"、美国的"先进制造伙伴计划 2.0"、日本的"绿色发展战略总体规划"、韩国的"低碳绿色增长基本法"、印度的"气候变化国家行动计划"等，都将绿色制造列为国家的发展战略，计划实施绿色发展，打造绿色制造竞争力。我国也高度重视绿色制造，《中国制造 2025》中将绿色制造列为五大工程之一。中国承诺在 2030 年前实现碳达峰，2060 年前实现碳中和，国家战略将进一步推动绿色制造科技创新和产业绿色转型发展。

为了助力我国制造业绿色低碳转型升级，推动我国新一代绿色制造技术发展，解决我国长久以来对绿色制造科技创新成果及产业应用总结、凝练和推广不足的问题，中国机械工程学会和机械工业出版社组织国内知名院士和专家编写了"绿色制造丛书"。我很荣幸为本丛书作序，更乐意向广大读者推荐这套丛书。

编委会遴选了国内从事绿色制造研究的权威科研单位、学术带头人及其团队参与编著工作。丛书包含了作者们对绿色制造前沿探索的思考与体会，以及对绿色制造技术创新实践与应用的经验总结，非常具有前沿性、前瞻性和实用性，值得一读。

丛书的作者们不仅是中国制造领域中对人类未来存在方式、人类可持续发展的发问者，更是先行者。希望中国制造业的管理者和技术人员跟随他们的足迹，通过阅读丛书，深入推进绿色制造！

华中科技大学　李培根
2021 年 9 月 9 日于武汉

丛书序二

在全球碳排放量激增、气候加速变暖的背景下，资源与环境问题成为人类面临的共同挑战，可持续发展日益成为全球共识。发展绿色经济、抢占未来全球竞争的制高点，通过技术创新、制度创新促进产业结构调整，降低能耗物耗、减少环境压力、促进经济绿色发展，已成为国家重要战略。我国明确将绿色制造列为《中国制造2025》五大工程之一，制造业的"绿色特性"对整个国民经济的可持续发展具有重大意义。

随着科技的发展和人们对绿色制造研究的深入，绿色制造的内涵不断丰富，绿色制造是一种综合考虑环境影响和资源消耗的现代制造业可持续发展模式，涉及整个制造业，涵盖产品整个生命周期，是制造、环境、资源三大领域的交叉与集成，正成为全球新一轮工业革命和科技竞争的重要新兴领域。

在绿色制造技术研究与应用方面，围绕量大面广的汽车、工程机械、机床、家电产品、石化装备、大型矿山机械、大型流体机械、船用柴油机等领域，重点开展绿色设计、绿色生产工艺、高耗能产品节能技术、工业废弃物回收拆解与资源化等共性关键技术研究，开发出成套工艺装备以及相关试验平台，制定了一批绿色制造国家和行业技术标准，开展了行业与区域示范应用。

在绿色产业推进方面，开发绿色产品，推行生态设计，提升产品节能环保低碳水平，引导绿色生产和绿色消费。建设绿色工厂，实现厂房集约化、原料无害化、生产洁净化、废物资源化、能源低碳化。打造绿色供应链，建立以资源节约、环境友好为导向的采购、生产、营销、回收及物流体系，落实生产者责任延伸制度。壮大绿色企业，引导企业实施绿色战略、绿色标准、绿色管理和绿色生产。强化绿色监管，健全节能环保法规、标准体系，加强节能环保监察，推行企业社会责任报告制度。制定绿色产品、绿色工厂、绿色园区标准，构建企业绿色发展标准体系，开展绿色评价。一批重要企业实施了绿色制造系统集成项目，以绿色产品、绿色工厂、绿色园区、绿色供应链为代表的绿色制造工业体系基本建立。我国在绿色制造基础与共性技术研究、离散制造业传统工艺绿色生产技术、流程工业新型绿色制造工艺技术与设备、典型机电产品节能减排技术、退役机电产品拆解与再制造技术等方面取得了较好的成果。

但是作为制造大国，我国仍未摆脱高投入、高消耗、高排放的发展方式，资源能源消耗和污染排放与国际先进水平仍存在差距，制造业绿色发展的目标尚未完成，社会技术创新仍以政府投入主导为主；人们虽然就绿色制造理念形成共识，但绿色制造技术创新与我国制造业绿色发展战略需求还有很大差距，一些亟待解决的主要问题依然突出。绿色制造基础理论研究仍主要以跟踪为主，原创性的基础研究仍较少；在先进绿色新工艺、新材料研究方面部分研究领域有一定进展，但颠覆性和引领性绿色制造技术创新不足；绿色制造的相关产业还处于孕育和初期发展阶段。制造业绿色发展仍然任重道远。

本丛书面向构建未来经济竞争优势，进一步阐述了深化绿色制造前沿技术研究，全面推动绿色制造基础理论、共性关键技术与智能制造、大数据等技术深度融合，构建我国绿色制造先发优势，培育持续创新能力。加强基础原材料的绿色制备和加工技术研究，推动实现功能材料特性的调控与设计和绿色制造工艺，大幅度地提高资源生产率水平，提高关键基础件的寿命、高分子材料回收利用率以及可再生材料利用率。加强基础制造工艺和过程绿色化技术研究，形成一批高效、节能、环保和可循环的新型制造工艺，降低生产过程的资源能源消耗强度，加速主要污染排放总量与经济增长脱钩。加强机械制造系统能量效率研究，攻克离散制造系统的能量效率建模、产品能耗预测、能量效率精细评价、产品能耗定额的科学制定以及高能效多目标优化等关键技术问题，在机械制造系统能量效率研究方面率先取得突破，实现国际领先。开展以提高装备运行能效为目标的大数据支承设计平台，基于环境的材料数据库、工业装备与过程匹配自适应设计技术、工业性试验技术与验证技术研究，夯实绿色制造技术发展基础。

在服务当前产业动力转换方面，持续深入细致地开展基础制造工艺和过程的绿色优化技术、绿色产品技术、再制造关键技术和资源化技术核心研究，研究开发一批经济性好的绿色制造技术，服务经济建设主战场，为绿色发展做出应有的贡献。开展铸造、锻压、焊接、表面处理、切削等基础制造工艺和生产过程绿色优化技术研究，大幅降低能耗、物耗和污染物排放水平，为实现绿色生产方式提供技术支承。开展在役再设计再制造技术关键技术研究，掌握重大装备与生产过程匹配的核心技术，提高其健康、能效和智能化水平，降低生产过程的资源能源消耗强度，助推传统制造业转型升级。积极发展绿色产品技术，研究开发轻量化、低功耗、易回收等技术工艺,研究开发高效能电机、锅炉、内燃机及电器等终端用能产品,研究开发绿色电子信息产品,引导绿色消费。开展新型过程绿色化技术研究,全面推进钢铁、化工、建材、轻工、印染等行业绿色制造流程技术创新,新型化工过程强化技术节能环保集成优化技术创新。开展再制造与资源化技术研究,研究开发新一代再制造技术与装备,深入推进废旧汽车(含新能源汽车)零部件和退役机电产品回收逆向物流系统、拆解/破碎/分离、高附加值资源化等关键技术与装备研究并应用示范,实现机电、汽车等产品的可拆卸和易回收。研究开发钢铁、冶金、石化、轻工等制造流程副产品绿色协同处理与循环利用技术,提高流程制造资源高效利用绿色产业链技术创新能力。

在培育绿色新兴产业过程中,加强绿色制造基础共性技术研究,提升绿色制造科技创新与保障能力,培育形成新的经济增长点。持续开展绿色设计、产品全生命周期评价方法与工具的研究开发,加强绿色制造标准法规和合格评判程序与范式研究,针对不同行业形成方法体系。建设绿色数据中心、绿色基站、绿色制造技术服务平台,建立健全绿色制造技术创新服务体系。探索绿色材料制备技术,培育形成新的经济增长点。开展战略新兴产业市场需求的绿色评价研究,积极引领新兴产业高起点绿色发展,大力促进新材料、新能源、高端装备、生物产业绿色低碳发展。推动绿色制造技术与信息的深度融合,积极发展绿色车间、绿色工厂系统、绿色制造技术服务业。

非常高兴为本丛书作序。我们既面临赶超跨越的难得历史机遇,也面临差距拉大的严峻挑战,唯有勇立世界技术创新潮头,才能赢得发展主动权,为人类文明进步做出更大贡献。相信这套丛书的出版能够推动我国绿色科技创新,实现绿色产业引领式发展。绿色制造从概念提出至今,取得了长足进步,希望未来有更多青年人才积极参与到国家制造业绿色发展与转型中,推动国家绿色制造产业发展,实现制造强国战略。

中国机械工业集团有限公司 陈学东

2021 年 7 月 5 日于北京

丛书序三

　　绿色制造是绿色科技创新与制造业转型发展深度融合而形成的新技术、新产业、新业态、新模式,是绿色发展理念在制造业的具体体现,是全球新一轮工业革命和科技竞争的重要新兴领域。

　　我国自 20 世纪 90 年代正式提出绿色制造以来,科学技术部、工业和信息化部、国家自然科学基金委员会等在"十一五""十二五""十三五"期间先后对绿色制造给予了大力支持,绿色制造已经成为我国制造业科技创新的一面重要旗帜。多年来我国在绿色制造模式、绿色制造共性基础理论与技术、绿色设计、绿色制造工艺与装备、绿色工厂和绿色再制造等关键技术方面形成了大量优秀的科技创新成果,建立了一批绿色制造科技创新研发机构,培育了一批绿色制造创新企业,推动了全国绿色产品、绿色工厂、绿色示范园区的蓬勃发展。

　　为促进我国绿色制造科技创新发展,加快我国制造企业绿色转型及绿色产业进步,中国机械工程学会和机械工业出版社联合中国机械工程学会环境保护与绿色制造技术分会、中国机械工业联合会绿色制造分会,组织高校、科研院所及企业共同策划了"绿色制造丛书"。

　　丛书成立了包括李培根院士、徐滨士院士、卢秉恒院士、王玉明院士、黄庆学院士等 50 多位顶级专家在内的编委会团队,他们确定选题方向,规划丛书内容,审核学术质量,为丛书的高水平出版发挥了重要作用。作者团队由国内绿色制造重要创导者与开拓者刘飞教授牵头,陈学东院士、单忠德院士等 100 余位专家学者参与编写,涉及 20 多家科研单位。

　　丛书共计 32 册,分三大部分:① 总论,1 册;② 绿色制造专题技术系列,25 册,包括绿色制造基础共性技术、绿色设计理论与方法、绿色制造工艺与装备、绿色供应链管理、绿色再制造工程 5 大专题技术;③ 绿色制造典型行业系列,6 册,涉及压力容器行业、电子电器行业、汽车行业、机床行业、工程机械行业、冶金设备行业等 6 大典型行业应用案例。

　　丛书获得了 2020 年度国家出版基金项目资助。

　　丛书系统总结了"十一五""十二五""十三五"期间,绿色制造关键技术与装备、国家绿色制造科技重点专项等重大项目取得的基础理论、关键技术和装备成果，凝结了广大绿色制造科技创新研究人员的心血，也包含了作者对绿色制造前沿探索的思考与体会，为我国绿色制造发展提供了一套具有前瞻性、系统性、实用性、引领性的高品质专著。丛书可为广大高等院校师生、科研院所研发人员以及企业工程技术人员提供参考，对加快绿色制造创新科技在制造业中的推广、应用，促进制造业绿色、高质量发展具有重要意义。

当前我国提出了 2030 年前碳排放达峰目标以及 2060 年前实现碳中和的目标，绿色制造是实现碳达峰和碳中和的重要抓手，可以驱动我国制造产业升级、工艺装备升级、重大技术革新等。因此，丛书的出版非常及时。

绿色制造是一个需要持续实现的目标。相信未来在绿色制造领域我国会形成更多具有颠覆性、突破性、全球引领性的科技创新成果，丛书也将持续更新，不断完善，及时为产业绿色发展建言献策，为实现我国制造强国目标贡献力量。

中国机械工程学会　宋天虎

2021 年 6 月 23 日于北京

数控机床是装备制造业的基础，滚珠丝杠副是数控机床和高端装备中使用最广泛的关键传动部件，具有传动性好、传动效率高、传动精度高等优点，国内市场需求超百亿元/年。然而当前我国中高端滚珠丝杠副的市场占有率仍然较低，大部分精密高速重载滚珠丝杠副仍需进口，严重制约了我国高档数控机床和重大装备的自主可控，改变这种状况的关键在于突破丝杠高效、高精、高可靠制造工艺的瓶颈难题。

丝杠旋铣干切工艺是一种无须使用切削液的典型绿色高效制造工艺和核心前沿技术，在高档精密数控机床行业乃至装备制造业的高品质丝杠批量加工中有着广阔的应用前景。区别于普通切削方式，丝杠干切工艺具有时变断续冲击硬态切削、多自由度耦合运动多刃渐进成形，以及复杂强热力耦合干式切削等特殊性，其切削过程是一个复杂的加工过程，亟须攻克其中的材料去除机理、装备优化设计、试验测试分析等关键技术，指导丝杠旋铣干切工艺的优化改进，提升产品质量、加工效率和稳定性，同时也有助于促进我国绿色制造工艺的推行实施。

本书共5章：第1章丝杠绿色干切工艺综述，主要介绍了丝杠绿色干切工艺与装备概述、工艺及其关键技术的国内外研究现状；第2章丝杠绿色旋铣干切机床及刀具设计，主要介绍了丝杠绿色干切工作原理和关键技术，以及旋铣机床和刀具的设计与分析；第3章丝杠绿色干切工艺材料去除机理与建模分析，主要介绍了丝杠断续干切几何成形机理、干切系统动力学建模分析、切削热建模与分析，以及切削比能建模分析；第4章丝杠干切工艺在线监测与分析，主要介绍了干切工艺的在线监测技术、环境污染排放、切削力、切削振动、切削温度、切削比能的试验与分析；第5章丝杠表面完整性及服役性能试验研究，主要介绍了丝杠旋铣滚道表面几何形貌、表面微观组织、力学性能的试验研究和多目标优化，以及滚珠丝杠副的服役性能试验。

本书由王禹林统稿，主要由王禹林、郭覃和何彦撰写，李育锋、李军和冯虎田参与撰写。其中郭覃撰写了3.1.1小节、3.1.2小节、5.1~5.3节，何彦撰写了 3.1.3 小节、3.3 节、3.4 节,李育锋撰写了 4.6 节、5.4 节,李军为主撰写了 2.1~2.4 节,冯虎田撰写了 5.5 节,其余章节由王禹林撰写。

本书有关研究工作得到了"高档数控机床与基础制造装备"国家科技重大专项、"制造基础技术与关键部件"国家重点研发计划,以及国家自然科学基金等的资助。本书的编写与出版得到了国家出版基金项目的支持;本书有关试验工作得到了陕西汉江机床有限公司及工业和信息化部数控机床功能部件共性技术重点实验室的大力支持;本书部分章节的编写过程还得到了欧屹副研究员的大力支持,研究生王杨敏、刘超、王乐祥等参加了大量编写校核工作,在此一并表示由衷的感谢。

本书在取材方面力求资料新颖、涉猎面广,理论与实践相结合,文字表述力求简洁,以达到既为读者提供更多新的信息,又能实现通俗易懂的目的。本书在写作过程中参考了有关文献(都已尽可能地列在了各章章末),在此向所有被引用文献的作者表示诚挚的谢意。由于作者水平有限,书中难免存在不妥之处,敬请广大读者批评和指正。

作　者

2021 年 12 月

目录 CONTENTS

丛书序一

丛书序二

丛书序三

前　言

第1章　丝杠绿色干切工艺综述 ·· 1

1.1　丝杠绿色干切工艺与装备概述 ·· 2

1.1.1　滚珠丝杠副概述 ·· 2

1.1.2　丝杠绿色干切工艺概述 ·· 3

1.1.3　丝杠绿色干切装备概述 ·· 6

1.2　丝杠绿色干切工艺关键技术研究现状 ·· 10

1.2.1　材料去除机理研究现状 ·· 10

1.2.2　系统力热特性研究现状 ·· 12

1.2.3　切削动态特性研究现状 ·· 14

1.2.4　切削比能和工艺能耗研究现状 ·· 15

1.2.5　加工表面完整性研究现状 ·· 16

1.2.6　工艺优化研究现状 ·· 18

参考文献 ·· 19

第2章　丝杠绿色旋铣干切机床及刀具设计 ·· 29

2.1　丝杠内/外旋铣工作原理 ·· 30

2.2　丝杠旋铣机床设计要点 ·· 31

2.2.1　丝杠外旋铣机床 ·· 31

2.2.2　丝杠内旋铣机床 ·· 32

2.3　丝杠旋铣干切关键技术 ·· 36

2.3.1　针对超长丝杠的接刀策略 ·· 36

2.3.2　工件随动抱紧装置的设计 ·· 37

　　　2.3.3　压缩空气浅低温强力冷却技术应用 ‥‥‥‥‥‥‥ 38

　　　2.3.4　铣头系统设计制造与分析 ‥‥‥‥‥‥‥‥‥‥‥ 40

　　2.4　丝杠旋铣干切刀具 ‥‥‥‥‥‥‥‥‥‥‥‥‥‥‥‥‥ 49

　　　2.4.1　刀具材料选择 ‥‥‥‥‥‥‥‥‥‥‥‥‥‥‥‥‥ 49

　　　2.4.2　刀具结构设计 ‥‥‥‥‥‥‥‥‥‥‥‥‥‥‥‥‥ 50

　　　2.4.3　刀具制造工艺 ‥‥‥‥‥‥‥‥‥‥‥‥‥‥‥‥‥ 52

　　　2.4.4　刀具使用方法 ‥‥‥‥‥‥‥‥‥‥‥‥‥‥‥‥‥ 52

　　　2.4.5　刀具修型技术 ‥‥‥‥‥‥‥‥‥‥‥‥‥‥‥‥‥ 53

　　2.5　丝杠旋铣机床整机动态特性分析 ‥‥‥‥‥‥‥‥‥‥‥ 55

　　　2.5.1　接合面的等效模型 ‥‥‥‥‥‥‥‥‥‥‥‥‥‥‥ 56

　　　2.5.2　接合面的参数识别 ‥‥‥‥‥‥‥‥‥‥‥‥‥‥‥ 58

　　　2.5.3　整机动态特性分析 ‥‥‥‥‥‥‥‥‥‥‥‥‥‥‥ 60

　参考文献 ‥‥‥‥‥‥‥‥‥‥‥‥‥‥‥‥‥‥‥‥‥‥‥‥‥ 65

第3章　丝杠绿色干切工艺材料去除机理与建模分析 ‥‥‥‥‥ 67

　3.1　丝杠断续干切几何成形机理 ‥‥‥‥‥‥‥‥‥‥‥‥‥‥ 68

　　　3.1.1　丝杠滚道几何成形分析 ‥‥‥‥‥‥‥‥‥‥‥‥‥ 68

　　　3.1.2　丝杠滚道表面形貌表征建模 ‥‥‥‥‥‥‥‥‥‥‥ 72

　　　3.1.3　锯齿状切屑形成机理研究 ‥‥‥‥‥‥‥‥‥‥‥‥ 75

　3.2　丝杠干切系统动力学建模分析 ‥‥‥‥‥‥‥‥‥‥‥‥‥ 84

　　　3.2.1　切削力理论及仿真建模 ‥‥‥‥‥‥‥‥‥‥‥‥‥ 84

　　　3.2.2　丝杠干切系统动力学建模 ‥‥‥‥‥‥‥‥‥‥‥‥ 88

　　　3.2.3　变激励、变约束下的系统动态特性分析 ‥‥‥‥‥‥ 93

　　　3.2.4　系统动态响应特性优化 ‥‥‥‥‥‥‥‥‥‥‥‥‥ 102

　3.3　丝杠旋铣切削热建模与分析 ‥‥‥‥‥‥‥‥‥‥‥‥‥‥ 106

　　　3.3.1　丝杠旋铣干切的时变热源建模 ‥‥‥‥‥‥‥‥‥‥ 106

　　　3.3.2　基于时变热源与动态切削力的切削温度场建模 ‥‥‥ 113

　　　3.3.3　模型验证及分析 ‥‥‥‥‥‥‥‥‥‥‥‥‥‥‥‥ 119

　3.4　丝杠旋铣切削比能建模分析 ‥‥‥‥‥‥‥‥‥‥‥‥‥‥ 124

　　　3.4.1　切削比能建模分析 ‥‥‥‥‥‥‥‥‥‥‥‥‥‥‥ 124

　　　3.4.2　丝杠旋铣切削比能的影响特性分析 ‥‥‥‥‥‥‥‥ 128

参考文献 ·· 135

第4章　丝杠干切工艺在线监测与分析 ···················· 139

4.1　丝杠干切工艺在线监测技术 ······················ 140
4.1.1　环境污染排放监测 ······························· 140
4.1.2　切削力在线监测 ································· 144
4.1.3　切削振动在线监测 ······························· 148
4.1.4　切削温度在线监测 ······························· 152
4.1.5　切削能耗在线监测 ······························· 153

4.2　环境污染排放试验与分析 ························· 154
4.2.1　试验设计 ······································· 154
4.2.2　环境污染排放试验验证与影响分析 ··············· 155

4.3　切削力模型试验与分析 ··························· 157
4.3.1　试验设计 ······································· 157
4.3.2　切削力模型试验验证与影响分析 ················· 158

4.4　切削振动试验与分析 ····························· 161
4.4.1　试验设计 ······································· 161
4.4.2　工艺参数和支承装夹约束状态对切削振动的影响分析 ······· 165

4.5　切削温度模型试验与分析 ························· 168
4.5.1　试验设计 ······································· 168
4.5.2　切削温度模型试验验证与影响分析 ··············· 169

4.6　切削比能模型试验与分析 ························· 170
4.6.1　试验设计 ······································· 170
4.6.2　切削比能模型试验验证与影响分析 ··············· 172
4.6.3　工艺参数对切削比能的贡献度分析 ··············· 174

参考文献 ··· 176

第5章　丝杠表面完整性及服役性能试验研究 ············ 179

5.1　丝杠旋铣滚道的表面几何形貌试验研究 ············· 180
5.1.1　试验设计 ······································· 180
5.1.2　试验结果分析 ··································· 181

5.2　丝杠旋铣滚道的表面微观组织试验研究 ············· 185

　　　5.2.1　试验设计 ………………………………………… 186

　　　5.2.2　试验结果分析 ……………………………………… 188

5.3　丝杠旋铣滚道的表面力学性能试验研究 …………………… 194

　　　5.3.1　试验设计 ………………………………………… 194

　　　5.3.2　试验结果分析 ……………………………………… 195

5.4　丝杠旋铣的多目标优化 ……………………………………… 198

　　　5.4.1　试验设计 ………………………………………… 199

　　　5.4.2　响应曲面法建模与分析 …………………………… 202

　　　5.4.3　多目标优化建模与求解 …………………………… 204

5.5　滚珠丝杠副服役性能试验研究 ……………………………… 208

　　　5.5.1　主要失效形式和服役性能指标 …………………… 208

　　　5.5.2　丝杠副服役性能试验台 …………………………… 211

　　　5.5.3　丝杠副服役性能加速试验方法 …………………… 213

　　　5.5.4　丝杠副服役性能试验实施案例 …………………… 221

参考文献 ……………………………………………………………… 225

第 1 章

———

丝杠绿色干切工艺综述

1.1 丝杠绿色干切工艺与装备概述

1.1.1 滚珠丝杠副概述

滚珠丝杠副是一种可以将螺旋运动与直线运动进行双向转换的传动元件，其结构包括丝杠、螺母和滚珠，如图1-1所示。滚珠在螺母与丝杠滚道之间滚动，构成滚动体在闭合回路中循环的螺旋传动机构。这种运动方式把滑动接触变成了滚动接触，与滑动接触相比大大提高了传动效率。例如，与滑动丝杠副相比，滚珠丝杠副只需要原来1/3的动力即可达到同一水平的传动效果。相比滑动螺旋传动、静压螺旋传动，滚珠丝杠副传动具有如下优点。

图1-1 滚珠丝杠副

（1）传动效率高 对于滑动螺旋传动，在定期润滑的条件下，丝杠与青铜（或铸铁）螺母间的滑动摩擦系数 μ 在 0.06~0.15 之间，摩擦阻力大，传动效率低（一般低于40%）。滚珠丝杠副传动的摩擦系数 μ 一般在 0.0025~0.0035 之间，其传动摩擦阻力大大减小，传动效率极大提高。当摩擦系数 μ = 0.003、导程角 λ = 2°时，传动效率可达90%以上；当导程角 λ = 3°时，传动效率可升至95%以上；当导程角 λ 继续增大时，传动效率的理论值可高达98%。滚珠丝杠副传动效率相当于滑动螺旋传动的 2~4 倍，能以较小动力推动较大负荷，而功率消耗只有滑动螺旋传动的 1/4~1/2，不仅大大减轻了操作者的劳动强度，而且在机械小型化、减小机械起动后颤动和滞后时间以及节省能源等方面具有重要意义。

（2）传动具有可逆性 滚珠丝杠副传动不仅正传动效率（简称正效率）高，而且逆传动效率（简称逆效率）同样高达98%。它既可把回转运动变成直线运动（简称正传动），又可把直线运动变成回转运动（简称逆传动）。滚珠丝杠副传动具有可逆性，这对逆传动有好处，但它却不像滑动螺旋传动那样具有自锁能力。在某些机构中，特别是竖直升降机构中使用滚珠丝杠副传动时，必须设置防逆转装置。因此，滚珠丝杠副与滑动螺旋传动相比机构比较庞杂，但与静压螺旋传动相比，仍然属于简单紧凑机构，也易于维修。

（3）同步性能好 由于滚珠丝杠副传动的滚动摩擦特性，其摩擦阻力几乎与运动速度无关，静摩擦力矩极小，起动摩擦力矩与运动摩擦力矩接近。因此，运动起动时无颤动，低速下运行无爬行。这不但缩短了起动时间，消除了滑动螺旋传动中的滑移现象，而且大大提高了传动的灵敏度与准确度，具有持续平稳运行的特点。当用几套同样的滚珠丝杠副同时驱动几个相同的部件或装置时，包括起动的同时性、运行中的速度和位移等，都具有一致性，这就是所说的同步性。

（4）传动精度高 传动精度主要是指进给精度和轴向定位精度。经过淬硬和精磨螺纹滚道的滚珠丝杠副，本身就具有较高的进给精度。当采用预紧螺母时，则能完全消除轴向间隙。如果预紧力适当（即最佳预紧力），在不增加驱动力矩和基本不降低传动效率的前提下，能提高传动系统的刚度和定位精度。在带有反馈系统的滚珠丝杠副传动中，通过机电补偿伺服系统，能获得较高的重复定位精度。由于滚珠丝杠副传动摩擦小，工作时本身几乎没有温度变化，因此不但进给速度稳定，而且丝杠尺寸也非常稳定，这就是具有很高定位精度和重复定位精度的重要原因。

（5）使用寿命长 滚珠丝杠副的丝杠、螺母和滚珠都经过淬硬，而且滚动摩擦产生磨损极小，故滚珠丝杠副经长期使用仍能保持其精度，工作寿命很长，这是滑动螺旋副无法比拟的。一般来说，滚珠丝杠副寿命比滑动螺旋副高 5~6 倍，在某些使用场合下甚至可高达 10 倍左右。使用寿命长这一优点，可相对弥补滚珠丝杠副制造成本较高的不足。

因为滚珠丝杠副具有传动性好、传动效率高、传动精度高这些优点，所以它已被广泛应用于机床和仪器等诸多工业设备中，国内市场需求达百亿元/年。然而，目前我国中高端滚珠丝杠副的市场占有率仅为 20%，高端产品不足 5%，大部分精密、高速、重载滚珠丝杠副仍需进口，严重制约了我国高档数控机床和航空、航天、高铁、船舶、桥梁等重大装备的自主可控，突破的关键在于攻克丝杠高效、高精、高可靠制造工艺的瓶颈难题。

▶ 1.1.2 丝杠绿色干切工艺概述

国内制造业产品正在逐渐从低技术、低利润的中低端产品向高质量、高利润的中高端产品转变，对高效、高精、高可靠、智能、绿色的高性能制造工艺技术提出了更为迫切的需求。目前，国内大多数丝杠制造企业仍然采用"粗车+精磨"的传统螺纹加工方法。一方面，这种方法工序较多，不同工序间将引入装夹误差和对刀误差，导致加工精度不稳定，更为"致命"的是加工效率低，难以满足高效、高质量的丝杠工件制造需求。另一方面，磨削工艺中磨粒与工件材料产生摩擦、滑擦及耕犁效应，加工余量转化为微观切屑，从而产生大量的切削热；并且磨粒的负前角导致工件材料经历剧烈的变形，摩擦能占主导地位，磨削过程中的热效应显著，热量主要传入已加工表面，因此需要大量使用切削液使工件表面进行热交换以降低温度、减少热量，而使用大量的切削液将造成环境严重污染且增加成本。

随着高速硬态干式切削技术研究的不断深入及其在硬质、难加工材料加工中的应用，高速硬态旋风铣削（简称旋铣）技术正成为丝杠，尤其是大型丝杠加工的有力手段。其利用均布于刀盘上的多把 PCBN（聚晶立方氮化硼）刀具，借助旋铣刀盘与工件的偏心量以及多自由度耦合运动（工件旋转、刀盘旋转及进给），实现螺纹滚道的渐进高速成形切削。根据刀具及工件的相对位置不同旋铣又可分为内旋铣和外旋铣，国内外主流的大型丝杠旋铣机床大多采用内旋铣技术。在内旋铣过程中，刀盘高速旋转，工件同向低速旋转（一般来说，刀盘转速是工件转速的 100 倍以上），刀盘的旋转轴线与工件轴线间的夹角为导程角，可通过改变导程角的大小与方向来加工左旋、右旋的螺纹，其原理如图 1-2 所示。与传统的高速切削相比，高速硬态旋铣丝杠时，切削厚度呈现周期性变幅值的特点，并将产生时变断续冲击，为减小工件的切削变形，采用铣头两侧抱紧装置随动抱紧，多浮动支承与卡盘-顶尖定位相结合的方式进行装夹，如图 1-3 所示。此外，高速硬态旋铣的切屑呈"逗号"状，切削厚度及切削宽度由小变大，再由大变小，呈周期性变幅值特点。

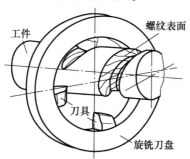

图 1-2　螺纹硬态旋铣工艺示意图

图 1-3　大型丝杠工件装夹方式

该工艺使用高强度的 PCBN 刀具干式切削淬硬轴承钢以生产丝杠螺纹工件，减少了粗车、磨削等多道工序，避免了由多次装夹而引起的加工误差，并且大幅度提高了加工效率，降低了加工成本。传统丝杠加工方式与硬态旋铣加工方式对比见表 1-1，以长 6 m、φ 200 mm 的滚珠丝杠加工为例，传统工艺的加工周期约为 1 周，而硬态旋铣工艺加工周期仅为 1 天。而且，与传统的"粗车+精磨"等加工方式相比，硬态旋铣过程中，工件材料在刀具的作用下发生剪切和滑移，加工余量转化为宏观切屑，剪切效应占主导地位，旋铣的单位时间材料去除率高，90% 以上的切削热被切屑带走，因此无须使用切削液，且产生的热变形较小，绿色环保的同时避免了磨削中不可回避的工件烧伤等问题。

表 1-1　传统丝杠加工方式与硬态旋铣加工方式对比

加工方式	工　序	加工周期	精度等级	加工特点
粗车+精磨	24~28，工序较多	1 周	P1~P3	二次装夹，砂轮成形磨削
硬态旋铣	10，工序较少	1 天	P3 以上	硬态干式切削，无须使用切削液，绿色、低耗

此外，当工件旋转一周，刀盘及铣刀沿轴向进给一个螺纹导程时，刀盘圆心与工件圆心之间的偏心量可让均布在刀盘上的多把刀具依次切削且互不干涉，因此它是一种典型的断续切削过程，未参加切削的刀具有充分的散热时间，一方面，有利于延长刀具使用寿命，提高螺纹滚道加工质量；另一方面，高速硬态旋铣过程中切削力较小，因此由大型丝杠等轴类零件的加工冲击而引起的零件变形较小，有利于改善加工后螺纹滚道的表面粗糙度及表面质量。

综上可知，高速硬态旋铣加工技术具有优质、低耗、高效、绿色等优势，是大型丝杠加工的核心技术，具有较大的市场价值及广阔的应用前景，属于 21 世纪重点发展的绿色制造工艺。丝杠高速硬态旋铣工艺的优势可总结如下。

1）高速硬态旋铣属于干式切削，空气冷却，无须使用切削液，绿色环保。

2）具有较高的加工精度。卡盘-顶尖及浮动支承的先进定位装夹模式，减小了丝杠加工过程中的变形。由于刀具均匀安装在刀盘上，且高速切削使得激振频率高，远离工艺系统的固有频率，因而切削过程平稳、振动小，有利于提高螺纹表面质量。此外，避免了二次装夹引入误差，也提高了加工精度。

3）具有较高的加工效率。高速硬态旋铣过程中，随着切削速度的大幅提高，进给速度提高了 5 倍以上，单位时间材料去除率也随之增加。此外，相对于传统的"粗车+精磨"等加工方式，减少了多道工序，缩短了生产周期，极大地提高了加工效率。

4）工件表面的切削温度低，热应力小。在高速切削加工时，超过 90% 的切削热在传递至工件表面之前就被切屑带走，减小了切削过程中的热变形，工件表面可基本保持冷却状态，更重要的是完全消除了在磨削时螺纹可能发生的表面退火现象，使丝杠的内在质量得到改善，产品性能更好。

5）采用 PCBN 刀具的高速干式切削，能有效降低切削力。其中当切削速度达一定阈值时可降低 30% 的切削力，特别是当径向切削力大幅降低时利于提高长径比高的螺纹工件的刚性。

▶▶ 1.1.3　丝杠绿色干切装备概述

根据前述分析可知，干式旋铣工艺是一种非常具有前景的丝杠绿色加工工艺。因此，国内外产商广泛采用干式旋铣工艺进行丝杠螺纹工件的制造，并且开发了相应的工艺装备，德国 Burgsmüller 公司、Lerstritz 公司，奥地利 Weingartner Maschinenba 公司，美国 Thomson、Saginaw 和 Beaver 公司，日本 NSK 公司，中国台湾 Hiwin 公司等是主要的干式旋铣工艺装备厂商，并取得了不错的经济效益。

德国 Burgsmüller 公司开发了干式旋铣工艺，并拥有多项专利，其研制的数控干式旋铣机床可加工多种螺纹工件，如丝杠、螺母等固定导程部件，压缩机螺杆以及曲轴等变导程部件。例如，该公司开发的 WM 500 型数控干式旋铣机床（图 1-4a）可加工螺纹工件长度为 2000~5000 mm，旋铣刀盘最高转速可达 7000 r/min，进给速度可达到 6000 mm/min；2017 年开发的 WM 250-8000 型数控干式旋铣机床（图 1-4b）可加工螺纹工件长度可达 8000 mm，外径可达 250 mm，精度进一步提高到在整个可加工长度范围内的最大节圆直径的最大偏差为±7 μm。

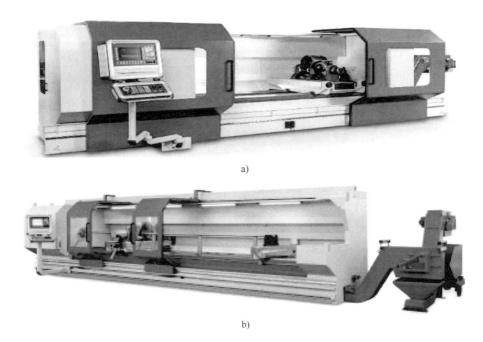

图 1-4　德国 **Burgsmüller** 公司开发的数控干式旋铣机床

a）WM 500 型　b）WM 250-8000 型

德国 Lerstritz 公司开发了 LWN120、LWN160、LWN190、LWN300 等多个型号的数控干式旋铣机床。其中，LWN300HP 型（图 1-5）数控干式旋铣机床用于滚珠丝杠、偏心螺杆、泵轴及塑化螺杆的加工，定位精度可达±0.002 mm，旋铣刀盘转速为 250~1000 r/min，最大加工工件长度为 8000 mm、直径达 200 mm，螺距精度可达±0.04167 mm/m（0.0005 in/ft），当切削性能稳定的材料时，螺纹滚道表面粗糙度可达到 Ra 0.25 μm，属于精磨水平。

图 1-5　德国 **Lerstritz** 公司开发的 **LWN300HP** 型数控干式旋铣机床

奥地利 Weingartner Maschinenba 公司开发了 Pick up classic 350、Pick up classic 500、Pick up classic 700、Pick up classic 1000 等多个型号的干式旋铣机床。其中，Pick up classic 1000 型（图 1-6）干式旋铣机床加工工件长度为 1000 ~ 11000 mm、直径达 200 mm。

图 1-6 奥地利 Weingartner Maschinenba 公司开发的 Pick up classic 1000 型干式旋铣机床

国内也较早就开始应用干式旋铣工艺了，如山西风源机械厂、大连煜烁科技发展有限公司等多家企业能制造相关装备，主要是通过对普通车床进行改造，在车床溜板上添加干式旋铣刀头，通常仅用于螺纹的粗加工，这是因为存在加工精度不高、加工丝杠的尺寸尤其是长度也较小等问题。图 1-7 所示为国内某公司早期改造研制的普通干式旋铣机床。随着国内厂商对干式旋铣技术的进一步研究，陕西汉江机床有限公司（简称汉江机床）和山东博特精工股份有限公司开始推出数控干式旋铣机床，迈出了我国数控干式旋铣装备国产化、自主化的重要一步，尤其是 2010 年，汉江机床研制成功的六米数控螺纹干式旋铣机床（HJ092×60），填补了我国数控干式旋铣装备的空白。该旋铣机床可加工工件直径达 125 mm，最小加工直径为 40 mm，可加工螺纹的螺距为 5～40 mm，工件最大质量为 600 kg，头架主轴转速为 0.5～40 r/min，刀具切削速度达 180 m/min，可加工工件长度达 6000 mm，被加工丝杠工件的硬度最高达 62 HRC，同时双圆弧设计的 CBN（立方氮化硼）硬态旋铣刀具具有耐高温、耐磨损的特性，丝杠工件采用中间浮动支承，旋铣刀盘两侧抱紧装置随动抱紧和自定心卡盘-顶尖的装夹方式，实现了丝杠工件的自动定位。但由于对旋铣工艺等的研究较少，丝杠的加工精度还有待提高，目前主要应用于精密螺纹产品的粗加工。2012 年汉江机床又研制出了国内最大的八米数控干式旋铣机床（HJ092×80），如图 1-8 所示，该机床最大加工长度达 8000 mm、直径为 40～230 mm，导程角为 20°，加工精度达 P4 级，技术水平在国内领先，进一步增强了我国的自主创新能力，打破了国外的技术壁垒。然而，在加工精度、加工稳定性及可靠性方面与国外相比还存在差距，尚不能满足丝杠传动件的精密加工需求。

图 1-7　国内普通车床改造的干式旋铣机床

另外，旋铣技术的快速发展与切削刀具的快速发展息息相关。在旋铣加工时，工件材料为硬度 58～62 HRC 的淬硬钢 GCr15，切削时刀具完全在淬硬层内进行，属于典型的硬态切削。就刀具材料而言，PCBN 因为具有很高的热稳定性、高温硬度和较高的化学稳定性，在硬切削中得以广泛应用。国际上著名的超硬刀具制造商有美国的通用电气，瑞典的 Sandvik、Seco，日本的京瓷、三菱、住友，英国的 DeBeers 等，其研发的金刚石超硬刀具和立方氮化硼超硬刀具不仅性能好，而且实现了系列化，能够适用于不同的加工对象，但是其刀具价格往往非常昂贵。国内刀具企业如郑州市钻石精密制造有限公司、东莞市大岭山正合公司、长沙泰维超硬材料有限公司等，也生产用于旋铣超硬材料的 PCBN 刀具，但仅在产品价格上占有优势。此外，哈尔滨理工大学、成都工具研究所等国内高校和科研院所对 PCBN 刀具进行了一些基础与应用技术研究，其中哈尔滨理工大学就 PCBN 刀具切削 GCr15 时的刀具磨损进行了研究；成都工具研究所、郑州磨料磨具磨削研究所对 CVD（化学气相沉积）涂层硬质合金刀具及 PCBN 刀具的制造技术进行了研究。

图 1-8　汉江机床有限公司的数控干式旋铣机床（HJ092×80）

1.2　丝杠绿色干切工艺关键技术研究现状

1.2.1　材料去除机理研究现状

干式旋铣工艺可看作是车削与铣削的结合，可在单台机床上实现用多个旋转的刀齿切削旋转的工件，大大地提高了材料去除率。由此可见，丝杠螺纹干式旋铣的多刀具、多运动耦合的复杂切削运动会导致其材料去除机理具有特殊性，如时变的刀具-工件接触情况及未变形切屑几何特征，进而对切削表面质量及加工效率等有重要的影响。为此，需建立干式旋铣工艺的材料去除机理模型，包括材料去除运动、几何成形、切屑形成等机理模型，用于预测切削过程中的切屑几何特征、材料去除率及成形误差等与加工效率、质量相关的切削性能，为高效、高质量的丝杠干式旋铣提供基础理论分析模型。

⟫ 1. 几何成形机理

在加工的几何成形机理方面，国外已将旋铣技术应用于精密加工，但由于技术保密等原因，国外有关基础理论和切削机理方面的论文及报道较少，大都是关于旋铣原理和表面轮廓成形方面的研究。Lee 等人基于刀具与工件的接触点，利用矩阵变换建立了切削点的轨迹模型，并基于干式旋铣刀具切削路径仿真了刀具-工件的干涉情况，同时对比分析了内旋铣和外旋铣蜗杆的加工效率和加工精度等。Mohan 等人对旋铣过程及刀具的运行轨迹进行了模拟，基于离散曲面坐标和齐次坐标变换建立了三维几何模型，分析了刀具轮廓与刀具倾斜对切削过程的影响。Merticaru 等人在 MATLAB 环境中开发了二次仿真模块，用于分析蜗杆干式旋铣螺纹表面的齿形误差。Zanger 等人采用基于 dexel 的仿真模型仿真了蜗杆干式旋铣螺纹表面齿形。然而，由于使用了离散化的螺纹表面，忽略了刀具和工件的相对运动以及有限的 dexels 数量，导致螺纹表面齿形的仿真精度不高。

国内在旋铣技术的基础理论及加工机理方面取得了一定的研究进展。Han 和 Liu 提出了干式旋铣螺纹表面成形误差的理论模型，在模型中假设螺纹表面为理想的螺纹表面，忽略了干式旋铣工艺中螺纹表面是由多刃、渐进及多运动耦合切削的离散螺纹表面组合而成的，因而在模型中未考虑离散螺纹表面相交时的残留误差。王禹林、郭覃、何彦、王乐祥和刘少辉等人对硬态旋铣技术几何成形机理和材料去除特征进行了研究，取得了一定的研究成果。

⟫ 2. 切屑形成机理

金属加工的过程实际上就是切屑形成的过程，切屑的形成反映了切削过程中切削力、切削温度、刀具磨损和加工表面质量等诸多问题，因此，在研究切削机理的时候，切屑的形貌和形成机理常常是研究的重点。

在切屑的形貌方面，一般根据工件材料不同，切屑分为带状切屑、挤裂切屑、单元切屑和崩碎切屑四种典型的切屑。Serizawa 等人研究了螺纹干式旋铣工艺的材料去除特征，建立了未变形切屑厚度预测模型。Li 等人分析了陶瓷刀具加工 AISI1045 钢在不同冷却气体条件下的切屑形貌，研究表明，在空气和氮气环境下，刀-屑接触表面润滑层的摩擦系数不同，切屑形貌也不同。王敏杰等人对硬态切削过程中绝热剪切带微观特征方面进行了大量研究，其理论分析和试验结果表明，绝热剪切带的形成经历了马氏体相变、碳化物析出及动态再结晶等过程，试验切削条件下得到的绝热剪切带属于相变带。倪寿勇、朱红雨和李迎分析了干式旋铣工艺材料去除特征，并仿真了未变形切屑特征，进而建立了切削力预测模型。

近年来，许多学者在试验研究的基础上，利用有限元技术对切屑进行研究。Zhang 等人利用有限元技术分析了切削速度、刀-屑摩擦系数和刀具前角对切屑形态的影响，提出了基于断裂能力法的极限切应力对刀-屑摩擦系数和接触压力的影响关系。Atlati 等人通过有限元技术和试验相结合，提出了切屑分离率的概念。

▷▷ 1.2.2　系统力热特性研究现状

研究高速硬态切削工艺系统的力热特性，主要的方法有理论建模法、有限元法和试验法。理论建模法建模难度大，精度低；试验法成本高并且受限于检测设备，其检测精度也有待进一步商榷，更关键的是难以获得切削过程中的应力及等效塑性应变等指标；有限元法可以弥补以上不足，但有限元模型精度受输入的摩擦模型、切屑分离和成形准则以及所设置网格划分等因素的影响大，且求解运行时间过长。

▷ 1. 切削力

在切削力的理论建模研究中，Song 等人基于等效切削体积建立了旋铣模型，仿真了锯齿形切屑及切削力，研究了刀具几何形状对切削力的影响，并与试验结果对比，误差在 16.5% 以内。Wan 和 Zhang 将有效计算切削力系数和刀具磨损作为旋铣切削力模型的研究重点，采用五种模型进行预测，将切削力系数固定或表达为瞬时未切削厚度的函数，切削力经实际测量或其谐波经傅里叶变换获得，试验数据表明了五种预测模型的有效性。Kaymakci 等人对铣削、镗削、车削等建立了统一的切削力模型，以预测不同加工方式下的切削力，此模型得到了以上多种加工方式的试验验证。Wang 等人建立了基于螺纹旋铣原理的切削力解析模型，切削力的切削系数随着不同切削条件变化而变化，切削试验验证了此解析模型的有效性。Wang 和 Qin 基于螺旋铣削准则建立了切削力理论预测模型。Zhang 等人基于端面微铣削材料去除机理中瞬时未变形切屑几何特征、切削路径、切入/出角等建立了切削力理论预测模型。Zhou 等人同样基于材料去除机理建立了端面微铣削的切削力理论预测模型。近年来，Priyabrata 等人分析了刀具几何、最小切屑厚度、材料的弹性恢复等材料去除机理特征，进而建立了端面微铣削的切削力理论预测模型。

在切削力的有限元仿真研究中，早期的部分学者们已经利用有限元（FEM）商业软件（如 Deform、ADAMS）仿真干式旋铣工艺过程中的切削力。Son 等人在 Deform-3D 中建立了螺纹旋铣的仿真模型，并通过 ADAMS 分析了切削力对刀具的影响。近年来，Song 利用 AdvantEdge 仿真了干式旋铣工艺的切削力，将弧形切削路径简化为直线切削路径且将弯曲的未变形切屑简化为平底的切屑。Nejah 等人对钛合金 Ti6Al4V 进行四次切削仿真，结果表明，后三次切削的切向力几乎与第一次相同，而后三次切削的法向力明显小于第一次切削。Nasr 等人建立了二次切削模型并进行试验，结果表明，切削力与试验符合较好，二次切削的切削力略有减小。王禹林和王伟等人研究了螺纹旋铣滚道成形机理，结合试验通过 Deform-3D 对旋铣过程进行三维仿真，分析旋铣参数对旋铣力的影响。

利用切削力的测量可以对加工过程中的诸多工艺系统状态以及加工质量进行监测和预报。李斌等人进行切削力的监测与试验研究，研究表明，主轴电流与切削力具有高度相关性。倪寿勇研制出一种适用于丝杠旋铣的切削力在线监测系统，使用 Kistler 三向压电式测力传感器直接测量三向切削力。甘建水针对三种经典的金属材料（Q235B 钢、45 钢和 TC4 钛合金）在三种不同的冷却条件下进行切削试验，得出了在冷风条件下切削力最小的结论，并对每种试验材料都建立了适用于冷风条件下的切削力经验公式。何彦和王乐祥建立了丝杠干式旋铣工艺切削力模型，表明高切削速度、低工件转速以及大刀具个数有利于切削力减小。Teti 等人通过对切削力信号的后置处理实现了对切屑形态的监测。Tangjisitcharoen 则通过切削力信号的功率谱密度来辨识切屑的形态和加工过程是否发生颤振现象。

⫸ 2. 切削热和切削温度

目前对金属切削加工过程中加工区域工件、刀具和切屑的温度研究方法主要采用了理论解析法、有限元分析法与试验法。

对切削加工过程中加工区域温度建模的研究主要集中在对连续的金属切削加工过程中的温升研究。Artozoul 等人从第二变形区的摩擦热源特性角度进行了扩展研究，而 Huang 等人则研究了工件冷却过程，建立了车削加工过程中工件温度分布的热分析模型。杨潇等人通过分析高速干切工艺刀具的热流动态特性，建立了基于切削比能的刀具温升模型，提出了刀具温升的优化调控方法。上述方法在构建切削加工区域的热释放强度模型时，将未变形切屑的几何特征如厚度、宽度与面积认为是恒定不变的。而在断续切削加工过程中，未变形的几何特征是不断变化的。为此，学者们对断续切削加工过程的温升进行了研究。Lazoglu 等人建立了一种考虑了端铣切削刀具底部边缘热效应的热模型，可快速预测端铣切削加工过程中刀具最大温度，同时考虑了时变的未变形切屑厚度对热释放强度的影响。Lin 等人提出了一种考虑了刀面摩擦、刀具几何特征与时变工艺参数的热模型，预测端铣加工工件循环温度的变化情况。何彦和刘超研究了螺纹干式旋铣材料去除机理，建立了切削过程中的温度预测模型及表面成形误差模型，并分析了温度与成形误差间的关系。

随着计算机技术的快速发展，一些学者采用了有限元模型对金属切削过程的温度进行模拟分析。Zhang 等人利用有限元仿真研究了铣削过程中切削参数对切削温度的影响。李彦凤为控制滚珠丝杠旋铣过程中热变形误差，建立了基于切削参数的热变形仿真模型，并经试验验证，提出了一种热变形误差补偿方法，建立了基于 BP 神经网络的热变形规律预测模型。

切削温度测量的方法分为接触式测量（主要采用各类热电偶）与非接触式测量（主要采用红外热像仪）。An 利用埋置式热电偶研究了钛合金车削过程中切削温度与切削参数的关系。Xie 采用多个嵌入式热电偶对前刀面多个点的温度进行了测量。Kryzhanivsky 将热电偶放置在尽可能靠近切削刃的位置来确定车削刀具的切削刀温度。尽管热电偶成本较低，但接触式测量方法只能测量单点温度，当温度变化较大时其响应时间存在延迟，难以获得温度的瞬时变化情况。作为热电偶的一种替代方法，非接触式测量可有效地用于切削加工过程中温度的测量。非接触式测量可以获取温度变化较大的物体温度场分布，同时能应用于运动物体的温度测量。例如，肖毅等人用红外测温系统在线监测了高速切削过程中切削温度的动态变化，针对不同材料刀具的不同磨损程度，研究切削温度及切削温度随切削速度的变化规律。

▶ 1.2.3 切削动态特性研究现状

丝杠旋铣属于硬态干式切削加工，"机床-工具-工件"共同构成了一个切削工艺系统。一方面，动态切削力作为切削工艺系统的自激励，使系统产生自激振动，在一定工况下，系统会失稳，引发颤振，恶化工艺系统动力学品质，急剧降低加工质量与刀具寿命。另一方面，螺纹高速硬态旋铣过程中不可避免地存在高频时变断续冲击和变约束支承，引起旋铣机床尤其是刀具工件系统的复杂动态响应，对切削振动和加工特性影响显著。建立工艺系统的动力学模型，研究系统的加工特性及规律，优化工艺参数对避免切削颤振具有重要意义。

目前，国内外学者针对细长轴类工件的动力学研究，大都将其简化为移动载荷作用下的旋转梁，即 Rayleigh 梁、Timoshenko 梁和 Euler-Bernoulli 梁等。Bazehhour 考虑了陀螺效应、转动惯量及轴向剪切变形，建立了高速旋转Timoshenko 梁动力学模型，研究了不同边界条件下的横向振动响应情况。Hsu 建立了双切削力作用下的旋转梁的动力学模型，结果表明，双切削力系统不但可以缩短加工时间，还可以降低最大振幅。Huang 研究了 Rayleigh 梁在耦合移动力作用下的动态响应。Shiau 则基于全域模态假设法理论分析了多点定约束旋转梁在移动力作用下的振动响应。此外，在切削过程中，为保证工艺系统正常工作，必须防止切削颤振。Merritt 发现车削和铣削颤振源于切削过程中机床与切削工艺要素之间的力-位移交互作用产生的自激振动的失稳效应，由此学者们开始将"机床-工具-工件"作为一个相互作用的系统来研究。国际生产工程科学院（CIRP）成立了机床-工艺协作组，专门组织了这方面的研讨。然而，真正明确地将"机床-工具-工件"作为一个系统进行建模和分析研究尚不多见。Schmitz用试验和解析相结合的参数识别技术建立了"刀具-夹具-主轴"系统的动力学模型，能很好地预测该系统的动态响应。王禹林团队基于 Rayleigh 梁理论和模态振型函数法，建立了丝杠旋铣系统动力学模型，以及丝杠硬切削再生切厚的理论模型，结合二次切削有限元仿真模型，揭示了螺纹旋铣系统的切削稳定性和宏/微观加工特性，最终实现了丝杠旋铣工艺的优化。

1.2.4　切削比能和工艺能耗研究现状

用于去除工件材料的切削加工工艺大多耗能巨大、能效较低。因此，对于制造企业来说，非常有必要减小切削加工过程的能耗。丝杠干式旋铣工艺作为一种十分有前景的绿色切削加工工艺，其本身具有高材料去除率以及无切削液等绿色特点。然而对于丝杠干式旋铣工艺来说，其切削过程中的能耗特性尚不明确，但却具有较大的节能潜力。

学者们开展了很多关于切削加工工艺能耗建模的研究。研究表明，材料去除过程中的切削能耗占总加工能耗的 15%~70%，是加工过程能效的重要组成部分。因此，需开展加工工艺中用于材料去除的切削能耗建模研究。当前，对加工工艺中切削能耗的建模研究通常是对切削比能（Specific Cutting Energy）进行建模，将切削比能定义为去除单位材料体积（如 1 cm³）所消耗的能量，可表示为切削能耗与材料去除体积的比值。

Sealy 和 Liu 等人基于硬铣削试验建立了切削比能模型，分析了工艺参数与切削比能间的映射关系。Paul 通过 AISI 1060 钢的车削试验研究了工艺参数对切削比能的影响机制。Cui 和 Guo 也开展了断续硬车削试验建立了工艺参数与切削比能、损伤应力及表面粗糙度间的关系，进而对工艺参数进行优化。此外，一部分学者基于切削试验研究了切削比能在不同未变形切屑厚度下的变化趋势。例如，Balogun 和 Mativenga 利用端面铣削的田口试验数据，建立了切削比能的非线性回归经验模型，进而分析了未变形切屑与切削比能的关系。Balogun 等人开展了端面铣削及车削试验，建立了类似的非线性回归经验模型，研究了切削比能在不同未变形切屑厚度下的变化趋势。Gao 等人提出了一种新的试验方法分析切削比能与工艺参数间的关系，结合试验数据采用模糊逻辑方法建立了切削比能预测模型，用于优化微铣削工艺参数以减小切削比能。

目前，切削比能解析理论建模研究通常是建立以工艺参数为输入数据的解析数学函数模型，评估切削过程中的切削比能以及分析切削比能与工艺参数间的映射关系。早期较为经典的研究，例如，美国华盛顿州立大学的 Bayoumi 等人结合端面铣削工艺材料去除机理建立了以主轴转速、进给速度及侧刀面磨损等工艺参数为输入数据的切削比能解析数学模型，用于预测铣削过程的切削比能，进一步分析了工艺参数对切削比能的影响机制。Pawade 建立了高速车削过程的切削比能解析预测模型，结果表明，切削比能对切屑成形有重要的影响，进而影响切削力、刀具磨损及加工表面质量等。Wang 基于材料去除断裂机理，研究切削过程中的材料塑性变形能耗、刀具-工件摩擦能耗以及切屑流动能耗，建立了材料去除过程的切削比能解析预测模型，分析了工艺参数对切削比能的影响机制。Liu 等人研究了槽铣削工艺的运动几何及力学原理，建立切削比能与工艺参数间的解析映射数学模型，用于预测铣削过程的切削比能，进而分析了不同工艺参数下的切削比能与表面粗糙度的变化趋势。此外，国内绿色制造团队如重庆大学、浙江大学、华中科技大学、哈尔滨工业大学、大连理工大学、山东大学等也在车削及铣削等工艺能耗建模方面进行了相关研究。

此外，MRR（材料去除率）作为切削加工工艺重要的指标与切削工艺能耗相结合进行协同研究也受到学者们的关注，例如，Velchev 等人将车削工艺材料去除率能耗模型用于工艺节能切削参数优化；国内哈尔滨工业大学的 Li 等人进一步考虑热平衡因素，建立铣削工艺能耗模型；王乐祥研究了工艺参数与表面粗糙度及材料去除率的影响，结果显示较大的切削速度及较多的刀具数量、较小的工件转速有利于表面粗糙度值减小，但工件转速减小则会引起材料去除率降低。

1.2.5 加工表面完整性研究现状

近年来，加工表面质量的评价已由"单一评价标准"发展为"综合性评价标准"，其评价指标除传统单一评价表面形貌外，还包括表面缺陷、微观组织、表面层物理力学性能等。从加工表面的几何纹理状态和物理力学性能变化两个方面，采用表面完整性评价参数对零件加工的表面质量进行评价，已得到机床行业等领域的重视和应用，国内外学者已对表面完整性评价参数中最常用的微观组织、加工硬化和残余应力等展开了相关研究。

▶ 1. 几何形貌和纹理特征

针对加工工件几何形貌和纹理特征的研究主要有基于切削理论、试验方法和智能算法等多种方法。在基于切削理论方法中，Denkena 将表面形貌表示为动态形貌和随机形貌的总和，在刀具的 CAD 模型和工件的离散模型间利用布尔运算仿真去除材料，以获得动态形貌。Lavernhe 基于 N 缓冲区方法预测了已加工表面形貌，提出的模型与复杂曲面加工的进给率预测模型相耦合。Li 基于工件的 Z-map 表示方法，采用数值方法解决了切削加工系统动力学的微分方程问题，提出了侧铣加工中改进的三维表面形貌预测模型。

在基于试验方法的研究中，Iren 提出了铣削加工中表面形貌和表面粗糙度预测的数值模型，基于刀具-工件的几何交集，获得了以径向切深、轴向切深、齿数、刀齿半径、螺旋角和偏心率等参数为函数自变量的表面形貌。Wang 分析了在超精密铣削过程中工件材料膨胀和刀尖振动对表面粗糙度的影响。Muhammad 研究显示，较大的刀尖圆弧半径能提高切削刃的材料去除率，但也增加了刀具与工件间的摩擦，使最终加工的表面粗糙度值明显变大。Hamdi 通过对精密车削中的工件硬度、进给速度、切削速度和切削深度等因素进行较为全面的分析后显示：工件硬度与切削速度是影响表面粗糙度最为重要的因素。王禹林、郭覃、何彦等人也建立了丝杠旋铣表面粗糙度的理论和试验预测模型，并分析了主要工艺参数对几何形貌和纹理特征的影响规律。

▶ 2. 物理力学性能

切削加工后的微观组织是切削机械应力和热应力综合作用的结果，表面层的残余应力对于材料的性能、工件疲劳强度和耐蚀性都有较大的影响。

在微观组织的研究中，作为硬切削加工中的常用材料之一，轴承钢加工后的白层组织一直是众多学者的研究重点。Kundrák 对硬车削加工后形成的白层组织进行了分析，数据分析表明，白层组织中含有未回火马氏体和 5%~25% 的残留奥氏体。在硬车削加工中，Hosseini 分析了切削温度在奥氏体相变温度以上或以下时形成的表面白层组织，并指出相变是加工温度在奥氏体相变温度以上的白层组织形成机理，其白层组织中的奥氏体含量是工件基体组织的 10~15 倍之多。相反，严重的塑性变形是加工温度在奥氏体相变温度以下的白层组织形成机理，此时白层组织中没有残留奥氏体。除研究微观组织的成分、含量和晶粒大小外，越来越多的学者借助先进的测试方法，对不同工况下加工的表面微观组织（如晶界、组织和演化等）进行了更深入的研究。Puerta 研究发现，高速切削加工塑性变形区的厚度随切削速度的提高而增加，且靠近表面的微观组织演化呈现"层状结构"，在最靠近表面的几微米深度内，晶粒被明显拉长并平行于已加工表面，在紧临其后的表面内晶粒绕表面旋转，且层状结构总深度也随切削深度的增加而增加。

在残余应力的研究中，Bartarya 研究了刀具几何结构及切削参数对残余应力的影响规律，增大切削速度会加剧后刀面磨损，使加工表面压应力减小并易形成拉应力，压应力的深度和振幅随前角、刀尖圆弧半径的增大而增大。Outeiro 通过仿真分析发现：工件表面出现较高的残余拉应力，在距表面 $10 \sim 25~\mu m$ 位置处形成残余压应力，无涂层刀具下形成的表面残余应力高于有涂层刀具下形成的表面残余应力。金俊利用有限元仿真方法对螺纹干式旋铣工艺中的切削力、切削温度、残余应力等切削性能开展了仿真研究，并开展了工艺试验验证。Umbrello 研究了硬车削加工中不同切削速度下的残余应力，结果表明，较高切削速度（如 250 m/min）有利于提高硬度为 56.5 HRC 工件的残余压应力，中等切削速度（如 150 m/min）有利于提高硬度为 61 HRC 工件的残余压应力。除残余应力外，加工硬化也是评定表面质量的重要指标之一。在高速铣削加工中，Daniel 等人分析了切削速度、切削深度和每齿进给量等因素对加工后工件表面微观硬度的影响，分析结果显示，切削深度对表面微观硬度的增加有明显的影响作用。王禹林、郭覃、何彦等人也对丝杠旋铣加工后滚道表面的微观组织、残余应力、显微硬度等开展了试验研究，优化了丝杠旋铣工艺参数。

▶▶ 1.2.6　工艺优化研究现状

目前国内外已有许多研究者针对切削加工工艺参数的优化问题进行了研究，传统的以时间、质量和成本等作为优化目标，常用的切削参数优化方法有数值法、试验法和智能算法三大类。

在数值法中，Kurdi 等人研究了基于时域有限元分析法的材料去除率和加工表面位置误差同步优化问题。Li 等人开展了微量润滑铣削工艺的多目标优化，用于切削力、温度、表面微观硬度以及表面粗糙度等多个性能指标的协同优化。Camposeco-Negrete 针对铣削过程的能耗及表面粗糙度开展了系统优化研究。在试验方法中，主要采用田口法和响应曲面法等求解满足约束条件的最优切削参数。Yan 和 Li 以材料去除率、能耗和表面粗糙度为优化目标，采用响应曲面法和方差分析法进行铣削加工工艺参数优化求解。Maiyar 按田口直交表进行了试验，在考虑了多目标特性即表面粗糙度和材料去除率的前提下，对铣削速度、进给量和切削深度进行了优化。郭覃等人采用响应曲面法，分别以表层残余应力、最小切削力和表面粗糙度为优化目标，确定了硬态旋铣加工中的加工工艺参数优化组合。

在智能算法的优化研究中，刘强等人建立了以铣削过程利润与铣削碳排放量为优化目标的优化模型，应用自适应粒子群算法对模型寻优求解。Yang 等人针对多刀轨平面铣削建立了以生产时间、生产成本和利润率为优化目标，提出了一种基于全局模型和个体最化机制的多目标粒子群优化算法。Lu 等人针对铣削工艺的切削性能，即侧刀面磨损率、外围切削刃磨损率以及材料去除率，结合灰色关联分析及主成分分析方法，提出了多目标优化方法用于工艺参数优化，进而权衡多个切削性能指标。

参 考 文 献

[1] 冯虎田. 大型、重载、精密滚珠丝杠副设计及硬旋铣加工装备关键技术 [J]. 金属加工（冷加工），2010（6）：12-15.

[2] 冯虎田. 大型、重载、精密滚珠丝杠副设计及硬旋铣加工装备关键技术（续）[J]. 金属加工（冷加工），2010（7）：20-21.

[3] 李军，邓顺贤. 螺纹旋风硬铣削技术研究及应用 [J]. 精密制造与自动化，2012（4）：3-5.

[4] 付宝萍，田茂林. 旋风硬铣削在滚珠丝杠加工中的应用 [J]. 新技术新工艺，2010（3）：43-44.

[5] FENG H T, WANG Y L, LI C M, et al. An automatic measuring method and system using a light curtain for the thread profile of a ballscrew [J]. Measurement Science and Technology, 2011, 22（8）：85106-85114.

[6] LEE M H, KANG D B, SON S M, et al. Investigation of cutting characteristics for worm machining on automatic lathe-Comparison of planetary milling and side milling [J]. Journal of Mechanical Science and Technology, 2008, 22（12）：2454-2463.

[7] MOHAN L V, SHUNMUGAM M S. Simulation of whirling process and tool profiling for machining of worms [J]. Journal of Materials Processing Technology, 2007, 185（1-3）：191-197.

[8] 刘少辉. 滚珠丝杠高速旋风硬铣削加工热变形误差的研究 [D]. 济南：山东建筑大学，2013.

[9] GUO Q, YE L, WANG Y L, et al. Comparative assessment of surface roughness and microstructure produced in whirlwind milling of bearing steel [J]. Machining Science and Technology, 2014, 18（2）：251-276.

[10] GUO Q, CHANG L, YE L, et al. Residual stress nanohardness and microstructure changes in whirlwind milling of GCr15 Steel [J]. Materials and Manufacturing Processes, 2013, 28（10）：1047-1052.

[11] WANG Y G, YAN X P, LI B, et al. The study on the chip formation and wear behavior for drilling forged steel S48CS1V with TiAlN-coated gun drill [J]. International Journal of Refractory Metals and Hard Materials, 2012, 30 (1): 200-207.

[12] LI B. Chip morphology of normalized steel when machining in different atmospheres with ceramic composite tool [J]. International Journal of Refractory Metals and Hard Materials, 2011, 29 (3): 384-391.

[13] ZHANG Y C, MABROUKI T, NELIAS D, et al. Chip formation in orthogonal cutting considering interface limiting shear stress and damage evolution based on fracture energy approach [J]. Finite Elements in Analysis and Design, 2011, 47 (7): 850-863.

[14] ATLATI S, HADDAG B, NOUARI M, et al. Analysis of a new segmentation intensity ratio "SIR" to characterize the chip segmentation process in machining ductile metals [J]. International Journal of Machine Tools and Manufacture, 2011, 51 (9): 687-700.

[15] SONG S Q, ZUO D W. Modelling and simulation of whirling process based on equivalent cutting volume [J]. Simulation Modelling Practice and Theory, 2014, 42: 98-106.

[16] WAN M, ZHANG W H. Systematic study on cutting force modelling methods for peripheral milling [J]. International Journal of Machine Tools and Manufacture, 2009, 49 (5): 424-432.

[17] KAYMAKCI M, KILIC Z M, ALTINTAS Y. Unified cutting force model for turning, boring, drilling and milling operations [J]. International Journal of Machine Tools and Manufacture, 2012, 54-55: 34-45.

[18] WANG H Y, QIN X D, REN C Z, et al. Prediction of cutting forces in helical milling process [J]. International Journal of Advanced Manufacturing Technology, 2012, 58 (9-12): 849-859.

[19] NEJAH, TOUNSI, TAHANY, et al. Finite element analysis of chip formation and residual stresses induced by sequential cutting in side milling with microns to sub-micron uncut chip thickness and finite cutting edge radius [J]. Advances in Manufacturing, 2015, 3 (4): 309-322.

[20] NASR, MOHAMED N A. Effects of sequential cuts on residual stresses when orthogonal cutting steel AISI 1045 [J]. Procedia CIRP, 2015, 31: 118-123.

[21] Wang Y L, LI L, ZHOU C G, et al. The dynamic modeling and vibration analysis of the large-scale thread whirling system under high-speed hard cutting [J]. Machining Science and Technology, 2014, 18 (4): 522-546.

[22] 王伟. 大型螺纹旋风硬铣削数值模拟及工艺参数优化 [D]. 杭州: 浙江大学, 2016.

[23] SON J H, HAN C W, KIM S I, et al. Cutting forces analysis in whirling process [J]. International Journal of Modern Physics B, 2010, 24 (15-16): 2786-2791.

[24] 甘建水. 低温冷风切削加工实验研究 [D]. 成都: 西南交通大学, 2010.

［25］ARTOZOUL J, LESCALIER C, DUDZINSKI D. Experimental and analytical combined thermal approach for local tribological understanding in metal cutting ［J］. Applied Thermal Engineering, 2015, 89: 394-404.

［26］HUANG K, YANG W. Analytical model of temperature field in workpiece machined surface layer in orthogonal cutting ［J］. Journal of Materials Processing Technology, 2016, 229: 375-389.

［27］BAZEAHOUR B G, MOUSAVI S M, FARSHIDIANFAR A. Free vibration of high-speed rotating timoshenko shaft with various boundary conditions: effect of centrifugally induced axial force ［J］. Archive of Applied Mechanics, 2014, 84 (12): 1691-1700.

［28］HSU W C, KANG C H, CHEN Y W, et al. Dynamic analysis of a rotating shaft subject to the double cutting force and time-varying mass effects of the rod ［J］. Procedia Engineering, 2014, 79: 386-396.

［29］WANG Y L, TAO L J, GUO Q, et al. Study on the forming process of thread raceway surface under the hard whirling ［C］. International Conference on Computer Science and Education, 2013: 627-632.

［30］曹勇. 多点变约束下硬旋铣大型螺纹的动态响应与表面粗糙度研究 ［D］. 南京: 南京理工大学, 2015.

［31］SCHULZE V, OSTERRIED J, STRAU T. FE analysis on the influence of sequential cuts on component conditions for different machining strategies ［J］. Procedia Engineering, 2011, 19 (1): 318-323.

［32］李彦凤. 滚珠丝杠旋风硬铣削加工热变形误差及其控制技术研究 ［D］. 济南: 山东大学, 2014.

［33］ZHANG X P, WANG H P, LIU C R. Predicting the effects of tool nose radius and lead angle on hard turning process using 3D finite element method ［C］. American Society of Mechanical Engineers, 2010: 255-262.

［34］TAN J C, KANG Y A, FU C M. FEA of thermal-structural and dynamic characteristic of high-speed spindle ［C］. 2011 International Conference on Consumer Electronics, Communications and Networks (CECNet), 2011: 2233-2236.

［35］杨潇, 曹华军, 杜彦斌, 等. 基于切削比能的高速干切工艺刀具温升调控方法 ［J］. 中国机械工程, 2018, 29 (21): 2559-2564.

［36］李醒飞, 董成军, 陈诚, 等. 单热源作用下滚珠丝杠的温度场建模与热误差预测 ［J］. 光学精密工程, 2012, 20 (2): 337-343.

［37］FENG G H, PAN Y L. Built-in temperature detecting system for diagnosing ball-screw preload variation of a feed drive system ［J］. Sensor Letters, 2012, 10 (5): 1131-1136.

［38］KIN M, MIN B K, PARK C H, et al. Thermal analysis of ballscrew systems by finite difference methods ［J］. Transactions of the Korean Society of Mechanical Engineers A, 2013, 40

（1）：314-317.

［39］ SCHMITZ T L, DONALSON R R. Predicting high-speed machining dynamics by substructure analysis ［J］. CIRP Annals-Manufacturing Technology, 2000, 49（1）：303-308.

［40］ ALI A. Tool temperatures in interrupted metal cutting ［J］. Journal of Manufacturing Science and Engineering, 1992, 114（2）：127-136.

［41］ LAZOGLU I, BUGDAYCI B. Thermal modelling of end milling ［J］. CIRP Annals - Manufacturing Technology, 2014, 63（1）：113-116.

［42］ LIN S, PENG F, WEN J, et al. An investigation of workpiece temperature variation in end milling considering flank rubbing effect ［J］. International Journal of Machine Tools and Manufacture, 2013, 73（7）：71-86.

［43］ HANIFZADEGAN M, NAGAMUNE R. Tracking and structural vibration control of flexible ball-screw drives with dynamic variations ［J］. IEEE/ASME Transactions on Mechatronics, 2014, 20（1）：133-142.

［44］ JEONG Y H, CHO D W. Estimating cutting force from rotating and stationary feed motor currents on a milling machine ［J］. International Journal of Machine Tools and Manufacture, 2002, 42（14）：1559-1566.

［45］ KIM G D, CHU C N. Indirect cutting force measurement considering frictional behaviour in a machining centre using feed motor current ［J］. The International Journal of Advanced Manufacturing Technology, 1999, 15（7）：478-484.

［46］ LI X, DJORDJEVICH A, VENUVINOD P K. Current-sensor-based feed cutting force intelligent estimation and tool wear condition monitoring ［J］. IEEE Transactions on Industrial Electronics, 2000, 47（3）：697-702.

［47］ 李斌, 张琛, 刘红奇. 基于主轴电流的铣削力间接测量方法研究 ［J］. 华中科技大学学报（自然科学版）, 2008（03）：5-7; 11.

［48］ TETI R, JAWAHIR S I, JEMIELNIAK K, et al. Chip form monitoring through advanced processing of cutting force sensor signals ［J］. CIRP Annals Manufacturing Technology, 2006, 55（1）：75-80.

［49］ TANGJITSITCHAROEN S. In-process monitoring and detection of chip formation and chatter for CNC tuning ［J］. Journal of Materials Processing Technology, 2009, 209（10）：4682-4688.

［50］ 肖毅, 王希. 基于温度信号的高速干铣削试验研究 ［J］. 航空制造技术, 2009（5）：93-95.

［51］ 王永新. 高速硬车削刀具状态在线监测研究 ［J］. 制造技术与机床, 2012（10）：119-122.

［52］ DENKENA B, NESPOR D, SAMP A. Kinematic and stochastic surface topography of machined TiAl6V4-parts by means of ball nose end milling ［J］. Procedia Engineering, 2011, 19：81-87.

［53］LAVERNHE S, QUINSAT Y, LARTIGUE C. Model for the prediction of 3D surface topography in 5-axis milling ［J］. International Journal of Advanced Manufacturing and Technology, 2010, 51 (9-12): 915-924.

［54］LI Z Q, LI S, ZHOU M. Surface topography prediction in high-speed and milling of flexible milling system ［J］. Applied Mechanics and Materials, 2010, 29-32: 1832-1837.

［55］CORRAL I B, CALVET J V, FERNÁNDEZ A D. Surface topography in ball-end milling processes as a function of feed per tooth and radial depth of cut ［J］. International Journal of Machine Tools and Manufacture, 2012, 53 (1): 151-159.

［56］WANG S J, TO S, CHEUNG C F. An investigation into material-induced surface roughness in ultra-precision milling ［J］. The International Journal of Advanced Manufacturing Technology, 2013, 68 (1-4): 607-616.

［57］ARIF M, RAHMAN M, SAN W Y. A study on the effect of tool-edge radius on critical machining characteristics in ultra-precision milling of tungsten carbide ［J］. International Journal of Advanced Manufacturing Technology, 2013, 67 (5-8): 1257-1265.

［58］AOUICI H, YALLESE M A, CHAOUI K, et al. Analysis of surface roughness and cutting force components in hard turning with CBN tool: Prediction model and cutting conditions optimization ［J］. Measurement, 2012, 45 (3): 344-353.

［59］KUNDRÁK J, GÁCSI Z, GYÁNI K, et al. X-ray diffraction investigation of white layer development in hard-turned surfaces ［J］. The International Journal of Advanced Manufacturing Technology, 2012, 62 (5-8): 457-469.

［60］HOSSEINI S B, BENO T, KLEMENT U, et al. Cutting temperatures during hard turning-Measurements and effects on white layer formation in AISI 52100 ［J］. Journal of Materials Processing Technology, 2014, 214 (6): 1293-1300.

［61］VELÁSQUEZA J D P, TIDUA A, BOLLE B, et al. Sub-surface and surface analysis of high-speed machined Ti-6Al-4V alloy ［J］. Materials Science and Engineering: A, 2010, 527 (10-11): 2572-2578.

［62］BARTARYA G, CHOUDHURY S K. State of the art in hard turning ［J］. International Journal of Machine Tools and Manufacture, 2012, 53 (1): 1-14.

［63］OUTEIRO J C, PINA J C, M' SAOUBI R, et al. Analysis of residual stresses induced by dry turning of difficult-to-machine materials ［J］. CIRP Annals-Manufacturing Technology, 2008, 57 (1): 77-80.

［64］UMBRELLO D, OUTEIRO J C, M' SAOUBI R, et al. A numerical model incorporating the microstructure alternation for predicting residual stresses in hard machining of AISI 52100 steel ［J］. CIRP Annals-Manufacturing Technology, 2010, 59: 113-116.

［65］WANG F Z, ZHAO J, LI A H, et al. Effects of cutting conditions on microhardness and microstructure in high-speed milling of H13 tool steel ［J］. The International Journal of Advanced

Manufacturing Technology, 2014, 73 (1-4): 137-146.

［66］HIOKI D, DINIZ A E, SINATORA A. Influence of HSM cutting parameters on the surface integrity characteristics of hardened AISI H13 steel［J］. Journal of the Brazilian Society of Mechanical Sciences and Engineering, 2013, 35 (4): 537-553.

［67］KURDI M H, SCHMITZ T L, HAFTKA R T. Milling optimization of removal rate and accuracy with uncertainty: part 1: parameter selection［J］. International Journal of Materials and Product Technology, 2009, 35 (1-2): 3-25.

［68］YAN J, LI L. Multi-objective optimization of milling parameters-the trade-offs between energy, production rate and cutting quality［J］. Journal of Cleaner Production, 2013, 52: 462-471.

［69］MAIYAR L M, RAMANUJAM R, VENKATESAN K, et al. Optimization of machining parameters for end milling of Inconel 718 super alloy using taguchi based grey relational analysis［J］. Procedia Engineering, 2013, 64: 1276-1282.

［70］GUO Q, XIE J Y, YANG W L, et al. Comprehensive investigation on the residual stress of large screws by whirlwind milling［J］. The International Journal of Advanced Manufacturing Technology, 2020, 106 (3-4): 843-850.

［71］GUO Q, WANG M L, XU Y F, et al. Minimization of surface roughness and tangential cutting force in whirlwind milling of a large screw［J］. Measurement, 2020, 152 (3): 107256.

［72］李尧, 刘强. 面向服务的绿色高效铣削优化方法研究［J］. 机械工程学报, 2015, 51 (11): 89-98.

［73］YANG W A, GUO Y, LIAO W H. Multi-objective optimization of multi-pass face milling using particle swarm intelligence［J］. The International Journal of Advanced Manufacturing Technology, 2011, 56 (5-8): 429-443.

［74］MERTICARU V, MIHALACHE A, NAGIT G, et al. Some aspects about the significant parameters of the thread whirling process［J］. Applied Mechanics and Materials, 2016, 834: 96-101.

［75］ZANGER F, SELLMEIER V, KLOSE J, et al. Comparison of modeling methods to determine cutting tool profile for conventional and synchronized whirling［J］. Procedia CIRP, 2017, 58: 222-227.

［76］HAN Q Q, LIU R L. The oretical model for CNC whirling of screw shafts using standard cutters ［J］. The International Journal of Advanced Manufacturing Technology, 2013, 69 (9-12): 2437-2444.

［77］WANG H Y, QIN X D. A mechanistic model for cutting force in helical milling of carbon fiber-reinforced polymers［J］. The International Journal of Advanced Manufacturing Technology, 2016, 82 (9-12): 1485-1494.

［78］ZHANG X, YU T, WANG W. Prediction of cutting forces and instantaneous tool deflection in micro end milling by considering tool run-out［J］. International Journal of Mechanical Sciences, 2018, 136: 124-133.

[79] ZHOU Y D, TIAN Y L, JING X B. A novel instantaneous uncut chip thickness model for mechanistic cutting force model in micro-end-milling [J]. The International Journal of Advanced Manufacturing Technology, 2017, 93: 2305-2319.

[80] SAHOO P, PRATAP T, PATRA K. A hybrid modelling approach towards prediction of cutting forces in micro end milling of Ti-6Al-4V titanium alloy [J]. International Journal of Mechanical Sciences, 2019, 150: 495-509.

[81] SERIZAWA M, SUZUKI M, MATSUMURA T. Micro threading in whirling [J]. Journal of Micro and Nano-Manufacturing, 2015, 3 (4): 41001-41007.

[82] HE Y, LIU C, WANG Y L, et al. Analytical modeling of temperature distribution in lead-screw whirling milling considering the transient un-deformed chip geometry [J]. International Journal of Mechanical Sciences, 2019, 157-158: 619-632.

[83] LIU C, HE Y, WANG Y L, et al. An investigation of surface topography and workpiece temperature in whirling milling machining [J]. International Journal of Mechanical Sciences, 2019, 164: 105182.

[84] PAWADE R S, SONAWANE H A, JOSHI S S. An analytical model to predict specific shear energy in high-speed turning of Inconel 718 [J]. International Journal of Machine Tools and Manufacture, 2009, 49: 979-990.

[85] SEALY M P, LIU Z Y, GUO Y B, et al. Energy based process signature for surface integrity in hard milling [J]. Journal of Materials Processing Technology, 2016, 238: 284-289.

[86] LIU Z Y, GUO Y B, SEALY M P, et al. Energy consumption and process sustainability of hard milling with tool wear progression [J]. Journal of Materials Processing Technology, 2016, 229: 305-312.

[87] PAUL S, BANDYOPADHYAY P P. Minimization of specific cutting energy and back force in turning of AISI 1060 steel [J]. Proceedings of the Institution of Mechanical Engineers, Part B: Journal of Engineering Manufacture, 2017, 232: 2019-2029.

[88] CUI X B, GUO J X. Identification of the optimum cutting parameters in intermittent hard turning with specific cutting energy, damage equivalent stress, and surface roughness considered [J]. The International Journal of Advanced Manufacturing Technology, 2018, 96: 4281-4293.

[89] BALOGUN V A, MATIVENGA P T. Impact of un-deformed chip thickness on specific energy in mechanical machining processes [J]. Journal of Cleaner Production, 2014, 69: 260-268.

[90] BALOGUN V A, GU H, MATIVENGA P T. Improving the integrity of specific cutting energy coefficients for energy demand modelling [J]. Proceedings of the Institution of Mechanical Engineers, Part B: Journal of Engineering Manufacture, 2015, 229: 2109-2117.

[91] GAO S F, PANG S Q, JIAO L, et al. Research on specific cutting energy and parameter opti-

mization in micro-milling of heat-resistant stainless steel [J]. The International Journal of Advanced Manufacturing Technology, 2017, 89: 191-205.

[92] BAYOUMI A E, YÜCESAN G, HUTTON D V. On the closed form mechanistic modeling of milling: specific cutting energy, torque, and power [J]. Journal of Materials Engineering and Performance, 1994, 3: 151-158.

[93] WANG B, LIU Z Q, SONG Q H, et al. Proper selection of cutting parameters and cutting tool angle to lower the specific cutting energy during high-speed machining of 7050-T7451 aluminum alloy [J]. Journal of Cleaner Production, 2016, 129: 292-304.

[94] LIU N, WANG S B, ZHANG Y F, et al. A novel approach to predicting surface roughness based on specific cutting energy consumption when slot milling Al-7075 [J]. International Journal of Mechanical Sciences, 2016, 18: 13-20.

[95] VELCHEV S, KOLEV I, IVANOV K, et al. Empirical models for specific energy consumption and optimization of cutting parameters for minimizing energy consumption during turning [J]. Journal of Cleaner Production, 2014, 80: 139-149.

[96] LI L, YAN J, XING Z. Energy requirements evaluation of milling machines based on thermal equilibrium and empirical modelling [J]. Journal of Cleaner Production, 2013, 52: 113-121.

[97] HE Y, WANG L X, WANG Y L, et al. An analytical model for predicting specific cutting energy in whirling milling process [J]. Journal of Cleaner Production, 2019, 240: 118181.

[98] WANG L X, HE Y, WANG Y L, et al. Analytical modeling of material removal mechanism in dry whirling milling process considering geometry, kinematics and mechanics [J]. The International Journal of Mechanical Sciences, 2020, 172: 105419.

[99] 金俊. 高品质丝杠高效硬态切削和滚道表面高精研磨工艺优化 [D]. 南京: 南京理工大学, 2017.

[100] WANG L X, HE Y, LI Y F, et al. Modeling and analysis of specific cutting energy of whirling milling process based on cutting parameters [J]. Procedia CIRP, 2019, 80: 56-61.

[101] LU H S, CHANG C K, HWANG N C, et al. Grey relational analysis coupled with principal component analysis for optimization design of the cutting parameters in high-speed end milling [J]. Journal of Materials Processing Technology, 2019, 209: 3808-3817.

[102] LI M, YU T B, YANG L, et al. Parameter optimization during minimum quantity lubrication milling of TC4 alloy with graphene-dispersed vegetable-oil-based cutting fluid [J]. Journal of Cleaner Production, 2018, 209: 1508-1522.

[103] CAMPOSECO-NEGRETE C, CALDERÓN-NÁJERA J D D. Optimization of energy consumption and surface roughness in slot milling of AISI 6061 T6 using the response surface method [J]. The International Journal of Advanced Manufacturing Technology, 2019, 103: 4063-4069.

[104] AN Q L, FU Y C, XU J H. Experimental study on turning of TC9 titanium alloy with cold water mist jet cooling [J]. International Journal of Machine Tools and Manufacture, 2011, 51 (6): 549-555.

[105] XIE J, LUO M J, WU K K, et al. Experimental study on cutting temperature and cutting force in dry turning of titanium alloy using a noncoated micro-grooved tool [J]. International Journal of Machine Tools and Manufacture, 2013, 73 (1): 25-36.

[106] KRYZHANIVSKYY V, BUSHLYA V, GUTNICHENKO O, et al. Heat flux in metal cutting: experiment, model, and comparative analysis [J]. International Journal of Machine Tools and Manufacture, 2018, 134: 81-97.

[107] ZHANG Q, ZHANG S, LI J F. Three-dimensional finite element simulation of cutting forces and cutting temperature in hard milling of AISI H13 steel [J]. Procedia Manufacturing, 2017, 10: 37-47.

[108] 倪寿勇, 朱红雨, 李迎, 等. 刀杆式旋铣刀片切削力及温度测量装置: 201210007955.0 [P]. 2012-01-12.

[109] HUANG Y M, YANG M L. Dynamic analysis of a rotating beam subjected to repeating axial and transverse forces for simulating a lathing process [J]. International Journal of Mechanical Sciences, 2009, 51 (3): 256-268.

[110] SHIAU T N, HUANG K H, WANG F C, et al. Dynamic response of a rotating multi-span shaft with general boundary conditions subjected to a moving load [J]. Journal of Sound and Vibration, 2009, 323 (3-5): 1045-1060.

[111] MERRITT H E. Theory of self-excited machine-tool chatter: contribution to machine-tool chatter research-1 [J]. Journal of Manufacturing Science and Engineering, 1965, 87 (4): 447-454.

[112] BRECHER C, ESSER M, WITT S. Interaction of manufacturing process and machine tool [J]. CIRP Annals-Manufacturing Technology, 2009, 58 (2): 588-607.

第 2 章

——

丝杠绿色旋铣干切机床及刀具设计

2.1 丝杠内/外旋铣工作原理

　　丝杠旋铣是利用安装于刀盘上的多把成形刀具，借助于刀盘旋转中心与工件旋转中心的偏心距，来完成渐进式高速铣削丝杠螺纹滚道的方法。高速旋转的刀盘大幅提高了加工效率、缩短了制造周期，刀盘与工件间的偏心距，为待切削的刀具提供了充分的散热时间，大幅延长了刀具的使用寿命，且大部分切削热由切屑带走，因此工件热变形小。采用压缩空气对加工部位进行冷却，减少了采用切削液造成的环境污染，绿色环保。相比车削和磨削，旋铣加工有效地避免了磨削中不可回避的工件烧伤和污染严重等问题，它成为批量生产大型滚珠丝杠的首要选择。由于旋铣工艺可以显著提高生产率及加工表面质量，甚至可以达到"以铣代磨"的高精目标，尤其是它的高效、绿色加工优势明显，已引起切削加工领域的广泛关注。

　　旋铣按其工件与刀具的相对位置，可分为外旋铣（side milling）和内旋铣（planetary milling）两种，如图 2-1 所示。其中，内旋铣的刀具沿着环状刀盘的内侧分布，刀盘轴线相对于工件轴线倾斜一定角度（即螺旋角）。由于内旋铣的刀具沿着铣刀盘内部分布，一定程度上限制了刀具数量及旋铣的速度。同时，受刀盘几何尺寸的限制，内旋铣难以实现大导程螺纹的加工。内旋铣的运动主要包括：工件的进给旋转运动、刀盘的高速旋转运动、刀盘相对工件的轴向进给运动、刀盘相对工件的径向切深运动。外旋铣的运动方式及工作原理与内旋铣相似，主要区别在于刀具沿着刀盘外侧分布，利用刀盘与工件的相对旋转

a)　　　　　　　　　　　　　　　　b)

图 2-1　内/外旋铣示意图

a）内旋铣　b）外旋铣

和移动来铣削出螺纹滚道形状。由于外旋铣刀具分布于刀盘外侧，刀具数量受刀盘几何尺寸影响小，与内旋铣相比，能够获得更高的相对铣削速度。但受限于刀具的可用切削速度，铣削速度也无法提高太多。同时，由于丝杠工件位于刀盘的外侧，外旋铣方式的结构占用空间较大，特别是对于大型丝杠工件的加工。因此，目前国内外主流的大型丝杠旋铣机床大都采用内旋铣的方式。

2.2　丝杠旋铣机床设计要点

汉江机床早在 2006 年就研制成功了 HJ087 内旋铣机床，进行了旋铣干切工艺原理和参数优化研究，并在 2007 年 5 月成功开发出 HJ092 六米数控内旋铣机床；后依托承担的国家"高档数控机床与基础制造装备"科技重大专项课题"十米螺纹磨床、八米旋铣机床、十米螺纹动态检测仪-大型、精密、高效、数控螺纹加工设备"，研发了 HJ092×80 八米大型丝杠数控旋铣机床。近年来，还研制成功了 SK6010 丝杠数控外旋铣机床。

▶▶ 2.2.1　丝杠外旋铣机床

SK6010 丝杠旋铣机床主要用于 2 m 以内的小型滚珠丝杠螺纹滚道的旋铣加工，以及梯形丝杠螺纹的旋铣加工，如图 2-2 所示。该机床采用西门子 828D 数控系统，头架固定在工作台上，尾架可根据工件长短调整，铣头拖板通过精密滚珠丝杠带动，沿矩形导轨做横向进给运动。螺纹运动由头架主轴旋转运动伺服电动机与工作台纵向运动伺服电动机联动实现。丝杠旋铣机床的主要参数见表 2-1。

图 2-2　SK6010 丝杠旋铣机床

表 2-1　丝杠旋铣机床的主要参数

主要参数	机床型号	
	SK6010	HJ092×80
最大顶尖距/mm	2000	8500
最大可旋铣长度/mm	1800	8000
最大可旋铣螺纹直径/mm	$\phi 80$	$\phi 230$
可旋铣螺纹线数	1~99	1~99
最大导程角/（°）	25	20
刀盘转速/（r/min）	50~300（无级）	240~640（无级）
工件转速/（r/min）	0~10（无级）	0~25（无级）
X、Z 轴分辨力/mm	0.001	0.001

SK6010 丝杠旋铣机床的机械结构设计要点如下。

1）床身为优质铸铁件，考虑到铸造重量和加工工艺性，分上、下床身两部分。上床身安装滑动导轨、驱动电动机、丝杠和工作台等部件，下床身安装拖板、铣头等部件，头架、尾架、浮动支承安装在工作台上。工作台沿着上床身滑动导轨做纵向运动，铣头沿下床身直线导轨做横向运动。上述机构运动平稳精确，轻便灵活。在床身的正面安装有操纵箱，机床的主要操纵按钮及编程设备均集中于此，便于操作。

2）工作台在上床身上，由伺服电动机经精密减速器、无间隙联轴器、高精度滚珠丝杠驱动工作台移动。

3）头架固定于工作台左侧，前部安装高精度自定心卡盘，伺服电动机经同步带、蜗轮蜗杆、双片消隙齿轮将动力传递给主轴，驱动主轴旋转，进而带动工件转动。

4）铣头安装于拖板上，伺服电动机经精密减速器、无间隙联轴器、高精度滚珠丝杠驱动铣头移动。铣刀主轴安装在铣头圆筒上，可根据丝杠导程角不同调整旋转角度，铣刀主轴采用高精度滚动轴承支承，并由变频电动机驱动，可实现对铣刀的无级调速。铣刀盘安装在铣刀主轴前端，与工件主轴平行且在外侧，刀盘上最多可安装 30 把刀具，刀具切削速度最大可达 240 m/min。

5）利用外置手动对刀装置，在更换刀具时可调整并保证刀具刀尖位置，缩短机床换刀时间，提高机床利用率。机床配置有自动排屑装置，可更好地实现不停机连续工作。

▶▶ 2.2.2　丝杠内旋铣机床

为满足国内对于大型丝杠高效绿色加工的需求，打破国外技术的壁垒和封锁，紧跟国际前沿水平，解决国内大型、精密、高效、数控螺纹加工设备的设计理论与工艺基础问题，以及关键部件设计与制造技术问题，同时掌握具有自主知识产权的大型丝杠高效铣削机床制造技术，汉江机床自主研发了 HJ092×80 八米数控旋铣机床，如图 2-3 所示，其机械结构特殊、新颖，部件繁多，电气系统复杂。该机床的主要参数见表 2-1。

图 2-3 HJ092×80 八米数控旋铣机床

该大型丝杠旋铣机床的头架固定，尾架可根据工件长短调整，铣头拖板通过精密滚珠丝杠带动沿床身导轨做纵向运动，铣头通过精密滚珠丝杠带动沿拖板贴塑导轨做横向运动，螺纹运动由驱动头架主轴旋转运动的伺服电动机与驱动工作台纵向运动的伺服电动机联动实现。它除具备刀具进给、中径补偿、径/轴向分度、径/轴向铣削进给、刀具恒线速等自动功能外，还兼具螺距补偿、电子齿轮箱等专用功能，可实现滚珠丝杠、梯形丝杠、螺杆铣削和外圆铣削的自动加工。

▶▶ **1. 机械结构设计要点**

1）床身为铸铁件，考虑到铸造重量和加工工艺性，分上、下床身两部分。上床身安装滑动导轨、驱动电动机、丝杠、拖板和铣头等部件；下床身安装头架、工作台、尾架、浮动支承等部件。

2）头架固定于床身左边，主轴采用回转顶尖结构，前部安装高精度自定心卡盘，后部直连空心旋转编码器，用以提供主轴位置的反馈信号。伺服电动机经精密减速器、无间隙联轴器、双片消隙齿轮将动力传递给主轴，驱动主轴旋转，进而带动工件转动。

3）铣头（图 2-4）垂直安装在小拖板上，加工时刀盘套在丝杠上进行旋铣。

主轴电动机经安装在其输出轴上的小带轮驱动大带轮旋转，刀盘安装在大带轮的端面上。根据工件直径不同，选择不同的刀盘；根据齿形不同，选择不同的刀具。刀盘上最多可安装 12 把刀具，刀具切削速度最大可达 240 m/min。

图 2-4　铣头

4）拖板挂于床身前，呈 L 形，其上部安装在一副直线导轨上，承受整个拖板及其上安装的小拖板和铣头的重量，拖板下部垂直安装的平导轨及压板承受拖板的颠覆力。在拖板上部外侧安装伺服电动机、滚珠丝杠副，用于驱动拖板纵向移动。小拖板在拖板的一副燕尾导轨上，由伺服电动机、滚珠丝杠副驱动其在垂直面内实现进、退刀动作。

5）尾架（图 2-5）安装在床身右侧，可根据工件不同长度在尾架导轨上移动，移动到需要位置后，通过四个 T 形螺钉锁紧。尾架为液压式，液压油经三位四通电磁阀供给尾架液压缸的前、后腔，液压缸活塞上有齿条，经齿轮带动顶尖套筒上的齿条移动，驱动顶尖产生进、退动作。尾架分上、下两层，通过调节扳手，可调整使尾架与头架保持同心。

图 2-5　尾架

6）浮动支承（图 2-6）主要用于对长工件的支承。伺服电动机经一对齿轮将旋转运动传递给滚珠丝杠副，通过丝杠螺母的上、下移动拖动 V 形支承块实现托起、释放工件的动作。

7）工件随动抱紧装置（图 2-7）主要用来夹持工件，在铣头左、右各有一个，安装在拖板上，跟随拖板一起纵向移动。伺服电动机经联轴器将旋转运动传递给一副有正、反螺纹的滚珠丝杠，使两个卡爪反向运动，实现工件的夹紧和松开动作。

图 2-6　浮动支承

图 2-7　工件随动抱紧装置

8）移动式操纵台，主要操纵按钮都集中于此，便于在整个工件长度范围内操作。

▶▶ 2. 电气系统设计要点

该机床控制系统选用了西门子 840D 高档数控系统，实现了九轴三联动，分别为 C 轴（工件旋转运动）、Z 轴（铣头拖板纵向运动）、X 轴（铣头横进给运动）、工件抱紧装置垂直运动、浮动支承垂直运动。由头架 C 轴与铣头 Z 轴联动，实现精确的螺纹插补运动。输入导程参数，确定 C 轴、Z 轴定比运动速度参量，实现精确的电子变换齿轮功能，通过电子变换齿轮，给定比运动的 Z 轴复加一个速度增量，可完成电子对刀功能。当 C 轴、Z 轴、X 轴联动时，机床能够实现中径补偿和异形螺杆加工。

▶▶ 3. 工艺和计量要点

针对床身和工作台的加工，必须进行二次人工时效处理，消除内应力。为了便于装配，头架体壳的前轴承孔与后轴承孔的同轴度需达到 0.01 mm，以保证体壳前后轴承孔同心，并达到设计要求。头架主轴材料为 20CrMnTi，要求安装轴承部位和顶尖孔的圆度公差和圆跳动公差均在 0.003 mm 以内。配置专用工装，经过粗磨、半精磨、精磨、终磨，其间辅助消除应力等热处理后，使零件达到设计要求。丝杠规格为 GQ80×10-3，精度等级为 3 级。

以上这些关键零件的尺寸和精度要求都相当高，因此合理地安排加工工序，利用现有设备，辅助专用工装，显得尤为重要。

对机床直线轴精度进行检测，需参照 GB/T 17421.2—2016 的有关条款检验每个直线运动坐标；对旋转直线轴精度进行检测，检验方法也需参照 GB/T 17421.2—2016 的有关条款。

2.3　丝杠旋铣干切关键技术

2.3.1　针对超长丝杠的接刀策略

超长丝杠接刀旋铣是旋铣机床的一个创新点，使用专用工装，利用接刀技术可以提高机床加工长度范围，即在机床一次加工最大长度规格的基础上可进行二次接刀加工，甚至可进行多次接刀加工，单根加工长度便可加长，该接刀技术简单易行、加工精度高。

1. 实施方案

实现接刀旋铣技术的关键是保证接刀处的齿形精度和螺距精度，有两种方法可以实现。第一种方法是，对于需要二次装夹加工的丝杠，可在机床上通过配置精密对刀装置来实现接刀；第二种方法是，对于未加工的丝杠，可利用丝杠铣床的抱紧装置，通过保证切削点位置不变而移动工件来实现接刀。第一种方法受诸多因素影响，如二次装夹的变形、铣头螺旋角的误差、刀具齿形误差等，接刀精度很难控制，因而推荐采用第二种方法。

利用抱紧装置接刀旋铣丝杠的具体方法是：当铣头铣削加工到机床行程极限位置后，程序暂停，头架卡盘松开工件，利用抱紧装置夹紧工件，拖板带动抱紧装置、工件、铣头一起向加工相反的方向移动工件，移动到位后，头架卡盘夹紧工件，继续执行程序加工剩余部分，直到全部加工结束。托架用于支承丝杠超过机床的部分，头架和尾架外侧各放置一套。

2. 接刀旋铣试验

试验环境温度为 20~22℃，所用主要材料和元器件有试切件、试切刀具、千分尺、激光测量仪。三根丝杠统一采用头架转速 3 r/min，刀具线速度 180 m/min，安装 4 把刀具进行接刀旋铣试验。接刀旋铣试验项目及数据见表 2-2。

由试验数据可以看出，接刀旋铣的滚道中径误差、齿形误差、表面粗糙度均满足要求，但对螺距精度有一定影响，会使丝杠精度降低 1~2 级。

表 2-2　接刀旋铣试验项目及数据

试验次数	滚道中径误差 /mm	齿形误差 /mm	接刀处螺距误差 /mm	非接刀处螺距误差 /mm	滚道表面粗糙度 /μm
第 1 次	0.009	0.01	0.015	0.009	0.4
第 2 次	0.01	0.01	0.016	0.008	0.4
第 3 次	0.009	0.008	0.014	0.007	0.4

试验结论：利用工件抱紧装置和辅助托架，对丝杠进行接刀旋铣策略及精度控制试验，证明该方法简单有效，运行稳定，但加工螺距精度会有所降低。利用机床抱紧装置进行超长丝杠旋铣接刀技术可在旋铣机床上推广应用。

▶▶ 2.3.2　工件随动抱紧装置的设计

旋铣机床采用自动测力卡爪来夹持和定位丝杠外圆，通过调整夹持装置电动机输出力矩来调整工件的抱紧力。同时，该抱紧装置随铣头同步移动，有利于控制丝杠工件的定位精度和加工精度。

在丝杠旋铣时，工件抱紧装置既要承受较大的径向力（工件重量），又要承受一定的轴向力（随铣头轴向移动时与工件之间的摩擦力），因此要同时承受这两个方向的力，就要求其具有很高的刚性，才能在旋铣加工过程中不至于出现"让刀"的情况而影响加工精度。另外，加工工件的直径规格有一定范围，而工件的旋转中心不应随工件直径规格的变化而变化，因此，要求装置既能适应工件不同直径规格的变化，又能夹持对中。

工件抱紧装置结构原理图如图 2-8 所示，电动机 10 通过齿轮 9、8 使传动丝

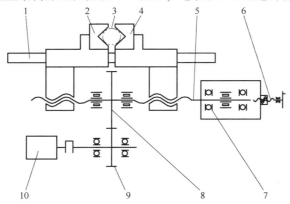

图 2-8　工件抱紧装置结构原理图

1—矩形导轨板　2、4—卡爪　3—工件　5—传动丝杠　6—调整丝杠
7—推力轴承　8、9—齿轮　10—电动机

杠 5 正、反向旋转，进而通过螺母、拖板使卡爪在矩形导轨板 1 上相向或相反移动，从而实现对工件 3 的夹紧或松开动作。此结构既可以使卡爪 2、4 承受来自工件的径向载荷和轴向载荷，又可以实现对不同直径工件的对中定心功能。为了在装配时方便夹持中心相对头、尾架中心的调整，可通过调整丝杠 6 实现。推力轴承 7 固定在体壳内，承受整个夹持系统的径向载荷。工件抱紧装置结构的主视图如图 2-9 所示。

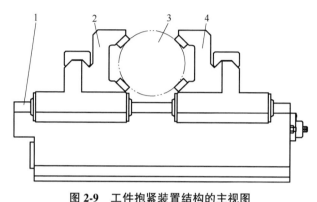

图 2-9　工件抱紧装置结构的主视图

1—矩形导轨板　2、4—卡爪　3—工件

2.3.3　压缩空气浅低温强力冷却技术应用

采用压缩空气浅低温强力冷却代替传统的切削液冷却，可有效减少环境污染，实现丝杠旋铣的绿色加工。

1. 压缩空气浅低温形成原理

压缩空气（压力通常为 $5.5×10^5 ~ 8×10^5$ Pa）通过喷嘴进入涡旋管，方向转变 90°后在旋转腔内高速旋转，并通向涡旋管中的热端，部分热气流通过涡旋管热端的控制阀流出，剩余气流掉转方向继续在外部漩涡的中心做旋风运动。在这个过程中，内部漩涡气流将能量交换给外部漩涡气流，它将变成冷气流（温降可达 40℃）并流出涡旋管，出口高速气流的最低温度可达 −18℃，而外部漩涡的气流变成热气流（最高温度可达 120℃），并从涡旋管另一端流出。压缩空气浅低温形成原理如图 2-10 所示。

2. 冷却工件试验

（1）用切削液冷却工件试验　环境温度为 20~22 ℃，所用主要材料和元器件为切削液箱，切削液 500 L，切削液泵流量为 100 L/min，流量调节球阀，水冷却机，红外线测温仪。试验项目及数据见表 2-3。

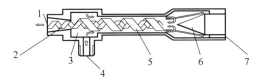

图 2-10 压缩空气浅低温形成原理

1—冷气流出口 2—冷空气 3—涡流室 4—压缩空气入口
5—热空气 6—控制阀 7—热气流出口

表 2-3 试验项目及数据（一）

试验次数	切削液流量 / (L/min)	切削液温度 /℃	工件温升 /℃	切前外圆硬度 HRC	切后螺纹滚道硬度 HRC	螺距累积误差/mm	滚道表面粗糙度/μm
第 1 次	50	20	71	59	55	0.074	3.2
第 2 次	100	20	68	60	56	0.066	1.6~3.2

（2）用压缩空气浅低温强力冷却工件试验 环境温度为 20~22℃，所用主要材料和元器件为空气压缩机、涡旋管冷却器和红外线测温仪。试验项目及数据见表 2-4。

表 2-4 试验项目及数据（二）

试验次数	气体流量 / (L/min)	冷却温度 /℃	工件温升 /℃	切前外圆硬度 HRC	切后螺纹滚道硬度 HRC	螺距累积误差/mm	滚道表面粗糙度/μm
第 1 次	0	—	92	58	56	0.095	1.6~3.2
第 2 次	50	20	75	58	57	0.075	1.6~3.2
第 3 次	100	20	70	60	58	0.07	1.6
第 4 次	200	10	56	59	58	0.058	1.6
第 5 次	200	0	48	59	58	0.052	1.6
第 6 次	200	−10	45	58	57	0.051	0.8
第 7 次	280	10	52	58	57	0.055	1.6
第 8 次	280	0	46	61	59	0.054	0.8~1.6
第 9 次	280	−10	44	59	58	0.052	0.8

（3）试验结论 在同等条件下，采用压缩空气浅低温强力冷却方式比采用切削液冷却方式的工件温升高，螺距累积误差大，但螺纹滚道表面的硬度高，表面粗糙度值小。

在采用压缩空气浅低温强力冷却方式时，加大气体流量或降低冷却温度都能达到良好的冷却效果，特别是当气体流量加大至 200~280 L/min，冷却温度降低至−10~0℃时，冷却效果特别明显，工件温升大幅降低，螺距累积误差明显减小，螺纹滚道表面粗糙度值减小和螺纹滚道硬度提升。

采用强冷空气冷却可防止丝杠表面切屑聚集成束，缠绕刀具，从而在不使用任何切削液的情况下，实现了刀具与工件的降温，有效地降低了切削温度，减小了切削振动，消除了切削刃上的碳化物和高热量，延长了刀具使用寿命，加快了切削速度的同时提了工件加工质量。

采用0℃以下的压缩空气浅低温强力冷却技术比采用切削液冷却技术更易实现和控制，使用该技术不仅可以降低采购成本，而且没有切削余液，避免工人吸入切削残液或碎屑，保障了工人健康，减少了环境污染，更加绿色环保。

综上，在旋铣机床上应用压缩空气浅低温强力冷却技术，成本低、易控制，可有效降低切削温度和切削振动，延长了刀具使用寿命，提高了工件加工精度和螺纹滚道表面质量。目前此技术已在丝杠旋铣机床上推广应用。

▶▶ 2.3.4　铣头系统设计制造与分析

铣头系统是丝杠旋铣机床的核心部件，是实现丝杠旋铣的执行单元，刀盘、刀具、带轮和轴承均安装于铣头系统内部。在设计高精度铣头的回转轴时，将动力传动隐藏于主轴体壳内部，机械结构紧凑、外形美观。高精度刀盘的设计避免了加工时刀具的相互干涉，而刀具的整体设计保证了高的切削刚性，分体式刀具的刀片可多次重磨使用和更换，提高了经济效益。此外，可依据不同工件设计相应的刀盘和刀具，以适应多品种、多规格工件加工的需求。

▶▶ 1. 高精度、高刚度的刀盘设计与制造技术

刀盘是影响高精度丝杠旋铣加工质量的重要部件之一，要求刀盘具有旋转精度高、动静刚度高、多刀具位置精度高等特点，刀盘制造精度需达到微米级。此外，还需方便安装与维修，可精确调节刀具的刀尖位置，容易控制加工精度。

刀盘安装在一个通过电动机、带传动的铣头上，围绕刀盘轴线转动。内旋铣丝杠工件时，只需将刀盘套在工件外，并与工件轴线倾斜一个导程角，再将刀盘旋转中心与工件旋转中心偏移所需的距离，并确保工件转动一周，刀盘沿工件轴线匀速移动一个螺距的距离，即可在工件的外圆上加工出连续的螺纹。

依据丝杠旋铣原理，圆柱体工件的外圆要比刀盘上所有刀具的刀尖组成的分度圆要小。因此，利用一种刀盘甚至一台机床加工规格范围太大的圆柱体工件（如直径为40~230 mm）并不经济可行，在方案设计时必须考虑机床的系列化和刀盘的多样化，即使在同一台机床上也应通过更换刀盘来满足不同工件直径、不同螺纹滚道大小和形式的要求。

由于刀盘上需安装多把刀具，并依次循环进行铣削，欲使加工出的螺纹滚道连续且齿形误差小，必须保证多把刀具旋转后齿形重合，因此需满足所有参与铣削的刀具齿形误差小、刀尖径向圆跳动误差小（在同一旋转分度圆上）、侧刃轴向窜动误差小。

基于以上考虑，在设计高精度刀盘时需重点控制如下内容。

1）刀具的齿形误差。

2）刀具刃口中心与安装基准面的尺寸误差。

3）刀具刃口面与安装基准面的垂直度误差，且安装刀具的刀柄为方形。

4）刀盘上安装刀具的所有基准面的轴向窜动误差。

5）刀盘旋转时所有刀尖形成分度圆误差。

此外，设计和制造的刀盘必须有高刚性才能加工出合格的螺纹滚道，刀盘上应加工有多个刀槽以安装多把刀具。为了加工简单，刀槽可以与刀盘做成分体式，用螺钉和圆销定位，但也会因此降低刀盘的刚性，如果能采取整体刀盘，用特殊工艺保证刀槽的精度，则可在满足精度的前提下大大提高刀盘的刚性。

十二槽刀盘简图如图 2-11 所示，包括刀具、刀盘、楔块、调整螺钉、刀座和刀槽。

以直径为 80~125 mm 的刀盘为例，本例为安装四把刀具，建议采用以下工艺步骤来设计制造出高精度、高刚度的定位刀盘。

1）锻件调制。

2）车：车 ϕ430h6 外圆，预留加工量 0.5~0.6 mm；车 ϕ429 外圆，预留加工量 0.5~0.6 mm（工艺用）；车 ϕ170H7 内孔，预留加工量 0.5~0.6 mm；车厚度为 50 mm 的两端面，预留加工量 0.2~0.3 mm；车倒角，留加工量 0.2~0.3 mm；其余部分加工至尺寸。

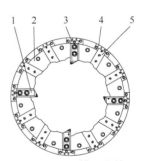

图 2-11　十二槽刀盘简图

1—刀具　2—刀盘　3—楔块和调整螺钉
4—刀座　5—刀槽

3）外磨：反承内孔，找正，磨 ϕ430h6 外圆至尺寸，磨 ϕ429 外圆至尺寸，保证同轴度 0.01 mm，磨左端面，预留加工量 0.06~0.08 mm，保证垂直度 0.01 mm。

4）平磨：磨厚度两端面至尺寸 50 mm，保证平行度 0.01 mm。

5）内磨：保证外圆跳动 0.01 mm、轴向跳动 0.01 mm，磨 ϕ170H7 内孔至尺寸。

6）加工中心加工：找正 φ170H7 内孔中心，铣 6×30H7 键槽至尺寸 28.5 mm，备精铣，加工尺寸 25 mm 至尺寸 25.2 mm，铣 6×R25 mm 圆弧槽穿，铣 10H9 键槽至尺寸深 15 mm，用钻头定位 6×M12 穿、12×M10 穿、12×M6 深 12 mm、11×φ11 mm 平刮 φ17 深 11 mm（按 12 孔均布）的各孔位置。

7）钳工加工：钻 11×φ11 mm 孔穿（按 12 孔均布），平刮 φ17 深 11 mm，钻 6×M12 底孔至 φ10.2 mm 穿，备攻螺纹，钻 12×M10 底孔至 φ8.5 mm，备攻螺纹，钻 12×M6 深 12 mm 底孔至 φ5 深 15 mm，备攻螺纹。

8）钳工加工：攻螺纹，端面刻字"φ80 ~ φ125"，字高 3.5 mm，线宽 0.2 mm，深 0.2 mm，字内涂黑漆，锐边倒钝。

9）研磨：研左端面至尺寸，保证平面度 0.01 mm。

10）平磨：磨右端面至尺寸，保证平行度 0.01 mm。

11）镗削：找正 φ170H7 孔中心，6×30H7 键槽两边余量均匀，精铣 6×30H7 键槽至尺寸，控制各键槽尺寸 25 mm 等大 0.006 mm，注意各几何公差要求。

12）研磨：研左端面至尺寸，保证平面度 0.008 mm。研各槽底至尺寸，注意控制各键槽尺寸 25 等大 0.006。

13）检验、入库。

经过大量实际应用验证表明，采取上述特殊工艺制造出的旋铣整体刀盘，精度高、刚性高、定位准确，可以通过更换不同的刀具来加工相应的螺纹，刀具可修磨后重复使用，尤其可精确调节刀具的刀尖位置，方便安装与维修，精度控制容易。

▶▶ **2. 铣头系统热特性分析**

铣头系统接近于螺纹工件加工位置，周围温度相对较高，铣头系统的热特性将直接影响工件的加工精度，因此，对其进行热特性分析，尤其是分析铣头系统在工作状况下的温度场、热应力及热变形分布情况非常重要。

旋铣机床在加工工件时，铣头电动机通过带轮带动刀盘高速旋转，铣削时刀具和工件之间产生铣削热，由于旋铣加工属于大切削量加工，切屑带走大量的铣削热，只有部分热量进入铣头系统，铣头系统内部的热源除了切削热还有轴承副高速旋转产生的摩擦热，以及外部驱动电动机产生的热量。

（1）理论分析　轴承的发热量主要是轴承的摩擦力矩引起的，其发热量为

$$H_f = 1.047 \times 10^{-4} nM \tag{2-1}$$

式中，H_f 为轴承发热量（W/m²）；n 为轴承转速（r/min），其值范围为 119.4 ~ 848.8 r/min；M 为轴承的摩擦力矩（N·m）。

轴承的摩擦力矩 M 可分为两部分，即

$$M = M_0 + M_1 \tag{2-2}$$

式中，M_0 为速度项，反映润滑剂的流体动力损耗；M_1 为负荷项，反映弹性滞后和局部差动滑动的摩擦损耗。

$$\begin{cases} M_0 = 1.60 \times 10^{-5} f_0 d_\mathrm{m}^3, & \nu n < 2000 \ \mathrm{cSt \cdot r/min} \\ M_0 = 10^{-7} f_0 (\nu n)^{2/3} d_\mathrm{m}^3, & \nu n \geqslant 2000 \ \mathrm{cSt \cdot r/min} \end{cases} \tag{2-3}$$

$$M_1 = f_1 P_1 d_\mathrm{m} \tag{2-4}$$

式中，ν 为运动黏度（cSt）；n 为轴承转速（r/min）；d_m 为轴承节圆直径，其值为 225 mm；f_0 为与轴承类型和润滑方式有关的系数，对于角接触球轴承，采用油雾或油气润滑时 $f_0 = 1$；f_1 为与轴承类型和所受负荷有关的系数，对于角接触球轴承，$f_1 = 0.001$；P_1 为轴承的当量载荷，其值为 2.815×10^4 N。

轴承的体积

$$V = \pi (R^2 - r^2) L \tag{2-5}$$

式中，R 为轴承外圆半径，其值为 0.13 m；r 为轴承内圆半径，其值为 0.095 m；L 为轴承宽度，其值为 0.039 m。将一对轴承简化成一个，则总宽度为 0.078 m，计算得轴承体积 $V = 0.00193$ m^3。依据式（2-1）可进一步得到轴承的发热量。

另外，切削热是机床的主要热源，将直接影响机床的加工精度。丝杠旋铣由于一次走刀完成全部深度加工，在切削过程中切屑带走了大部分的热量，但由于切屑在脱离工件前随着刀盘的转动而旋转，在工件的周围产生了温度场。对此温度场进行简化，只考虑进入铣头系统的热量，主要通过切削工件将热量传入铣头和其他部件，切削热的功率 P_m 可表示为

$$P_\mathrm{m} = F_Z n \tag{2-6}$$

$$F_Z = \frac{2T}{D} \tag{2-7}$$

式中，n 为切削转速，其值范围为 119.4~848.8 r/min；F_Z 为切向切削力（N）；T 为电动机输出力矩（N·m）；D 为刀尖旋转直径（mm）。

本例中通过试验可获得已知条件和参数下的切向切削力大小。在转速比 $i =$ 156.6，刀尖旋转直径 $D = 87$ mm，刀具数 $N = 4$，最大切深为 0.05 mm 的切削条件下，测得电动机输出力矩大小见表 2-5，根据式（2-1）、式（2-6）可得到不同温度下轴承发热量和切削热的功率。

表 2-5 热载荷随转速的变化规律

切削转速 $n/$ (r/min)	电动机输出力矩 $T/N \cdot m$	切削热的功率 P_m/W	轴承发热量 $H_f/$ (W/m^2)
119.4	24.3	66699.31	42206.06
139.3	23.6	75574.25	49240.4
159.2	17.5	64045.98	56274.74
179.1	13.1	53935.86	63309.08
199	11.4	52151.72	70343.43
208.9	10.9	52345.06	73842.92
238.7	9.8	53776.09	84376.76

根据努赛尔准则，表面传热系数 h 计算公式为

$$h = \frac{Nu\lambda}{L} \tag{2-8}$$

式中，λ 为流体的热导率，取 $\lambda = 39.2$ W/ (m·K)；Nu 为努赛尔数；L 为特征尺寸，取 $L = 0.645$ m。

对于铣头外表面，属于自然对流换热。其准则方程可表示为

$$Nu = C(Gr \cdot Pr)^n \tag{2-9}$$

$$Gr = \frac{g\beta L^3 \Delta t}{\nu^2} \tag{2-10}$$

式中，C、n 为常数，取值与流体流动性质有关，$C = 0.12$，$n = 0.5$；Gr 为格拉晓夫准数；Pr 为普朗特数，取 $Pr = 0.7$；L 为特征尺寸，取 $L = 0.645$ m；g 为重力加速度，取 $g = 9.8$ m/s^2；β 为体膨胀系数，取 $\beta = 1.1 \times 10^{-5} ℃^{-1}$；$\nu$ 为运动黏度，取 $\nu = 15.6 \times 10^{-6}$ m^2/s；Δt 为流体与壁面温差，取 $\Delta t = 15$ ℃。

经计算，表面传热系数为 238 W/ (m^2·K)，由于其内部安装带轮、刀盘等其他零件，大大改变了其内部散热条件，铣头内部因为散热条件较差，表面传热系数取 58 W/ (m^2·K)。

（2）有限元建模 铣头系统中的主要部件有刀具、刀盘、铣头体壳、轴承和带轮。为了便于分析，将轴承内部滚珠、保持架等简化，忽略倒角及小凹槽，用 Solid 90 单元采用自由划分的方式对模型进行网格划分，三维模型、剖视图和有限元模型如图 2-12 所示，各部件间的接触传热利用热接触单元 target170、contact173 模拟，并通过定义接触传导率来描述部件间的热量交换。

铣头体壳的材料为 T300，带轮、刀盘和铣刀刀柄的材料均为 T250，轴承的材料为 GCr15 轴承钢，各材料的属性见表 2-6。

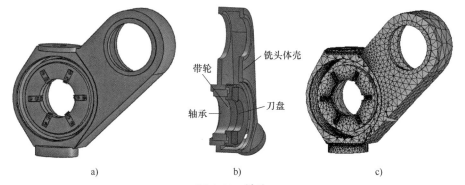

图 2-12 铣头

a）三维模型　b）剖视图　c）有限元模型

表 2-6　材料属性

项　　目	铣头体壳	带轮、刀盘、刀柄	轴　　承
密度/（kg/m³）	7350	7350	15781
弹性模量/Pa	135	135	206
泊松比	0.25	0.25	0.3
热膨胀系数/10⁻⁶K⁻¹	11	13.2	12.5
热导率/[10⁻⁶W/（m·K）]	46.5	41	50.2
比热容/[J/（kg·K）]	0.528	0.586	0.378

　　对于铣头系统，其包括两个以上的零件，热量并不能自由地通过两个相邻的零件，这是因为存在着接触热阻，即两个相接触零件之间的接触面处会对热流产生阻碍，造成传热的不连续，在接触面处发生了温度的突变。根据实际工况，只有考虑接触热阻才能更准确地计算分析铣头的热特性。

　　利用热接触单元 target170、contact173 模拟各部件间的接触，在进行温度场分析时，铣头体壳和轴承的材料接触热阻系数设为 7500 m^2·K/W、轴承和带轮的接触热阻系数设为 5000 m^2·K/W、带轮和刀盘的接触热阻系数设为 10000 m^2·K/W。

　　（3）铣头系统稳态热特性研究　分析铣头系统在工作环境温度为 20℃，转速为 848.8 r/min 的条件下的稳态热特性，得到铣头系统的温度场分布和位移分布。在图 2-13 所示的铣削过程中，铣头体壳大部分温升变化不大，与初始设置温度基本相同，最高温升为 145.915℃，位于铣刀加工工件处，这是由于在切削过程中产生的热量较多，切削部位较小，得不到有效的散热。所以，需要对此部位进行重点散热，如采用风冷或油水冷，以减小温度过高对工件加工精度造成的影响。

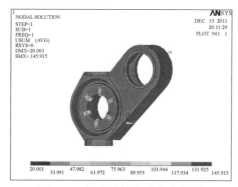

图 2-13　铣头系统温度分布云图

图 2-14 所示为丝杠干切削时铣头系统三个方向的热变形分布云图，铣头系统不同方向的最大热变形见表 2-7。三个方向的热变形对工件加工精度影响的程度不同，X 方向和 Y 方向为径向方向，Z 方向为轴向方向，当 Z 方向的热变形达到热稳态后，其对轴向加工精度的影响比较小，而 X 方向和 Y 方向的热变形直接影响被加工丝杠的径向加工尺寸和精度。

a)

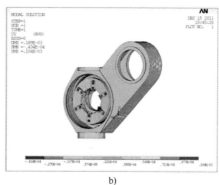

b)

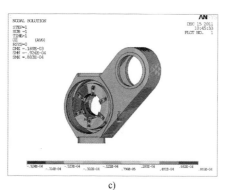

c)

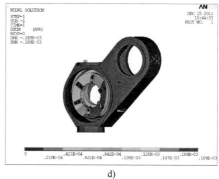

d)

图 2-14　铣头系统热变形分布云图

a）X 方向　b）Y 方向　c）Z 方向　d）总变形位移云图

表 2-7　干切削铣头系统最大热变形

类　　型	X 方向热变形	Y 方向热变形	Z 方向热变形	总变形
最大值/10^{-3}mm	0.173	0.104	0.088	0.189

（4）铣头系统瞬态热特性研究　对铣头系统进行瞬态热分析，可以了解铣头系统在工作状况下温度随时间发生变化的传热过程，得出铣头系统上的某些关键位置点从工件开始加工到发热量和散热量达到平衡时的温度变化情况，趋于稳定时的温度即为热稳态条件下此点的温度。

分析铣头系统在工作环境温度为 20℃，转速为 848.8 r/min 的条件下的瞬态热特性。根据资料，切削热只有 3%~18% 进入工件，其余的大部分热量通过切屑带走，所以本例将转速为 848.8 r/min 时的轴承发热量和 10% 的切削热作为热载荷施加至铣头系统的有限元模型中。选择铣头体壳外部、刀盘外部和刀盘内部区域的三个关键位置节点作为研究对象，如图 2-15 所示，分析其由初始状态到热稳态时温度的变化情况。

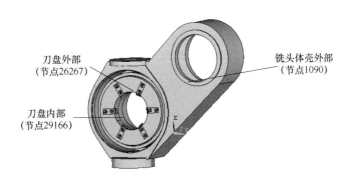

图 2-15　瞬态热分析节点位置

从图 2-16 中可以看出，节点温度在 4 s 内迅速升高，6 s 后达到稳定，铣头体壳外部（节点 1090）处的稳定状态温度为 38.5℃，刀盘外部（节点26267）处的稳定状态温度为 41.3℃，刀盘内部（节点 29166）处的稳定状态温度为 53.5℃。

（5）试验验证　为了验证铣头系统热态分析结果的准确性，对加工状态下的大型丝杠旋铣机床的铣头区域开展了温度测试，试验条件如下。

1）刀具选择：前角-8°，倒棱 0.1 mm×15°，无涂层 PCBN。

2）切削条件：干切削。

3）转速比 i=156.6，刀尖旋转直径 D=87 mm，切屑最大切深 0.05 mm。

4）室温为 20℃。

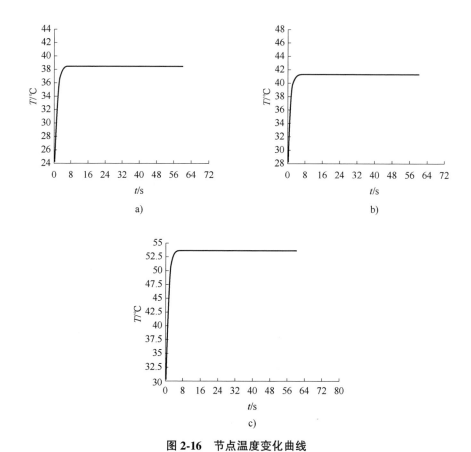

图 2-16 节点温度变化曲线

a) 铣头体壳外部（节点 1090）　　b) 刀盘外部（节点 26267）　　c) 刀盘内部（节点 29166）

使用接触式温度传感器检测刀盘外侧的温度时，使用 PT100 铂电阻贴片式热电阻传感器，并安装于铣头体壳外部，用于测量切削过程中铣头体壳外部的温度。由于电动机远离工件加工位置，铣头主要热源是铣削发热和轴承发热，特别是铣削位置的温度较高，对工件加工精度的影响较大。从铣刀盘开始旋转时刻开始计时，使用手持式红外测温仪对接近工件加工位置进行多点、多次测量，测量位置如图 2-17 所示。

由于丝杠旋铣发热量较大，测量位置在很短的时间内就达到稳定值，此时温度变化范围非常小。将试验测量位置的稳定温度和仿真数据进行比较，温度对比结果见表 2-8。可见，试验值与仿真值比较接近，刀盘外侧测量位置的温差比较小，为 1.3℃，而刀盘内侧和铣头体壳外部测量位置的温差小于 7℃，试验结果可以较好地验证仿真分析的准确性。

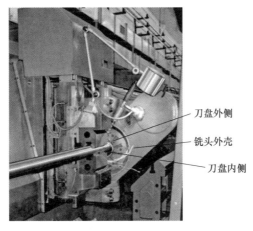

图 2-17　测量位置

表 2-8　温度对比结果

项　　目	刀盘外侧温度/℃	刀盘内侧温度/℃	铣头体壳外部温度/℃
试验值	40	55~60	32
仿真值	41.3	53.5	38.5

2.4　丝杠旋铣干切刀具

丝杠旋铣加工完全在淬硬层内进行，且为断续切削。在高速硬干切过程中，工件材料与刀具材料发生间断性的瞬间高速摩擦，一方面，刀具材料与工件材料间发生黏结、氧化磨损，另一方面，在高温、高压作用下以及切削力、切削热的力冲击、热冲击作用下，刀具与工件产生非线性动态响应，运动轨迹发生变化，进而交互干涉，产生颤振，导致崩刃。因此，合理选择刀具材料，优化刀具几何参数，攻克刀具修型技术问题等，对丝杠旋铣干切加工十分关键。

2.4.1　刀具材料选择

CBN 具有接近金刚石的硬度和抗压强度，以及比金刚石更高的热稳定性和化学惰性，因此，作为磨料，CBN 砂轮广泛用于磨削加工中。由于 CBN 具有优于其他刀具材料的特性，人们一开始就试图将其应用于切削加工中，但随着切削刀具的 CBN 烧结体——PCBN 的研制成功，因其在加工精度、切削效率、刀具寿命等方面具有明显的优越性，PCBN 刀具已广泛应用于切削加工的各个领域，尤其是高硬度材料、难加工材料的切削加工领域。

为实现丝杠的绿色硬态干切，丝杠棒料在淬火后硬度将达到 58～62 HRC，切削刃需采用 CBN 与 PCBN 的焊接体。CBN 具有较高的化学惰性及高温下的热稳定性，PCBN 具有在高温时能保持高硬度的特性，在切削过程中不易形成滞留层或积屑瘤，不易引起加工表面的烧伤和微小裂纹，有利于提高加工的表面质量和表面性能完整性。大量试验研究显示，刀具材料选用粒度为 2 μm 的 CBN，含量为 70%～80% 的 PCBN 比较理想。

▷▷ 2.4.2　刀具结构设计

汉江机床自主研制的丝杠硬态旋铣机床的刀盘上，可采用整体式刀具或分体式刀具这两种刀具结构，如图 2-18、图 2-19 所示。

图 2-18　整体式刀具

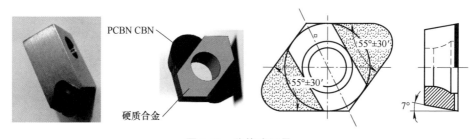

图 2-19　分体式刀具

▷▷ 1. 整体式刀具结构设计与优化

根据丝杠旋铣工艺参数研究结果，选取以下基准工艺参数组对刀具进行研究，即安装刀具数量 6 把，刀具切削速度 $V_t = 180$ m/min，工件转速为 2 r/min，抱紧装置的抱紧力为 1000 N，刀盘沿工件轴线移动速度为 0.01 m/min，切削深度 $a_p = 0.06$ mm，采用浅低温强力冷却。试切件的丝杠直径为 80 mm，长为 4000 mm，硬度为 58～62HRC，以前刀面磨损宽度 $VB = 0.2$ mm 为磨钝标准，观察新刀从开始使用到破损的全过程。

采用两种不同结构的刀具进行试验比较。

1）工况一：前角 0°，后角 7°~10°，刃口负倒棱 0.1 mm×25°。

2）工况二：前角-8°，后角 7°~10°，刃口负倒棱 0.1 mm×15°。

试验结果表明：

1）工况一：固定切削速度 v_t = 180 m/min 时，当切削深度 a_p 从 0.03 mm 提高到 0.06 mm 时，宏观齿锯程度由弱变强，在 a_p = 0.07 mm 时，宏观齿锯程度最强，之后略有加强。主电动机输入功率明显降低，之后随切削深度的增加而略有增大。

2）工况二：固定切削深度 a_p = 0.06 mm 时，当切削速度 v_t 从 120 m/min 提高到 180 m/min 时，宏观齿锯程度明显变弱，随着切削速度进一步提高到 240 m/min 时，宏观齿锯程度越来越弱，主电动机输入功率明显下降。

▶▶ 2. 分体式刀具结构设计与优化

分体式刀具，即刀片与刀柄分开，选用标准成品刀片，用螺钉将刀片紧固在刀柄上。为了满足铣削要求和较高的性价比，经过工艺优化后，切削刃型面采用 55° 的单圆弧标准刀片，并与丝杠圆弧滚道截面一致，刀片形状按照国家标准：GB/T 2077—1987《硬质合金可转位刀片圆角半径》、GB/T 2079—2015《带圆角无固定孔的硬质合金可转位刀片　尺寸》、GB/T 2081—2018《带修光刃、无固定孔的硬质合金可转位铣刀片　尺寸》。刀片可设计为具有两个可使用的切削刃，使用可转位刀片磨床对刀片的切削刃进行磨削，保证两个切削刃中圆弧半径的一致性，在后续使用刀片时两个切削刃可互换。

合适的前、后角可有效提升刀具的抗冲击性能、排屑能力及散热能力，前角的大小还直接影响切削刃的受力情况和刀片的内应力状态。由于 PCBN 刀具的韧性高于陶瓷，低于硬质合金，因此刀具几何参数的选择主要考虑其刃口强度。PCBN 刀具的强度比硬质合金刀具的低，因此在硬态切削加工时，一般都采用负前角或零前角、较大的后角和负倒棱，这不仅有助于切削刃进行补强，而且具有很好的耐磨性。通常倒棱尺寸取（0.1~0.5 mm）×（-30°~-10°）为宜，若切削刃进行适当的钝化处理，效果会更好。此外，尽量采用较小的主偏角和较大的刀尖圆弧半径，有助于保护切削刃，延长刀具使用寿命。

汉江机床为了避免刀尖承受机械冲击所造成的拉应力过大，一般采用零前角，同时为了减少后角磨损，主副后角为 7°~11°，刀尖半径为 0.2~0.5 mm 的圆角，刃口磨出负倒棱，一般取 0.2 mm×（-20°~-15°），使用前用 30~50 倍放大镜对刀具进行检查，确保刃口无崩刃。

2.4.3　刀具制造工艺

目前汉江机床使用的丝杠铣削刀片如图 2-20 所示，此类刀片为带孔刀片，尖角处为单圆弧圆角，在刀体上的装夹方式是螺钉压紧。这类刀片以螺钉压紧，因此要求刀片孔的精度很高，加工后的刀片与刀片外形同轴度或对称度小于 0.05 mm。刀片制造工艺流程可采用：粗磨底面（平磨）→精磨两面（双端面磨）→磨周边（周边磨）→倒棱。

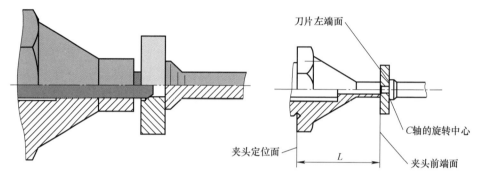

图 2-20　丝杠铣削刀片

带孔刀片的关键工序是周边磨，如何定位装夹刀片是工序中的关键问题。带孔刀片在周边磨的加工中都以心杆锥面的孔定位，端面夹紧，为分体式前夹头，以保证孔与刀片周边的同轴度或对称度达到设计要求。在实际加工过程中，如图 2-20 所示，通过调整夹头前端面到夹头定位面的尺寸 L，保证刀片的左端面始终与机床 C 轴的旋转中心重合，从而控制同一刀片周边磨削尺寸、后角及倒棱角度的一致性。

同时，中间定位销与刀片定位孔接触处的倒角，需要根据磨削刀片的定位孔尺寸调整，使每片刀片在定位时，定位销都是接触到定位孔的同一位置，这样才能保证同一批刀片周边磨削尺寸的一致性。针对定位销前端倒角工艺，在加工定位销时先不加工倒角，将夹头及定位销安装于机床后，利用机床自身砂轮加工出该倒角，从而可最大限度地保证夹头在实际磨削旋转时的跳动精度及定位销的定位尺寸，从而保证刀片的尺寸一致性。

2.4.4　刀具使用方法

PCBN 刀具的切削效果和使用寿命不仅取决于刀具本身的质量，还与切削参数的选择、机床性能的优劣、工件夹持的可靠性、刀具系统的刚性等加工工艺系统影响因素有关。如果能正确选择切削用量、切削液及其他工艺条件，则可大幅提升 PCBN 刀具的效能和使用寿命，创造更高的经济效益，如一组（12 片）刀片铣削螺纹的长度可达到 500 m 左右，但如果使用方法不当，则会造成很大的浪费。

1）切削速度：切削速度需根据被加工材料进行选择，一般高于硬质合金刀具。切削硬度为 55 ~ 65 HRC 的淬硬钢可选切削速度为 80 ~ 200 m/min。由于 PCBN 刀具切削硬材料是将切削区内微小区域的金属软化而进行的，高的切削速度产生大的切削热量，使被加工材料的塑性增大，有利于控制切屑和降低切削力，而当切削速度过低时难以发挥 PCBN 刀具的切削性能。

2）冷却与润滑：对其他材料刀具，采用切削液有利于提高加工表面质量和延长刀具寿命。但对 PCBN 刀具来说是"怕软不怕硬"，除极特殊情况外，不加切削液同样可达到理想的丝杠加工质量和较长的刀具寿命。若使用切削液，则不能使用水溶性切削液，因为 CBN 易在 1000℃ 下产生水解作用，造成刀具严重磨损。

3）PCBN 刀片涂层：刀具表面涂层是提高刀具寿命、被加工零件的精度和表面质量，降低切削成本的有效手段。PCBN 刀片涂层在车削硬材料时表现出很大的优势，这些涂层用于保证涂层和 PCBN 基体接合面之间具有极佳的黏着性能，它由总厚度为 2 ~ 4 μm 的 Ti(C,N) + (Ti, Al)N + TiN 组成，另一种涂层是将 CBN 薄膜作为刀具的耐磨涂层，可以成倍乃至几十倍地提高刀具的使用寿命。由于形成 CBN 涂层时总伴随着很大的内应力，因此 CBN 涂层极易从基体上脱落，目前最大的难题是需要解决 CBN 涂层与硬质合金基体之间的结合力，较为有效的方法是在基体与涂层之间增加过渡层，如氮化钛、氮化硅、富硼梯度层等。

4）机床工艺系统：由于 PCBN 刀具多用于淬硬钢及耐磨铸铁等难加工材料的切削加工，且刀具有负倒棱，因此背向力较大。这就要求机床功率大，系统刚度和精度好、振动小，这既可保护 PCBN 刀具，又可获得较好的加工质量。另外，装夹 PCBN 刀具时，悬臂要小，刀具的悬伸长度要尽量短，以防止刀杆颤振和变形，使 PCBN 刀具保持良好的加工状态。此外，PCBN 刀具不宜用于荒面加工。

▷▷ 2.4.5 刀具修型技术

为更好地使用 PCBN 刀具，控制加工质量的稳定性，准确判断 PCBN 刀具的使用寿命至关重要。如果一直使用磨损很严重的刀具，将导致切削力增大、切削温度升高和切削不畅，难以控制工件尺寸及表面完整性，甚至使 PCBN 刀无法继续修磨而报废。刀片的常见磨损形式包括月牙洼磨损、压力面磨损、边界磨损、断裂磨损、PCBN 层破裂等。为保证刀具的正常使用，建议 PCBN 刀具后刀面磨损量达 0.3~0.6 mm（精车时取小值）时进行重磨。

▶ 1. 硬态旋铣刀片的修型设备

汉江机床自主研发的可转位刀片周边磨床可用于丝杠硬态旋铣刀片的精确修型。该系列机床为多轴数控工具磨床，主要用于硬质合金、陶瓷、CBN 材料可转位刀片精密加工，现有 2MK7130、2MK7130A 及 2MK7150 三种型号。

（1）2MK7130、2MK7130A 数控可转位刀片周边磨床　2MK7130 数控可转位刀片周边磨床配置自动上下料装置，一次装夹即可实现刀片周边轮廓、倒角、倒圆、倒棱的加工。采用 FAGOR 8055 数控系统实现四轴三联动，直线运动轴、砂轮横向进给运动由交流伺服电动机驱动，通过滚珠丝杠副驱动磨头运动。砂轮架的横向进给运动及工件主轴回转运动均配置光栅尺，实现全闭环控制。回转工作台的回转运动选配角度编码器，可在一次装夹下实现刀片倒棱。工件自动定位机构采用电缸驱动，便于精确调整定位刀片装夹位置。配有长度计，用于检测工件外形尺寸精度。

2MK7130A 数控可转位刀片周边磨床相比于 2MK7130 型号，可实现双面倒棱的加工，配有两个长度计，用于检测工件外形尺寸精度及厚度尺寸精度。

（2）2MK7150 全自动可转位刀片周边磨床　2MK7150 全自动可转位刀片周边磨床由主机和自动上料装置两大部分组成，一次装夹即可实现可转位刀片的外轮廓、负倒角及刃口钝化的全自动数控磨削加工。采用 FAGOR 8070 高档数控系统实现五轴五联动。头架主轴的回转运动、立式转台和卧式转台的旋转运动、砂轮架上拖板的横向进给运动均采用 FAGOR 交流伺服电动机驱动，砂轮架拖板的纵向运动由 SIEMENS 交流直线电动机驱动。五个伺服轴均安装了位置反馈元件，实现全闭环控制。

自动上料装置主要包括料库和机械手，机械手上带有可视系统并装有三个夹头（两个气爪、一个磁铁或真空夹头）。通过机械手自动上、下工件，实现工件的抓放，主要动作包括料盘出、入库，工件的吸取、夹取，工件检测、调姿、清洗等。

▶ 2. 硬态旋铣刀片的修型软件

汉江机床的丝杠硬态旋铣刀片修型软件为自主研发，主要分为两大功能模块。

（1）可转位刀片在线测量磨削软件模块　该模块可实现数控系统界面与磨

削软件之间的交互。在数控系统开启后，即可在数控界面上进行刀片类型的选择并输入参数，最后给出指令，生成磨削程序。针对可转位刀片上料后，存在刀片中心与夹具–固定顶尖中心偏离，导致磨削成品不合格等情况，利用接触式测量头测量装夹刀片各边与固定顶尖中心的距离，软件结合测量值进行在线计算偏心值，并给出每条边的磨削补偿值，反馈到磨削程序中。该在线测量磨削软件提高了产品的合格率，缩短了磨削前期的调整时间。

（2）可转位刀片拼接磨削软件模块 针对可转位刀片多品种的特殊要求，以及常见可转位刀片的类型，将可转位刀片的周边刃磨削分解为直线刃、圆弧刃、修光刃、倒棱直线刃、倒棱圆弧刃磨削等五个模块，每一个模块均有参数输入界面。该模块不仅可满足国家标准中可转位刀片的成形要求，也能满足大部分形状复杂的非国家标准中可转位刀片的成形要求。

2.5 丝杠旋铣机床整机动态特性分析

机床是由各零部件根据不同的要求接合起来的，接合部是各个零件之间相接触的部分，即各个零件、部件之间的接触面。一般情况下，机床零部件之间的接合面可以分为三种类型：固定接合面、可动接合面和半固定接合面。图 2-21 所示为 HJ092 数控旋铣机床，上/下床身之间、头架与下床身之间、铣头与拖板之间的接合面都是固定接合面，而拖板与上床身之间则是可动接合面。

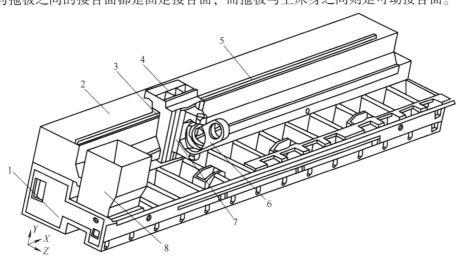

图 2-21 HJ092 数控旋铣机床

1—下床身 2—上床身 3—滑块 4—拖板 5—导轨 6—铣头 7—滑座 8—头架

作为机械系统中一种固有的结构形式，接合部在受到外加载荷的情况下表现为既有弹性又有阻尼、既储存能量又消耗能量的复杂动力学特性，属于"柔性接合"。研究表明，机床结构中的接合部对机械系统整体的动态性能产生非常显著的影响，它的弹性和阻尼甚至比机床本身的弹性和阻尼还要大，机床接合面接触刚度占机床总刚度的60%~80%，阻尼则占90%。

▶▶ 2.5.1 接合面的等效模型

接合面的存在导致了系统的非连续性，为了解决这一问题，可以将接合面作为一个独立的动力学单元，将其动力学参数简化为刚度和阻尼两项。因此，合理确定等效弹簧和阻尼器的相关子结构的连接方式、连接位置和连接点的数目，并确定弹簧刚度和阻尼系数，即可以用图2-22所示的接合面等效模型来模拟结构中的接合面。

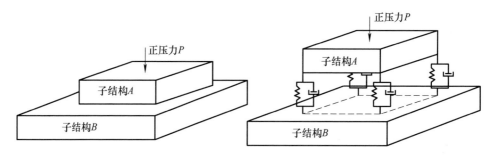

图2-22　接合面等效模型

HJ092数控旋铣机床主要包括的接合面有上/下床身之间的螺栓连接接合面、上床身和拖板之间的导轨滑块接合面、头架和下床身之间的螺栓连接接合面。螺栓连接是机床结构中应用最广泛的一种连接方式，螺栓连接与单纯的平面接合面不同，它由螺栓和接合面两部分组成，假设由螺栓连接的两个零件间不会发生切向位移，在接合面处的变形是小变形，相互之间不会发生嵌入，则可以建立螺栓连接接合面的模型，如图2-23所示。

将螺栓连接处用弹簧–阻尼器单元来模拟，HJ092数控旋铣机床的上、下床身螺栓连接位置如图2-24所示，上、下床身之间的接合面是通过11对M33的螺栓连接的。

头架和下床身的螺栓连接是通过6个M26的螺栓和两个定位销连接的，如图2-25所示。

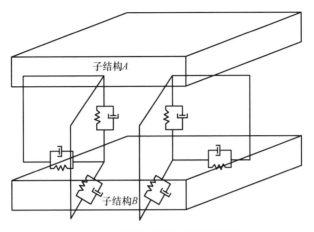

图 2-23　螺栓连接接合面的模型

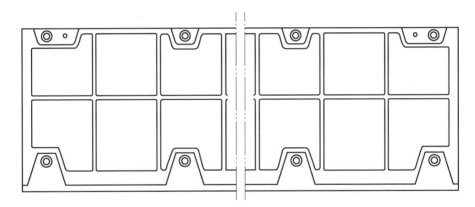

图 2-24　上、下床身螺栓连接位置

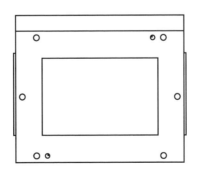

图 2-25　头架和下床身螺栓连接位置

　　导轨和滑块之间相对运动，滑块有一个方向的自由度，靠滚柱的滚动实现，将两对滚柱及接合面均等效为弹簧-阻尼器单元，其等效模型如图 2-26 所示。

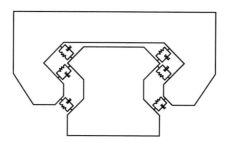

图 2-26　导轨滑块等效模型

▶▶ 2.5.2　接合面的参数识别

对等效接合面的参数进行识别，其核心思想是，若平均接触压力相同，则单位面积接合面的动态性能数据也相同，实际接合面的刚度和阻尼值可以通过对单位面积接合面的刚度和阻尼值求积分来获得。丝杠旋铣机床主要零部件的属性见表 2-9，整机的总质量为 19687.14 kg，根据接合面所受力的大小可以查表得到单位面积接合面的刚度和阻尼值，求得该接合面在各方向上的等效接触刚度和等效阻尼值。

表 2-9　丝杠旋铣机床主要零部件的属性

材　　料	机床零部件	密度/（kg/m³）	质量/kg
T300	上床身	7350	7670.10
	下床身		10336.97
	头架		633.01
	铣头		84.89
T250	拖板		676.34
	滑座		145.15
	压盖		9.22
工具钢	导轨	7800	118.25
	滑块		13.21
整机		—	19687.14

$$K_1 = \iint k_1(p)\,\mathrm{d}y\mathrm{d}z, \quad C_1 = \iint c_1(p)\,\mathrm{d}y\mathrm{d}z$$

$$K_2 = \iint k_2(p)\,\mathrm{d}y\mathrm{d}z, \quad C_2 = \iint c_2(p)\,\mathrm{d}y\mathrm{d}z$$

(2-11)

式中，K_1、C_1 分别为各接合面的法向等效接触刚度和等效阻尼值；K_2、C_2 分别为各接合面的切向等效接触刚度和等效阻尼值；$k_1(p)$、$c_1(p)$分别为各接合面法向单位面积的等效刚度和等效阻尼；$k_2(p)$、$c_2(p)$分别为各接合面切向单位面积的等效刚度和等效阻尼。

故接合面的等效接触刚度和等效阻尼分别为

$$K_i = k_i A, \quad C_i = c_i A \tag{2-12}$$

式中，A为接合面面积；k_i为单位面积的等效刚度；c_i为单位面积的等效阻尼。

（1）上、下床身接合面参数确定　上、下床身之间的接合面是通过 11 对 M33 的螺栓连接在一起的，预紧时用 300 mm 扳手加 60 kg 的力，则 $T = 0.3 \text{ m} \times 60 \text{ kg} \times 9.8 \text{ m/s}^2 = 176.4 \text{ N} \cdot \text{m}$。由文献得 $T \approx 0.2 Q_p d$，其中 T 为拧紧力矩（N·m），Q_p 为预紧力（N），d 为上、下床身之间螺栓的直径，$d = 0.033 \text{ m}$。则 $Q_p = T/(0.2d) = 26727 \text{ N}$，接合面的总预紧力 $Q = 22 Q_p = 587994 \text{ N}$。

上床身、导轨、滑块、拖板、滑座、压盖和铣头的总质量为 8717.16 kg，受力面积为 2.443 m^2，平均接触压力为（$8717.16 \times 9.8 + 587994$）N /2.443 m^2 = 275653.8 Pa。上、下床身接合面参数见表 2-10。

表 2-10　上、下床身接合面参数

参　数	垂直方向	剪切方向
单位面积刚度	$k_1 = 8 \times 10^6$ N/m^3，$c_1/k_1 = 1 \times 10^{-3}$	$k_2 = 2 \times 10^{11}$ N/m^3，$c_2/k_2 = 5 \times 10^{-9}$
单位面积阻尼	$c_1 = 8 \times 10^3$ N·m/m^3	$c_2 = 1 \times 10^3$ N·m/m^3
总刚度	$K_1 = 1.954 \times 10^7$ N/m	$K_2 = 4.886 \times 10^{11}$ N/m
总阻尼	$C_1 = 1.954 \times 10^4$ N·m/m	$C_2 = 2.443 \times 10^3$ N·m/m

（2）头架和下床身接合面参数确定　头架和下床身之间的接合面是通过 6 个 M26 的螺栓连接在一起的，预紧时用 300 mm 扳手加 50 kg 的力，则 $T = 0.3 \text{ m} \times 50 \text{ kg} \times 9.8 \text{ m/s}^2 = 147 \text{ N} \cdot \text{m}$，根据公式 $Q_p = T/(0.2d) = 28269 \text{ N}$，接合面的总预紧力 $Q = 6 Q_p = 169614 \text{ N}$。所受重力为 6203.498 N，接合面的总力 $F = Q + G = 175817.498 \text{ N}$，受力面积为 0.2698 m^2，平均接触压力为 175817.498 N/0.2698 m^2 = 651659 Pa。头架和下床身接合面参数见表 2-11。

表 2-11　头架和下床身接合面参数

参　数	垂直方向	剪切方向
单位面积刚度	$k_1 = 2 \times 10^7$ N/m^3，$c_1/k_1 = 5 \times 10^{-4}$	$k_2 = 2 \times 10^{13}$ N/m^3，$c_2/k_2 = 1 \times 10^{-11}$
单位面积阻尼	$c_1 = 1 \times 10^4$ N·m/m^3	$c_2 = 2 \times 10^2$ N·m/m^3
总刚度	$K_1 = 0.5396 \times 10^7$ N/m	$K_2 = 0.5396 \times 10^{13}$ N/m
总阻尼	$C_1 = 0.2698 \times 10^4$ N·m/m	$C_2 = 0.5396 \times 10^2$ N·m/m

（3）滑块和导轨接合面参数确定　滑块和导轨之间的接合面属于滑动接合面，根据资料，接合面法向压力的取值为 25 kgf/cm²，换算成标准单位为 4.9×10^5 N/m²。查表可获得，垂直方向单位面积刚度 $k_2 = 4 \times 10^7$ N/m³，剪切方向单位面积刚度 $k_1 = 5 \times 10^{13}$ N/m³，$c_1/k_1 = 3.8 \times 10^{-11}$，$c_2/k_2 = 6 \times 10^{-4}$。

垂直方向单位面积阻尼 $c_2 = 2400$ N·m/m³，剪切方向单位面积阻尼 $c_1 = 1900$ N·m/m³，受力面积为 0.0462 m²。滑块和导轨接合面参数见表 2-12。

表 2-12　滑块和导轨接合面参数

参　　数	垂　直　方　向	剪　切　方　向
总刚度	$K_1 = 0.1848 \times 10^7$ N/m	$K_2 = 0.231 \times 10^{13}$ N/m
总阻尼	$C_1 = 110.88$ N·m/m	$C_2 = 87.78$ N·m/m

▷ 2.5.3　整机动态特性分析

HJ092 数控旋铣机床主要由几大零部件组成，即上床身、下床身、头架、拖板、滑座、铣头。整机的总尺寸为 1620 mm×8430 mm×812 mm，总质量约为 19687.14 kg，将三维实体设计模型导入 ANSYS 中进行仿真分析计算。

整机建模简化了圆角、倒角以及部分螺纹孔，下床身底部、连接上下床身以及连接头架和下床身的螺纹孔简化为圆孔，忽略了结构较小的凸台等。数控旋铣机床在正常工作时，床身底部有 14 对垫铁支承，分别对床身底部垫铁与下床身底部螺栓孔接合面施加固定约束，固定其 6 个自由度来模拟床身边界条件。整机约束施加情况如图 2-27 所示。

图 2-27　整机约束施加情况

（1）整机模态分析　通过有限元建模，仿真可得数控旋铣机床整机的固有频率和振型。一般情况下整机低阶模态能反映整机动态特性，在不考虑整机接合面，即认为所有零部件之间的连接属于刚性连接的情况下，数控旋铣机床整机的前六阶振型如图 2-28 所示，整机前六阶固有频率和振型见表 2-13。

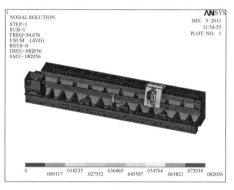 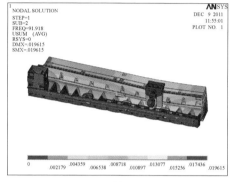

a)　　　　　　　　　　　　　　　　　b)

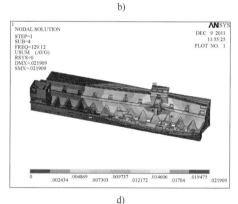

c)　　　　　　　　　　　　　　　　　d)

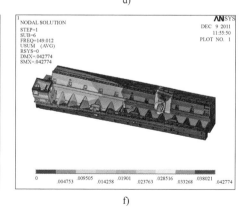

e)　　　　　　　　　　　　　　　　　f)

图 2-28　不考虑接合面的前六阶振型

a）一阶振型　b）二阶振型　c）三阶振型　d）四阶振型　e）五阶振型　f）六阶振型

考虑接合面，即在接合面部位加上相应的弹簧-阻尼器单元，使用 ANSYS 中提供的弹簧-阻尼器单元 Combin14 来模拟连接相互接触的零件，并根据各接合面具体的连接条件，确定接合位置分布、节点数及节点自由度等。在考虑接合面的情况下，数控旋铣机床整机的前六阶振型如图 2-29 所示，整机前六阶固有频率和振型见表 2-13。

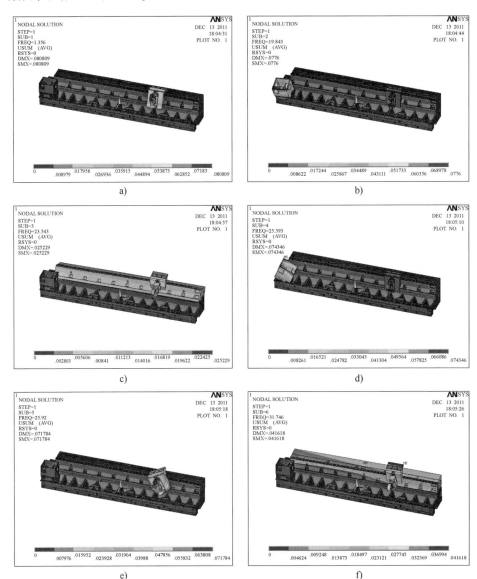

图 2-29　考虑接合面的前六阶振型

a）一阶振型　b）二阶振型　c）三阶振型　d）四阶振型　e）五阶振型　f）六阶振型

表 2-13　整机前六阶固有频率和振型

阶　　数	固有频率/Hz		振　　型
	不考虑接合面	考虑接合面	
1	34.68	4.20	拖板和铣头绕 X 轴摆动
2	91.92	19.84	头架绕 X 轴摆动
3	115.12	23.54	上床身绕 X 轴摆动及拖板上下摆动
4	129.12	25.39	头架绕 Z 轴摆动及波浪形弯曲变形
5	142.12	25.92	拖板绕 Z 轴摆动
6	149.01	31.75	上床身右端扭转变形及拖板绕 X 轴摆动

从固有频率和振型可以看出，接合面对模态分析的结果产生了较大的影响。综合分析，可得出以下结论。

1）整机在低阶模态中具有较大的弯曲、扭转变形，综合来看，整机的薄弱环节主要存在于拖板和头架，铣头部分也属于薄弱环节。

2）第一阶模态是拖板绕 X 轴摆动，这通过其上的铣头和抱紧装置影响工件加工的尺寸误差和齿形误差；第五阶模态是拖板绕 Z 轴摆动，这影响丝杠轴向的定位精度，从而影响工件的加工质量和精度。拖板发生振动的原因之一是和拖板固定的滑块以及固定在上床身上的导轨之间的滑动接合面刚度不足，可通过增大其接合面的接触压力来提高刚度。

3）第二阶模态是头架绕 X 轴摆动，头架内部包括主轴和传动轴，这直接影响主轴的法向精度，进而影响工件的加工尺寸误差和齿形误差；第四阶模态是头架绕 Z 轴摆动，这影响主轴的旋转精度。头架刚度不足的原因之一是头架和下床身之间接合面的刚度不足。

4）第三阶模态是上床身绕 X 轴摆动及拖板上下摆动；第六阶模态是上床身右端扭转变形及拖板绕 X 轴摆动，由于上床身承受了传动系统、拖板和铣头的振动，这影响工件的安装定位精度，从而影响工件的加工质量，其刚度薄弱位置在螺栓连接的接合面处，可通过改变螺栓连接的预紧力从而增大接合面的刚度。

（2）整机谐响应分析　利用 ANSYS 提供的谐响应分析功能，采用模态迭代法对整机进行分析，通过对模态分析得到的振型参与因子求和，计算出结构的响应，从而确定在随时间以正弦规律变化的载荷作用下，整机稳态动力响应的最大值随载荷频率变化的规律。图 2-30 所示为整机谐响应分析，从中可以看出：X 方向振幅的最大值发生在 75 Hz 处，35 Hz 处的振幅也较大；Y 方向振幅的最大值发生在 33 Hz 处，75 Hz 和 120 Hz 处振幅也较大；Z 方向振幅的最大值发生在 75 Hz 处, 65 Hz 处振幅也较大。当频率为 75 Hz 左右时 X、Y、Z 方向的振幅值都非常大, 属于容易被激发的频率。从模态分析结果上看, 低阶固有频率基本在 30 Hz 以内, 第六阶振型最接近 35 Hz, 容易被激发。第六阶振型为上床身右端扭转变形及拖板绕 X 轴摆动, 因此, 应尽量提高拖板和上床身之间导轨滑块接合面和上、下床身之间固定接合面的法向刚度, 以减小动态铣削力作用下铣床的动态变形。

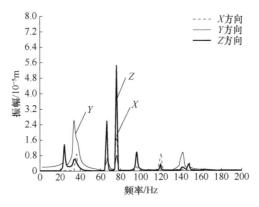

图 2-30 整机谐响应分析

（3）整机优化 机床是结构复杂的机械设备, 一般采用先优化主要零部件, 再实现整机的集成优化方法。主要零部件的优化可参见本章参考文献 [7], 优化后整机三维模型如图 2-31 所示。

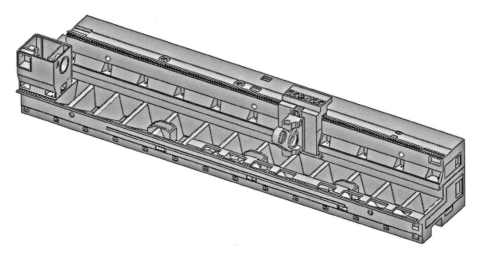

图 2-31 优化后整机三维模型

各部件改进前后的整机固有频率见表 2-14。由表 2-14 可以看出：在拖板、铣头、头架等主要部件经过改进后，考虑接合面的整机固有频率都有所提高，其中前三阶模态固有频率分别提高了 23.3%、13.76% 和 18.35%，表明改进关键部件从一定程度上提高了铣床整机动态特性。

表 2-14　各部件改进前后的整机固有频率

模　　态	第一阶	第二阶	第三阶	第四阶	第五阶	第六阶
部件改进前整机固有频率/Hz	4.20	19.84	23.54	25.39	25.92	31.75
部件改进后整机固有频率/Hz	5.18	22.57	27.86	31.20	35.52	38.28

参 考 文 献

[1] 邓顺贤. 大型数控外螺纹旋风铣床的设计开发 [J]. 制造技术与机床, 2012 (12): 165-168.

[2] 李军, 邓顺贤. 螺纹旋风硬铣削技术研究及应用 [J]. 精密制造与自动化, 2012 (4): 3-5.

[3] 贾振旭, 苏保平, 刘辉. 数控旋风铣床上工件多点支承的控制方法 [J]. 制造技术与机床, 2015 (8): 58-60; 67.

[4] 田茂林. 积极发展大型重载滚动功能部件产业 [J]. 新技术新工艺, 2009 (9): 5.

[5] 冯虎田. 滚动功能部件发展现状、差距及重大专项研究进展 [J]. 金属加工 (冷加工), 2014 (2): 23-27.

[6] 冯虎田. 滚动功能部件行业发展症结及突破对策 [J]. 金属加工 (冷加工), 2013 (5): 4-9.

[7] 金娜. 大型数控螺纹旋风铣床动/静/热态性能分析及结构优化研究 [D]. 南京: 南京理工大学, 2012.

[8] CHEN J S. Computer-aided accuracy enhancement for multi-axis CNC machine tool [J]. International Journal of Machine Tools and Manufacture, 1995, 35 (4): 593-605.

[9] 廖伯瑜, 周新民. 现代机械动力学及其工程应用 [M]. 北京: 机械工业出版社, 2004.

[10] 伊东谊, 吕伯诚. 现代机床基础技术 [M]. 北京: 机械工业出版社, 1987.

第 3 章

—

丝杠绿色干切工艺
材料去除机理与建模分析

3.1 丝杠断续干切几何成形机理

▶▶ 3.1.1 丝杠滚道几何成形分析

选取任意切削时刻对应的工件圆心 O_w 和刀尖圆弧所在圆心 O_t，以刀盘沿工件轴线进给的方向为 $+Z_w$ 轴和 $+Z_t$ 轴，与工件轴线相交且竖直向上的方向为 $+Y_w$ 轴，与刀尖圆弧所在圆轴线相交且竖直向上的方向为 $+Y_t$ 轴，根据右手笛卡儿直角坐标系确定 $+X_w$ 轴和 $+X_t$ 轴，分别建立工件坐标系 $O_w - X_w Y_w Z_w$ 和刀具坐标系 $O_t - X_t Y_t Z_t$，如图 3-1 所示。考虑到刀盘上所有刀具的运动轨迹相同，若已知刀盘上的刀具数量 N 和刀盘转速 n_t，则刀具相邻两次切削经过同一位置的时间差为 $T = 1/(Nn_t)$，此时工件也以工件转速 n_w 绕其轴线转过了角度差 $\alpha_w = 2\pi n_w T$。

在旋铣过程中，第一次切削至最大切削深度时，完成要求加工的工件尺寸。考虑到单把刀具参与切削的弧度为 θ_s，相邻两把刀具的夹角 $\theta_a = 2\pi/N$，刀具参与切削划过的工件弧度为 $\alpha_s = \angle JO_w C$。刀具参与切削划过的工件弧度 α_s 为

$$\alpha_s = 2\pi - 2\arccos\left(\frac{e^2 + r_{max}^2 - R^2}{2er_{max}}\right)$$

(3-1)

式中，e 为刀盘轴线与工件轴线的偏心距；r_{max} 为加工前的工件半径；R 为刀尖圆弧所在圆的半径。

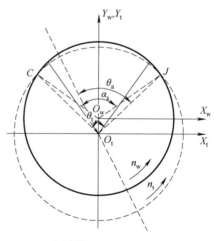

图 3-1　旋铣第 $i(i = 1)$ 次切削示意图

单把刀具参与切削的弧度 θ_s 为

$$\theta_s = 2\arccos\left(\frac{e^2 + R^2 - r_{max}^2}{2eR}\right)$$

(3-2)

当 $\theta_s < \theta_a$ 时，第一次切削完成，第二次切削尚未开始，此时同一时刻参与切削的只有一把刀具。若已知加工前的工件半径 r_{max}，刀盘轴线与工件轴线的偏心距 e，刀尖圆弧所在圆的半径 R，在刀盘原点 O_t、工件原点 O_w 和刀具切入点 J 构成的三角形中，ζ_t 为 t_x 时刻偏心距 e 的对角，$(\varphi + 2\pi n_w t_x)$ 为以 φ 为起始角、t_x 时刻刀盘半径 R 的对角，则 t_x 时刻对应的瞬时切削深度 a_{px} 为

$$a_{px} = r_{max} - R \frac{\sin(\varphi + 2\pi n_w t_x + \zeta_x)}{\sin(\varphi + 2\pi n_w t_x)}$$

$$\zeta_x = \arcsin\left[\sin(\varphi + 2\pi n_w t_x)\frac{e}{R}\right]$$

当 $\theta_s \geqslant \theta_a$ 时，第一次切削还没有离开工件表面，第二次切削已开始切入工件表面。当第一次切削所对应的刀具角度为 θ_a 时，第二次切削开始，t_x 时刻所对应的瞬时切削深度和宽度分别为 $a_{px}(i)$、$b_{px}(i)$，且 $a_{px}(i) \in (0, r_{max}+e-R]$。

如图 3-2 所示，在 $i>1$ 的情况下，第 $i+1$ 次切削的切入点 $J(i+1)$ 和切出点 $C(i+1')$，轨迹线为 $J(i+1)C(i+1')$，其与第 i 次切削轨迹的交点记为 S_{i+1}^i，此时工件旋转了 $\alpha_w = 2\pi n_w/(Nn_t)$。因为第 $i+1$ 次切削是在第 i 次切削加工的基础上进行的，第 $i+1$ 次切削的实际切削轨迹是 $J(i+1)S_{i+1}^i$，考虑到刀具沿工件轴线移动，随着切削的不断进行，弧段 $S_{i+1}^i C(i+1')$ 将不会参与切削，第 i 次切削轨迹为

$$x(i) = y^2(i)\frac{\sin^2\beta}{2e} + \frac{1}{2e}(r^2 - R^2 - e^2) \tag{3-3}$$

$$\begin{bmatrix} x(i) \\ y(i) \\ z(i) \\ 1 \end{bmatrix} = \begin{bmatrix} \cos\alpha_T & -\sin\alpha_T & 0 & 0 \\ \cos\alpha_T & \sin\alpha_T & 0 & 0 \\ \sin\alpha_T\tan\beta & (\cos\alpha_T - 1)\tan\beta & 1 & 0 \\ 0 & 0 & 0 & 1 \end{bmatrix}^{i-1} \begin{bmatrix} x(1) \\ y(1) \\ z(1) \\ 1 \end{bmatrix} \tag{3-4}$$

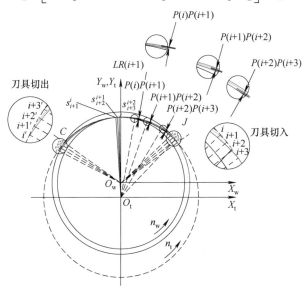

图 3-2　旋铣第 $i(i > 1)$ 次切削示意图

同理，第 i+1 次切削轨迹为

$$x(i+1) = y^2(i+1)\frac{\sin^2\beta}{2e} + \frac{1}{2e}(r^2 - R^2 - e^2) \tag{3-5}$$

$$\begin{bmatrix} x(i+1) \\ y(i+1) \\ z(i+1) \\ 1 \end{bmatrix} = \begin{bmatrix} \cos\alpha_T & -\sin\alpha_T & 0 & 0 \\ \cos\alpha_T & \sin\alpha_T & 0 & 0 \\ \sin\alpha_T\tan\beta & (\cos\alpha_T - 1)\tan\beta & 1 & 0 \\ 0 & 0 & 0 & 1 \end{bmatrix}^i \begin{bmatrix} x(1) \\ y(1) \\ z(1) \\ 1 \end{bmatrix} \tag{3-6}$$

瞬时切削深度由相邻两次的切削轨迹和工件外圆轮廓在工件径向上的尺寸变化确定，则在有效的切削弧段 $J(i+1)S_{i+1}^i$ 内，其坐标分别为 $J(i+1)$ $(x_J(i+1)，y_J(i+1))$、$S(i+1)(x_S(i+1)，y_S(i+1))$，直线 $L_k(i+1)$ 的斜率为 $k(i+1)$、与 X_w 夹角为 $\gamma(i+1)$，直线 $L_k(i+1)$ 与第 (i+1) 次切削轨迹的交点为 $P(i+1)$、与第 i 次切削轨迹的交点为 $P(i)$。

$$x(i+1) = k(i+1)y(i+1)，x(i) = k(i+1)y(i) \tag{3-7}$$

其中，

$$k(i+1) = \tan\gamma(i+1)，\gamma(i+1) \in [\gamma_{\min}(i+1)，\gamma_{\max}(i+1)]$$

$$\gamma_{\min}(i+1) = \arctan\left[\frac{x_J(i+1)}{y_J(i+1)}\right]，\gamma_{\max}(i+1) = \arctan\left[\frac{x_S(i+1)}{y_S(i+1)}\right] \tag{3-8}$$

则第 i+1 次的瞬时切削深度 a_{px} 为

$$a_{px}(i+1) = \sqrt{1 + k^2(i+1)}\,|O_tP(i+1) - O_tP(i)|$$
$$= \sqrt{1 + k^2(i+1)}\,|y(i+1) - y(i)| \tag{3-9}$$

若已知双圆弧刀具的半径 r_a 和偏心距 e_0，则对应的瞬时切削宽度 $b_{px}(i+1)$ 为

$$b_{px}(i+1) = -e_0 + \sqrt{e_0^2 + 2a_{px}(i+1)\sqrt{r_a^2 - e_0^2} - a_{px}^2(i+1)} \tag{3-10}$$

不同于车削加工中恒定的切削深度，旋铣中的瞬时切削深度呈一定规律变化，即在切入过程中瞬时切削深度不断增加直至形成切屑，在切出过程中瞬时切削深度不断减小直至脱离工件。因此，在一个完整的单次切削中，在刚切入和即将切出的一段时间内，刀具并不能有效地去除工件材料，它仅在工件表面出现挤压甚至犁耕现象，这是由于存在最小切削厚度，即有效去除工件材料的最小厚度，它真实反映相互接触的刀具和工件材料间的作用状态。而在瞬时切削深度不断变化的宏观切削中，如铣削、旋铣等，最小切削厚度的问题却容易被忽略。

旋铣加工中，随着瞬时切削深度 a_{px} 逐渐增大，一个完整的单次切削主要分

为挤压、犁耕和切削三个阶段。若已知工件材料的弹性模量 E 和屈服应力 σ_y，则塑性变形时的临界厚度 $a_{ps} = \sigma_y a_{cmin}/E$。因此，根据瞬时切削深度 a_{px}，塑性变形压入厚度 a_{ps} 和最小切削厚度 a_{cmin} 的关系，宏观切削中的介观尺度切削部分主要表现在以下三个阶段。

1）当瞬时切削深度 a_{px} 小于塑性变形对应的临界厚度 a_{ps} 时，即图 3-3 中的 $A'A$ 段和 DD' 段，刀具经过时工件仅发生弹性变形。

2）随着刀具继续旋转切削，当瞬时切削深度 a_{px} 大于或等于塑性变形对应的临界厚度 a_{ps} 时，即图 3-3 中的 AB 段和 CD 段，工件发生塑性变形，但此时尚未形成切屑。

3）继续增大瞬时切削深度 a_{px} 直至其大于最小切削厚度 a_{cmin} 时，即图 3-3 中的 BC 段，切削过程形成切屑。

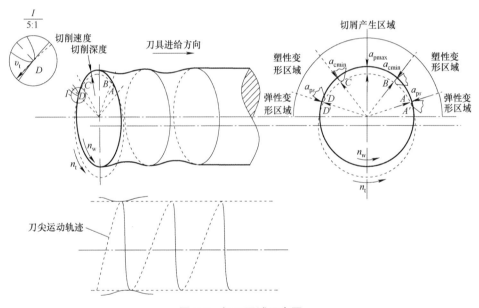

图 3-3　加工区域示意图

由于最小切削厚度与刀具刀尖圆弧半径成正比，比例系数则由相互作用的刀具和工件材料决定，精密切削时最小切削厚度 a_{cmin} 为

$$a_{cmin} = r_\varepsilon(1 - \cos\theta_c) = r_\varepsilon\left[1 - \cos\left(\frac{\pi}{4} - \frac{\beta_c}{2}\right)\right] \tag{3-11}$$

式中，r_ε 为刀尖圆弧半径；θ_c 为临界角；β_c 为摩擦角且 $\beta_c = \arctan\mu$，μ 为摩擦系数。

在弹性状态和塑性状态下的摩擦系数不同，由式（3-11）可以得到，若给定刀尖圆弧半径，摩擦系数的增大将使最小切削厚度减小。

当材料承受的外力超过其弹性极限时，工件发生明显的塑性变形，此时外力的进一步增加对变形量的影响不明显，摩擦系数变化较为平缓，刀具和工件的接触进入了稳定状态。因此，在刀具与工件的相互作用过程中，由刚开始接触时的不稳定状态过渡到稳定状态，必然存在使接触相对稳定的摩擦系数，研究表明 PCBN 刀具和 GCr15 工件相互作用时，工件发生塑性变形时对应的摩擦系数 $\mu_p = 0.30$，则最小切削厚度 a_{cmin} 为

$$\beta_c = \arctan\mu_p = 0.2914$$

$$a_{cmin} = r_\varepsilon\left[1 - \cos\left(\frac{\pi}{4} - \frac{\beta_c}{2}\right)\right] = 0.119r_\varepsilon \tag{3-12}$$

这与利用塑性应变梯度理论得到的比值为 0.1 的结论极为接近，最小切削厚度随着刀尖圆弧半径的减小而减小。

3.1.2　丝杠滚道表面形貌表征建模

在切削加工的表面形貌仿真中，大都是针对车削、铣削等常规加工方法，相关的研究已取得了一定的进展，而对旋铣加工的表面形貌仿真研究还没有引起足够的重视。本小节针对 GCr15 工件的旋铣加工中，刀具轮廓在工件表面上的叠加情况，将相邻两刀具轮廓在工件表面叠加后的最低轮廓边作为工件最终的表面形貌，刀具切入、切出时的切削轨迹如图 3-4 所示。

为了方便仿真和观察加工工件形成的表面形貌，忽略工件螺旋角的影响和工件轴向位移的变化，仅对加工工件的右半边弧面展开后进行仿真。在切削区域内对工件的圆周及径向上进行离散，方法为：在工件的周向上均分 Q 等份，每等份为 $\Delta\theta = 2\pi n_w/(Nn_t)$，在工件的径向上均分 P 等份，每等份为 $\Delta r = (r_{max} - r_{min})/P$，$r_{max}$ 和 r_{min} 分别为加工前、后的工件半径。因此，工件上离散的轨迹点共为 $Q\times P$ 个，如图 3-5 所示，工件在直角坐标系 $X_wO_wY_w$ 平面内的坐标为

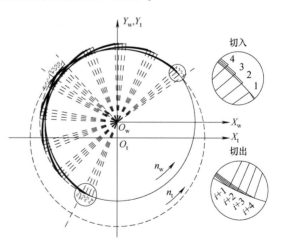

图 3-4　刀具切入、切出时的切削轨迹示意图

$$\begin{cases} x(p, q) = R(p\Delta r, q\Delta\theta)\cos(q\Delta\theta) \\ y(p, q) = R(p\Delta r, q\Delta\theta)\sin(q\Delta\theta) \end{cases} \qquad (3\text{-}13)$$

等效表示为

$$\begin{cases} x(p, q) = (r_{max} - p\Delta r)\cos(q\Delta\theta) \\ y(p, q) = (r_{max} - p\Delta r)\sin(q\Delta\theta) \end{cases} \qquad (3\text{-}14)$$

式中，$p = 0, 1, 2, \cdots, P$，$q = 0, 1, 2, \cdots, Q$。

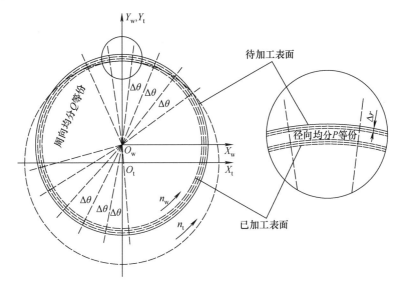

图 3-5 工件周向和径向上的离散示意图

在工件端面 $X_wO_wY_w$ 平面内，计算刀具轮廓在不同时间下的运动轨迹。此时，刀具尖点在第 i 次切削后距离工件左弧面的径向长度为 $l_{l\text{-vib}, i}(p, q)$；距离工件中间底部的径向长度为 $l_{c\text{-vib}, i}(p, q)$；距离工件右弧面的径向长度为 $l_{r\text{-vib}, i}(p, q)$。同理，第 $(i+1)$ 次切削后距离工件左弧面、中间底部、右弧面的径向长度分别为 $l_{l\text{-vib}, i+1}(p, q)$、$l_{c\text{-vib}, i+1}(p, q)$ 和 $l_{r\text{-vib}, i+1}(p, q)$，计算公式分别为

$$\begin{cases} l_{l\text{-vib}, i}(p, q) = \sqrt{X_{l\text{-vib}, i}^2(p, q) + Y_{l\text{-vib}, i}^2(p, q)} \\ l_{c\text{-vib}, i}(p, q) = \sqrt{X_{c\text{-vib}, i}^2(p, q) + Y_{c\text{-vib}, i}^2(p, q)} \\ l_{r\text{-vib}, i}(p, q) = \sqrt{X_{r\text{-vib}, i}^2(p, q) + Y_{r\text{-vib}, i}^2(p, q)} \end{cases} \qquad (3\text{-}15)$$

$$\begin{cases} l_{l\text{-vib}, i+1}(p, q) = \sqrt{X_{l\text{-vib}, i+1}^2(p, q) + Y_{l\text{-vib}, i+1}^2(p, q)} \\ l_{c\text{-vib}, i+1}(p, q) = \sqrt{X_{c\text{-vib}, i+1}^2(p, q) + Y_{c\text{-vib}, i+1}^2(p, q)} \\ l_{r\text{-vib}, i+1}(p, q) = \sqrt{X_{r\text{-vib}, i+1}^2(p, q) + Y_{r\text{-vib}, i+1}^2(p, q)} \end{cases} \qquad (3\text{-}16)$$

工件在不同转角位置处的瞬时半径 $r_x(p, q)$ 的计算见式（3-16），若工件表面对应刀尖圆弧过渡点的瞬时半径为 $r_{\lim} = r_{\min} + r_\varepsilon\{1 - \cos[(\theta_{\varepsilon\max} - \theta_{\varepsilon\min})/2]\}$，则第 i 次切削后已加工表面残留高度 $h_i(p, q)$ 为

$$h_i(p, q) = \begin{cases} l_{c-vib, i}(p, q) - r_x(p, q), & r_x(p, q) < r_{\lim} \\ l_{l-vib, i}(p, q) - r_x(p, q), & r_x(p, q) > r_{\lim} \\ l_{r-vib, i}(p, q) - r_x(p, q), & r_x(p, q) > r_{\lim} \end{cases} \quad (3\text{-}17)$$

$$r_x(p, q) = r_{\min} + p\Delta r$$

对比相邻两次切削后的残留高度，如第 i 次、第 $i+1$ 次切削后的残留高度 $h_i(p, q)$ 和 $h_{i+1}(p, q)$，将最小残留高度作为第 $i+1$ 次切削后获得的最终残留高度，见式（3-18），从而获得旋铣加工中的表面形貌。表面形貌和表面粗糙度仿真流程如图 3-6 所示。

$$H_{i+1}(p, q) = \min\{h_i(p, q), h_{i+1}(p, q)\} \quad (3\text{-}18)$$

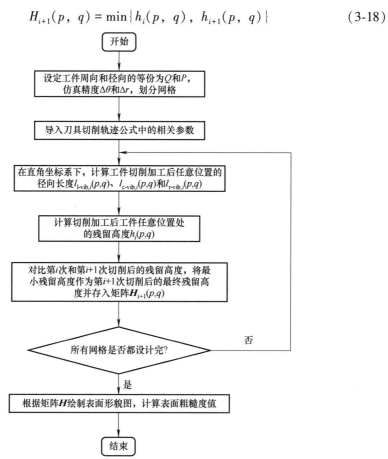

图 3-6　表面形貌和表面粗糙度的仿真流程

3.1.3 锯齿状切屑形成机理研究

金属切削加工是材料去除的不可逆过程，切削加工过程中产生的切屑不仅影响操作安全和生产效率，而且能够反映刀具的磨损情况、工件的表面质量以及机床的精度等。因此，研究加工过程中切屑形貌的变化对于监测刀具的磨损状况具有重要的意义。

根据切削条件和工件材料的不同，切削加工过程中产生的切屑通常可以分为四种：锯齿状切屑、带状切屑、崩碎切屑和单元切屑。切屑的形状反映了加工过程中机床和刀具的状况，如带状切屑表示切削过程平稳，切削力的波动比较小，并且工件表面的精度较高。

硬态旋铣是一种应用于丝杠螺纹加工的干式高速硬铣削工艺，由于断续切削过程中的切削力发生了高频率周期性的波动，所产生的切屑微观形貌为典型的锯齿状切屑，而这一波动也会对刀具的振动和磨损以及工件的表面完整性产生一定影响。此外，刀具的前角对于切屑形态的影响很大，使用负前角的刀具更容易形成锯齿状切屑。

由于金属的切削过程是在高温、高压下进行的，因此切屑形成机理非常复杂。切屑的显微结构和硬度反映了其在切削过程中复杂的力、热影响下的塑性变形，更深入地揭示了切屑形成机理。因此，研究旋铣锯齿状切屑形貌及其特性十分必要。

1. 锯齿状切屑形成机理

由于工件被断续切削，形成的切屑也是断续的短屑。根据旋铣加工螺纹滚道时的渐进成形原理，使用 UG 软件的布尔运算功能建立的旋铣未变形切屑的 3D 模型，说明了其横截面的演变过程，如图 3-7a、b 所示。未变形切屑被分成了 6 段，以展示其形成时横截面在不同位置的形状。从图 3-7 中可以看出，切屑的横截面呈"C"形或类似"新月"形，且形状、厚度沿长度方向不断变化。为了表征未变形切屑横截面厚度，如图 3-7c 所示，取切屑宽度方向上的二等分的纵截面（中间纵截面）与切屑横截面的交线长度 h_D 来说明未变形切屑厚度的变化规律，并以中间纵截面切屑底边长度为切屑长度。

可见，在螺纹滚道旋铣过程中，切削厚度先由小到大，再由大变小。而从图 3-8 中可以看出，旋铣铣刀由切入螺纹滚道至切出螺纹滚道过程中，其切削宽度、切屑累积由小变大，直至切削过程结束，切屑形成。实际旋铣切屑如图 3-9 所示。

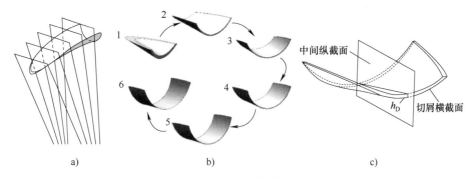

图 3-7　未变形切屑横截面的变化

a）切屑横截面划分　b）切屑横截面演变　c）切屑横截面厚度

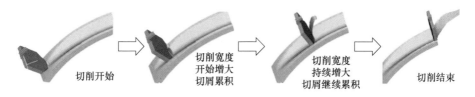

图 3-8　旋铣过程切削宽度和切屑变化

比较图 3-8 和图 3-9 可发现，仿真切屑与实际切屑有着较为相似的特征，这在一定程度上反映了螺纹旋铣仿真模型的正确性，也可看出仿真切屑和实际切屑在以下方面具有一定的差异。

1）切屑的卷曲程度不同，相比之下实际切屑的卷曲程度更大。

图 3-9　实际旋铣切屑

2）实际切屑的两端不在同一平面内，具有螺旋特性。这主要是由于切削仿真过程中忽略了螺纹工件的导程角，并且材料本构关系不能完全反映实际材料特性。

▶▶ **2. 切屑锯齿形貌特征的分布规律**

图 3-10 所示为丝杠旋铣加工试验得到的切屑，观察图中锯齿面可以发现，分布锯齿的自由表面位于凸侧，而光滑的切屑背面位于凹侧。令切屑被中间纵截面所截，在得到的截面上可以清楚地观察到锯齿形貌，故选择此面为观测面。在测量和分析中考虑以下几何特征来表征切屑锯齿形貌：锯齿高度 H，齿根高度 h、齿距 P_c、锯齿化程度 G_S、倾斜角 α 和切屑厚度变形系数 Λ_h。H、h、P_c 和 α 的测量如图 3-11 所示。

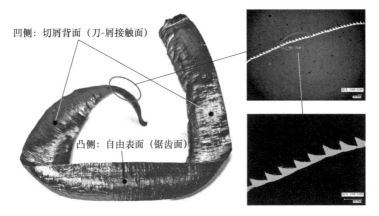

凹侧：切屑背面（刀-屑接触面）

凸侧：自由表面（锯齿面）

图 3-10　丝杠旋铣加工切屑锯齿分布

锯齿化程度 G_S 这一指标可用来表征切屑在不同成形阶段的锯齿化剧烈水平，其定义为

$$G_S = \frac{H - h}{H} \qquad (3\text{-}19)$$

若将切屑厚度从齿根到齿顶的变化近似视为线性增长，则可用 H 和 h 的平均值 $h_{avg} = \frac{H + h}{2}$ 来表示试验得到的切屑平均厚度。

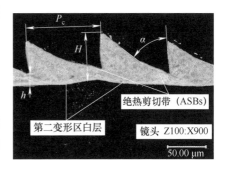

图 3-11　锯齿几何特征

图 3-12a 所示为锯齿高度 H、齿根高度 h 以及未变形切屑厚度 h_D 在切屑长度上的分布曲线，其中，未变形切屑厚度 h_D 是基于加工原理采用 Mathematica 仿真计算得到的。在每一刀切削过程中，h_D 经历了由小到大，再由大变小的演变。从图 3-12a 中可以看出，锯齿高度 H 在切屑开始形成时迅速增加至最大值，呈现出与未变形切屑厚度 h_D 相似的变化趋势。此后，锯齿高度 H 略有下降，并在到达中部之前一直保持平稳。切屑成形到中部以后锯齿高度 H 开始逐渐减小，这表明在切屑长度前 5% 的部分以及后 50% 的部分，未变形切屑厚度 h_D 是影响锯齿高度 H 的主导因素，而在 5%~50% 的部分，显然有其他因素限制了锯齿高度 H 的降低。对比未变形切屑厚度 h_D 和试验切屑锯齿高度 H 可知，在切屑长度前约 25% 的部分，$H < h_D$，而在之后的部分一直大于 h_D，这说明实际切屑的锯齿高度 H 的变化不如未变形切屑厚度剧烈。通过比较试验切屑平均厚度 h_{avg} 与未变形切削厚度 h_D 看出 h_{avg} 总体上低于 h_D。经计算，理论未变形切屑长度为

37.8 mm，试验切屑平均的测量长度为 43.5 mm，这说明试验切屑在形成过程中由于受到刀具的剪切和挤压作用，切屑等效厚度因锯齿节的产生和滑移而变小。相应地，由体积不变原理可知切屑长度会被"拉长"，变长的切屑意味着刀-屑接触时间更长，这会使前刀面积累更多的切削热，从而导致切削温度升高，刀具寿命缩短。此外，由于切屑特殊的卷曲形状，较长的切屑更容易引起切屑与刀具、切屑与切屑之间纠缠，不利于排屑，加剧前刀面的磨损，且加工表面容易被残留的切屑划伤，影响工件质量。

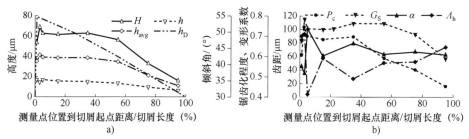

图 3-12　锯齿特征的分布（$v_1 = 200$ m/min，$a_p = 0.08$ mm，$N = 3$）

a) 锯齿高度 H、齿根高度 h、平均厚度 h_{avg} 和未变形切屑厚度 h_D　b) 齿距 P_c、

锯齿化程度 G_S、倾斜角 α 和变形系数 Λ_h

图 3-12 b 所示为齿距 P_c、锯齿化程度 G_S、倾斜角 α 和变形系数 Λ_h 在切屑上的分布曲线，其中 P_c 和 G_S 也呈现出与 H 相似的变化趋势，这说明切屑在成形之初，锯齿化的剧烈程度迅速增大，随后保持较高水平，进入后半段才逐渐下降。锯齿的形成本身就伴随着切削力和切削热的波动，而锯齿高度 H、齿距 P_c 和锯齿化程度 G_S 的变化又意味着切削力和切削热波动的幅值与周期在切屑形成的过程中也在不断变化。这就使刀具面临着更加复杂多变的力、热冲击，对刀具寿命造成影响。特别地，锯齿高度 H、齿距 P_c 和锯齿化程度 G_S 在切屑形成初期的振荡反映了切削力的剧烈波动，这一波动又会造成刀具和工件的振动，降低加工稳定性以及刀具切入处的工件表面质量。

图 3-13 所示为切屑锯齿的形成过程。从图中可以看出，锯齿节的形成是由被挤压的切屑节块沿着剪切面 OM 滑移出切屑自由表面而形成的。因此，剪切面 OM 与切削速度方向的夹角（剪切角 ϕ）大小决定了相邻锯齿节斜边与竖直边的夹角（倾斜角 α）大小，即 ϕ 越大，α 越大。所以，倾斜角 α 与切屑形成时的剪切角 ϕ 具有一一对应的关系，它可以在一定程度上近似表征 ϕ。根据图 3-13 可以推证出切屑厚度压缩比（变形系数）Λ_h 与锯齿化程度 G_S、剪切角 ϕ 之间的关系为

$$\Lambda_{\mathrm{h}} = \frac{h_{\mathrm{avg}}}{h_{\mathrm{D}}} = \frac{H + h}{2h_{\mathrm{D}}} = \frac{H(2 - G_{\mathrm{S}})}{2h_{\mathrm{D}}} = \frac{\overline{OM}\cos(\phi - \gamma_{\mathrm{o}})}{2\overline{OM}\sin\phi}(2 - G_{\mathrm{S}}) = \frac{\cos(\phi - \gamma_{\mathrm{o}})}{2\sin\phi}(2 - G_{\mathrm{S}})$$

(3-20)

式中，$\overline{OM}$ 为第一变形区剪切线的长度（μm）。

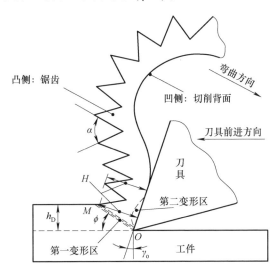

图 3-13　切屑锯齿的形成过程

　　由式（3-20）中可知，当刀具前角 γ_{o} 固定不变，则切屑厚度压缩比（变形系数）Λ_{h} 仅与锯齿化程度 G_{S}、剪切角 ϕ 呈负相关，即 Λ_{h} 随着 G_{S} 和 ϕ 的增大而减小，这说明锯齿形切屑的变形程度是剪切变形和锯齿化双重影响的结果。从图 3-12b 中可以看出在切屑形成初期，倾斜角 α 存在巨大的波动，从低于 40°迅速跃升至大于 50°。其中，小于 45°的倾斜角 α 出现在切屑始端，该区域弯曲曲率远大于切屑其他部分。这表明此处的切屑在开始形成锯齿前，受刀具挤压而产生的剪切角 ϕ 较小，导致切屑厚度压缩比（变形系数）Λ_{h} 较大，即切屑的变形程度较大。紧接着，倾斜角 α 达到峰值，切屑厚度压缩比（变形系数）Λ_{h} 随之下滑至最低点，此时切屑变形程度最小。进入到切屑中段，锯齿化程度 G_{S} 和倾斜角 α 经历过下降后渐趋平稳，α 接近 45°，切屑厚度压缩比（变形系数）Λ_{h} 有所回升，切屑有变厚的趋势，但由于未变形切屑厚度 h_{D} 的下降，因此 h_{avg} 保持相对稳定，没有快速变薄。进入到切屑末段，倾斜角 α 依然保持平稳，但锯齿化程度 G_{S} 出现下滑，使切屑厚度压缩比（变形系数）Λ_{h} 继续攀升，变形程度加剧。

　　此外，剪切角 ϕ 的波动进一步揭示了切削力和切削热的变化情况。根据

"切应力与主应力方向呈45°"的剪切理论，可得出剪切角 ϕ 与刀具前刀面摩擦角 β 的关系为

$$\phi = 45° - (\beta - \gamma_\circ) \tag{3-21}$$

由式（3-21）可知，导致剪切角 ϕ 波动的原因来自摩擦角 β。当刀具刚切入工件时，切屑厚度迅速增大到最大值，对刀具的切削抗力瞬间增大。作为相互作用力，刀具对切屑的挤压和摩擦力也相对很大，但此时刀-屑接触面刚刚产生切削热，温度较低，第二变形区的软化效应不显著，故导致刀具前刀面上的内摩擦区的摩擦系数 μ 较大，从而使得摩擦角 β 较大，剪切角 ϕ 较小。随着刀具向前推进，切屑厚度较大时，此时切屑受到的挤压和摩擦力增大，产生的大量切削热在升高刀-屑接触区域温度的同时也软化了切屑材料，减小了内摩擦区的摩擦系数 μ，从而使摩擦角 β 变小，剪切值 ϕ 增大。这里值得注意的是，剪切角 ϕ 的峰值出现的位置与锯齿高度 H 相比稍有延后，这是因为热量的积累需要过程，切削温度在经历最大切削深度后仍有提升。随后，切屑形成进入中后部，切削深度持续下降，挤压和摩擦力减小，产生的切削热也减少，软化效应的减弱导致剪切角 ϕ 下降。然而此时，由于刀具前刀面先前不断积累的热量使切削温度在较高水平达到平衡，对切屑背面起到一定软化作用，抑制了剪切角 ϕ 进一步下降，故剪切角 ϕ 在45°维持稳定。由此可知，摩擦条件的变化使刀具面临的切削条件更加恶劣。

需要指出的是，由于切屑中部锯齿高度 H、齿距 P_c 和锯齿化程度 G_S 趋于平稳，便于进行不同加工参数下的切屑锯齿特征的比较，故选择此处为测量位置。

3. 切屑锯齿截面上的显微结构分布

Guo 等人通过 XRD 试验发现经过旋铣加工的丝杠螺纹工件表面下存在着淬火马氏体、回火马氏体、球状渗碳体以及残留奥氏体，试验结果还显示了从奥氏体到马氏体的金相转变。另外，通过测量丝杠旋铣时工件被加工位置的温度，验证了其最高温度高于相变温度 AC_3，且工件会通过空气冷却快速淬火。

在光学显微镜和扫描电子显微镜下观察经过腐蚀后的切屑如图 3-14 所示，锯齿内部基体上分布有细小的粒状碳化物，碳化物颗粒周围的区域颜

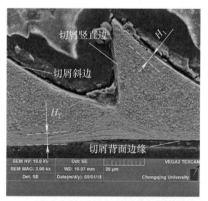

图 3-14 经过腐蚀后的切屑中间纵截面的显微结构（$v_t = 180$ m/min，$a_p = 0.06$ mm，$N = 3$）

色较深，而位于第一变形区和第二变形区的条带纤维状组织颜色较亮，且碳化物颗粒消失。这些变形区域因为具有较高的抗腐蚀性而显现，故其组织不同于切屑基体，两个区域的组织在锯齿节连接处交汇。

位于第一变形区（剪切滑移变形区）的浅色纤维状组织即为绝热剪切带（ASBs），该组织在锯齿节之间周期性地出现。在高速切削条件下，切屑第一变形区的材料在极短的时间内发生剧烈的剪切滑移变形，同时产生了大量来不及扩散的切削热。这导致区域局部温度急剧升高，材料被软化，进而又加剧了剪切滑移变形，生成锯齿状切屑。该区域随后又受到来自压缩空气的快速冷却，其组织发生变化。如图 3-14 所示，锯齿斜面上的组织存在"倒伏"现象，晶粒在锯齿齿根倾斜的方向上被拉长，这是剪切带在斜面上的延伸，验证了锯齿节的滑移。将这一倒伏层的厚度定义为 H_1。

当切屑以很高的速度从刀具前刀面滑过时，由于非常高的法向应力和切应力，摩擦能量在短时间内几乎全部转换为热能。切屑靠近背面（第二变形区）的材料发生严重变形，并且经受了瞬时高温以及在空气中的快速急冷。在这个过程中，工件表面原淬火马氏体先经历了奥氏体化，同时原碳化物颗粒在高温下溶解到奥氏体中，使淬火前的奥氏体中的 C、Cr 元素含量增高。在压缩空气中经历二次淬火后，奥氏体转变为淬火马氏体。淬火马氏体因为含有较多的 Cr 元素而较耐腐蚀，凸显为颜色较亮（浅）的"白层"，如图 3-14 所示。当切削热传递至切屑内部，温度有所下降，这使得基体的原淬火马氏体在较低的高温下回火。回火组织表面上有大量碳化物的析出，多相结构有利于电化学腐蚀，且 Cr 元素含量下降，这导致回火马氏体较淬火马氏体更易受腐蚀液侵蚀，所以它凹陷且颜色较暗。

白层厚度 H_2 与锯齿高度 H 的比值 H_{R2} 在切屑的不同部位并不一致，但存在一定规律。如图 3-15 所示，这一比例在切屑形成初期达到一个小的极值 H_{R2max1}，这与切屑锯齿高度 H 的峰值有关，H_{R2} 的极值出现的位置恰好紧随 H 的最大值 H_{max} 对应的位置之后。这说明随着切屑瞬时厚度增大至最大值，变形及摩擦产生的热量有了跃升，导致热影响区域变大，组织变化区域厚度变厚。考虑到切屑瞬时厚度在达到峰值 H_{max} 后开始下降，而热量的积累会使温度继续升高，温度的极值点在时间上稍有延后，对材料的影响有一定的时间延迟，故 H_{R2} 极大值位置与 H_{max} 位置存在一定距离，这也验证了倾斜角峰值延后出现的机理。随后 H_{R2} 有所下降，这与切屑瞬时厚度变薄有关，接着 H_{R2} 逐渐上升，直至最终。虽然此阶段的切屑瞬时厚度和锯齿高度持续下降，但刀-屑接触区域的切削热因摩擦作用而不断积累，导致前刀面的温度持续升高。因此，热影响区域相对于切屑厚度来说不断增大。由此可见,在一次切削周期中,刀–屑接触区域的温度并不是持续升高的,切削初期的温度波动会给切削稳定性带来不利影响。

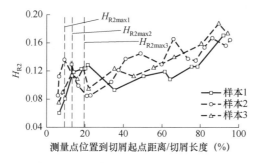

图 3-15　比值 H_{R2} 沿切屑长度的变化（$v_t = 200$ m/min, $a_p = 0.08$ mm, $N = 3$）

▶ 4. 切屑锯齿截面上的纳米硬度分布

切屑的纳米硬度测量在其锯齿截面上进行,由该截面上显微结构分布差异可以推测,不同位置的硬度可能不一致。因此,选取锯齿节上不同的部位进行测量,测量点布置如图 3-16 所示。垂直于切屑底边方向测量一列点,跨越锯齿厚度,压痕间隔 4 μm,即方向 1;另一列测量点横穿锯齿连接处的绝热剪切带,压痕间隔 8 μm,即方向 2。在同一切屑相同区域的相邻锯齿节上重复三次上述纳米压痕的测试。

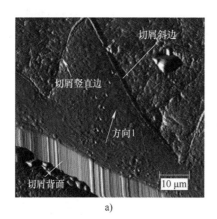 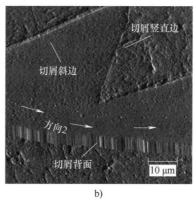

a)　　　　　　　　　　b)

图 3-16　纳米硬度测量点布置

a) 方向 1　b) 方向 2

如图 3-17a 所示,切屑锯齿截面上沿锯齿高度方向的纳米硬度呈现出"两边高,中间低"的分布规律。最大的硬度值出现在最靠近切屑背面一侧的区域,随着向切屑内部推进,硬度值明显下降,在达到切屑基体中部后趋于平稳,最后在抵达切屑斜边时，硬度值又出现些许回升。该分布规律表明在丝杠旋铣加工中，刀-屑接触面因摩擦产生的大量切削热被传导至切屑中。处于极高温度的切屑背面附近区域的材料因为受到周围空气的快速冷却，温度急剧下降，这一过程相当于淬火，使组织发生了变化。同时，该区域材料的严重变形起到了加工硬化作用，而表面氧化也是硬度增大的原因之一。该区域恰好对应显微结构观测结果中的"白层"，内部基体的硬度低于"白层"，但依然保持在平均 7.06 GPa，这与工件未加工的淬火表面 1 mm 深度内的平均硬度 7.08 GPa（约 61HRC）处于同一水平。这说明此处组织并没有转变为较软的回火索氏体或托氏体，根据硬度推测其为回火隐针马氏体。切屑斜边附近的硬度有所上升的原因可能与切屑背面附近区域材料硬化的原因相似，即绝热剪切带演化形成过程使周围材料经历了大变形、高温、淬火和氧化，导致硬度增大。

如图 3-17b 所示，剪切带附近区域材料的平均纳米硬度呈 "W" 形分布。绝热剪切带上的纳米硬度高于带两侧的硬度，而远离绝热剪切带的地方，即锯齿内部的基体，其硬度又高于带两侧的硬度。这一现象与前述的锯齿高度方向的硬度分布同理，绝热剪切带处的组织因为在短时间内经历了大变形、高温和快速冷却，所以材料被硬化。而带两侧的位置由于相对较低的变形和温度，加之较缓的降温过程，材料软化效应显著，故硬度下降且低于基体回火马氏体硬度的 20% 左右。绝热剪切带附近材料硬度的不均匀性说明了切屑长度方向上的材料变形和力、热条件的不均匀性，验证了由旋铣加工而成的切屑锯齿形成周期内的不稳定。

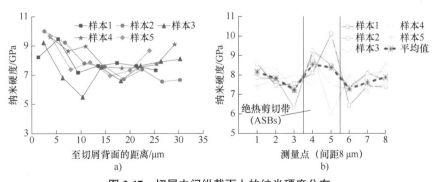

图 3-17　切屑中间纵截面上的纳米硬度分布

a) 方向 1 ($v_t = 200$ m/min，$a_p = 0.04$ mm，$N = 3$)　b) 方向 2 ($v_t = 180$ m/min，$a_p = 0.06$ mm，$N = 3$)

综上分析，可得以下结论。

1）锯齿高度 H，齿距 P_c、锯齿化程度 G_s 和倾斜角 α 在切屑形成初期都将经历一次波动，迅速增加至峰值，下降后在中部趋于平稳。在切屑长度的起始段以及后半段，影响锯齿高度 H 的主导因素是未变形切屑厚度 h_D。

2）切屑厚度变形系数 Λ_h 受到锯齿化程度 G_s 和剪切角 ϕ 的双重影响，其中剪切角 ϕ 对切屑变形的影响占具主导地位。在切屑中部，倾斜角 α 的降低导致了切屑变形程度的增加，从而限制了锯齿高度 H 和平均厚度 h_{avg} 的急速下降；在切屑末段，锯齿化程度 G_s 的下滑导致变形系数 Λ_h 的上升，切屑变形程度加剧。倾斜角 α 的变化与刀具前刀面的摩擦情况有关。切削热对工件材料的软化作用会减小摩擦角 β，进而增大剪切角 ϕ。

3）锯齿截面显微结构呈不均匀分布，绝热剪切带和第二变形区的材料经历了剧烈的剪切变形和二次淬火。更进一步地，观测结果验证了锯齿倾斜角峰值的出现相对于锯齿高度峰值有所延迟的机理，即热量的积累导致切削温度的极值点在时间上有所延后，进而对材料的影响存在延迟。

4）锯齿截面纳米硬度的测量进一步验证了显微结构观测中发现的组织变化，在加工硬化、切削热引发的软化作用、周围空气快速冷却的综合影响下，切屑锯齿截面上沿锯齿高度方向的纳米硬度呈现出"两边高，中间低"的分布规律。

5）锯齿特征在切屑长度方向上的波动变化说明了每次旋铣切削过程中切削力和切削温度的宏观波动。显微结构和纳米硬度在锯齿节内的不均匀性表明了锯齿形成周期内力、热的微观波动，进一步验证了丝杠旋铣加工时，切屑锯齿形成周期内的不稳定。

3.2 丝杠干切系统动力学建模分析

3.2.1 切削力理论及仿真建模

丝杠硬态旋铣过程中的切削力变化是引起干切系统振动和影响加工形貌质量最主要的因素之一，过大或者过小的切削力都将直接导致工艺系统振动响应的变化。为了进行切削系统的动力学建模和分析，需要建立切削力模型，并对切削力进行合理的简化，作为系统加工动力学分析的输入激励。目前，切削力的获得方法主要有理论建模法、有限元仿真法和试验法。其中，试验法将在第 4 章中详细介绍，这里主要介绍切削力的理论及仿真建模。

1. 切削力理论建模

三维切削中的几何运动和作用力关系如图 3-18 所示，定义法平面 p_n 和剪切平面 p_{sh}，将坐标系 XYZ 绕 Z 轴旋转角度 ϕ_x（法向剪切角）得到坐标系 $X_n Y_n Z_n$，将坐标系 XYZ 绕 Z 轴旋转角度 η_s（剪切流角）得到坐标系 $X_s Y_s Z_s$，其中 X_s

是剪切流方向，X_s 和 Y_s 确定了剪切平面 p_{sh}，Z_s 平行于 Z，Y_n 平行于切削刃，Y 平行于 Y_n，X_n 和 Y_n 确定了法平面 p_n。

当切削深度大于最小切削厚度，即 $a_{px} > a_{cmin}$ 时，切削形成切屑。若刀具的参与前角即为刀具的名义前角 γ_o，且已知摩擦角均值 ξ_x，并假设法平面的剪切角 ϕ_x 为

$$\phi_x = \frac{\pi}{4} - \frac{\xi_x}{2} + \frac{\gamma_o}{2} \qquad (3\text{-}22)$$

由主剪切平面上的剪切力 F_s 和法向力 N_s 表示切向 X、径向 Y、轴向 Z 的作用力，它们的表达式分别为

$$\begin{cases} F_x = F_s\cos\eta_c\cos\phi_x + N_s\sin\phi_x \\ F_y = F_s\sin\eta_c \\ F_z = -F_s\cos\eta_c\sin\phi_x + N_s\sin\phi_x \end{cases}$$

$$(3\text{-}23)$$

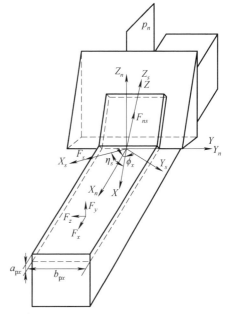

图 **3-18**　三维切削中的几何运动和作用力关系

其中，摩擦角 ξ_x 通过 Zkeri 等人研究的切屑摩擦系数 $\mu = 0.35$ 间接获得 $\xi_x = \arctan\mu$，切屑流角 η_c 为

$$\cos\eta_c = \frac{\sin\phi_x\cos(\phi_x - \gamma_o)}{\tan\xi_x[\sin\phi_x\sin(\phi_x - \gamma_o) - \cos\gamma_o]} \qquad (3\text{-}24)$$

另外，剪切力 F_s 和法向力 N_s 由切削层横截面面积 A_c 表示为

$$F_s = K_f A_c, \quad N_s = K_n A_c \qquad (3\text{-}25)$$

式中，K_f 和 K_n 分别为剪切力和法向力系数，与工件和刀具的材料、刀具结构及切削参数等有关。

⯈ **2. 丝杠硬态旋铣切削力仿真**

对金属切削的有限元仿真以往多集中于车削或铣削的二维正交切削模型中，然而，丝杠棒料为圆柱形工件，硬态旋铣加工系统复杂，是利用刀具和工件之间的偏心距实现切削加工的，因此其切削厚度不同于普通的车削或铣削，它是随时间变化的。更特殊的是，丝杠硬态旋铣做多自由度耦合运动，具有多刀具断续成形等特点，加工过程中多把刀具依次参与切削，前一刀切削后直至下一刀切削前，圆柱形棒料工件将转过一定角度，使得下一刀切削时的工件外轮廓并非标准的圆，而可以看作两小段圆弧拼接而成，如图 3-19a 所示。切削厚度由

小增大,然后又缓慢减小,且增长率远小于下降率,这将在很大程度上影响所产生的实际切削力曲线。因此,为了提高仿真的精度,有必要开展基于非标准圆弧型工件的切削仿真。

结合丝杠硬态旋铣成形特点及切削厚度呈周期性变幅值的特殊性,考虑本构模型、相互作用、摩擦模型等,基于 ABAQUS 软件建立了丝杠旋铣二维非标准圆弧型切削仿真模型。为了简化模型,假设切削时丝杠工件固定,刀盘高速旋转,忽略导程角的影响。需要注意的是,通过前面的分析可知,丝杠硬态旋铣过程中,第一刀切削时的切削力值与多切削刃稳定切削后的切削力值显然存在较大差异,不具有代表性。因此,在该仿真过程中,模型的初始状态应设置为第一刀切削已经完成,以修正工件的几何模型和第一刀切削结束后的残余应力分布状态。

在有限元仿真模型中,PCBN 刀具材料属性见表 3-1。淬硬轴承钢 GCr15 材料属性见表 3-2。淬硬轴承钢 GCr15(62HRC)材料参数见表 3-3,其中 A 是初始屈服应力,B 是硬化模量,C 是应变率系数,m 是热软化系数,n 是加工硬化指数,$d_1 \sim d_5$ 为 J-C 失效参数。

表 3-1 PCBN 刀具材料属性

密度/ (kg/m³)	弹性模量/ GPa	热导率/ [W/(m·K)]	泊松比	比热容/ [J/(kg·K)]	热膨胀系数/ ℃⁻¹
3120	680	100	0.22	793	4.9×10⁻⁶

表 3-2 淬硬轴承钢 GCr15 材料属性

温度/ ℃	密度/ (kg/m³)	弹性模量/ MPa	热膨胀系数/ ×10⁻⁶℃⁻¹	泊松比	热导率/ [W/(m·K)]	比热容/ [J/(kg·K)]	非弹性功 热损系数
22		201.3	11.5	0.277			
200		178.5	12.6	0.269			
400	7850	162.7	13.7	0.255	43	458	0.9
600		103.2	14.9	0.342			
800		86.87	15.3	0.396			
1000		66.88		0.490			

表 3-3 淬硬轴承钢 GCr15(62HRC)材料参数

J-C 本构	A/GPa	B/GPa	m	n	C
模型参数	2482.4	1498.5	0.66	0.19	0.027
J-C 失效	d_1	d_2	d_3	d_4	d_5
模型参数	0.0368	2.340	−1.484	0.0035	0.411

在仿真过程中，工件材料通常分为三层，即切屑层、失效层和工件基体，丝杠旋铣仿真模型如图 3-19b 所示。失效层是预设置的，连接切屑下表面及工件上表面，失效层的材料属性定义中设置了切屑分离准则及损伤演化，使得切屑顺利地在切削过程中网格断裂并分析分离，具体参数见表 3-3。切削过程是一个典型的热-力耦合仿真过程，为了提高仿真精度，设置为四边形应变单元，选择显示单元库中温度位移耦合单元 CPE4RT。刀尖及前刀面是刀具与工件接触的主要区域，为了提高仿真精度，刀具刀尖处网格划分较密。

为了得到切削力，在切削过程中将刀具设为刚体，定义刀具刀尖点作为切削力参考点。由前文分析可知，切削厚度由零迅速增加至最大，然后缓慢减小至零，这是仿真切削厚度所对应的最大瞬时切削力及其变化规律。同时为了降低建模难度以及计算时间，这里只对开始切削直至达到最大瞬时切削厚度附近的这一段切削过程进行仿真，余下切削过程所对应的切削力通过数据拟合推出。为了验证仿真模型的正确性，本次仿真的切削速度为 3.33 m/s（对应的试验旋铣速度为 200 m/min），最大瞬时切削厚度为 0.08 mm，刀具前角为-7°，后角为5°，切削时间为 0.0003 s。

切削力随时间的变化规律如图 3-19c 所示，随着切削的进行，切削力迅速增

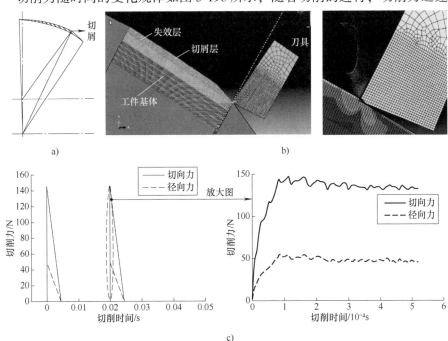

图 3-19　丝杠旋铣仿真建模及切削力仿真结果

a）旋铣工件的外轮廓几何形状　b）丝杠旋铣仿真模型　c）切削力仿真结果

加至最大，随后逐渐减小，增长率大于下降率，并且切向力和径向力的变化规律相同，如前文分析，这是由旋铣工件实际加工时的外轮廓几何形状决定的。仿真切向力 F_t 的最大值为 145.7N，仿真径向力 F_r 的最大值为 52.5N。虽然未仿真整个切削过程的切削力，但是基于仿真结果可拟合推出余下切削过程的切削力，进而可得到单把刀具整个切削过程的切削力。其变化规律与试验所测的切削力基本一致，与试验相比，仿真模型的切向力误差为 3.6%，径向力误差为 9.3%，这进一步验证了仿真模型和试验数据的有效性。

相比于理论建模法，有限元仿真的方法虽然耗费的时间较长，但获得的切削力具有更高的精度，可将其作为系统输入的切削力，并可进一步优化切削力的理论模型。

3.2.2 丝杠干切系统动力学建模

本小节以汉江机床自主研制的八米丝杠硬态旋铣机床为研究对象，对其工艺系统的各部件进行分析及简化，综合考虑支承装夹约束条件，工件自重以及自转，随动抱紧装置质量，耗散能和轴向振动变形等因素，设置合理的边界条件，最终基于模态振型函数建立了三向力作用下的旋铣系统动力学模型。

1. 丝杠干切系统简化模型

硬态旋铣系统动力学建模是动态响应特性分析的基础。为减小硬态旋铣过程中的切削振动，在加工时采用铣头两侧抱紧装置随动夹持丝杠工件，同时采用多浮动支承与卡盘-顶尖定位相结合的方式进行装夹。在加工过程中，铣刀盘沿着丝杠轴向进行切削加工，可将整个丝杠干切系统简化为三向力作用下的旋转 Rayleigh 梁模型，并做出如下假设。

1）忽略螺纹滚道对工件截面的影响，假设截面始终为圆截面。

2）忽略较小的导程角（导程角为 1.82°）。

3）由于螺纹工件轴向尺寸远远大于其截面直径，因此忽略螺纹工件转动惯量。

4）将卡盘-顶尖简化为固定端-滑动铰支约束。

5）将浮动支承和随动抱紧装置约束简化为线性弹簧约束，并将抱紧装置简化为集中质量块。

6）工件在刀盘上相邻两把刀具切削间隔的时间内自由振动。

基于上述假设，建立如图 3-20 所示的丝杠干切工艺系统简化模型，固定笛卡儿坐标系 $OXYZ$ 的圆心在顶尖处，而 $Oxyz$ 是旋转坐标系，用来表示切削加工过程中丝杠的自转；ω_t 表示两参考系单独绕 x 轴旋转的角度差，其中 ω 表示旋铣角速度；f_x、f_y、f_z 分别表示 X、Y、Z 轴的切削力；$U(x, t)$ 表示 X 方向的轴向挠度变形，$V(x, t)$ 和 $W(x, t)$ 分别表示 Y 和 Z 方向的横向挠度变形，$B(x, t)$ 和 $\Gamma(x, t)$ 分别表示绕 Y 轴和 Z 轴的转动变形。转动变形见式（3-26）。

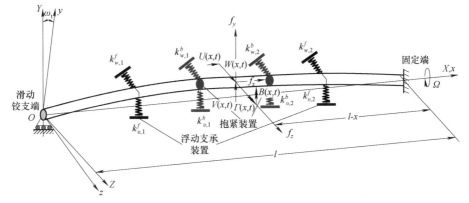

图 3-20　丝杠干切工艺系统简化模型

$$\begin{cases} B(x, t) = -\dfrac{\partial W(x, t)}{\partial x} \\[3mm] \Gamma(x, t) = \dfrac{\partial V(x, t)}{\partial x} \end{cases} \quad (3\text{-}26)$$

模态振型函数主要有正弦式、余弦式和多项式三种形式，这里选用多项式形式。

$$\phi_x = x^{i-1} \quad (3\text{-}27)$$

式中，$i = 1, 2, 3, \cdots, N$，其中 N 为模态数。

基于上述的模态振型函数和多项式形式，挠度变形和转动变形可表示为

$$\begin{cases} U(x, t) = \displaystyle\sum_{i=1}^{N} \phi_i(x) c_i(t) = \sum_{i=1}^{N} x^{i-1} c_i(t) \\[3mm] W(x, t) = \displaystyle\sum_{n=1}^{N} \phi_n(x) b_n(t) = \sum_{i=1}^{N} x^{n-1} c_i(t) \\[3mm] V(x, t) = \displaystyle\sum_{m=1}^{N} \phi_m(x) a_m(t) = \sum_{i=1}^{N} x^{m-1} c_i(t) \end{cases} \quad (3\text{-}28)$$

$$\begin{cases} B(x, t) = \displaystyle\sum_{n=1}^{N} \phi'_n(x) b_n(t) \\[3mm] \Gamma(x, t) = \displaystyle\sum_{m=1}^{N} \phi'_m(x) a_m(t) \end{cases} \quad (3\text{-}29)$$

式中，m，n，$i = 1, 2, 3, \cdots, N$，其中 N 为模态数；$a_m(t)$、$b_n(t)$ 和 $c_i(t)$ 分别

为位移 V、Γ、W、B 和 U 的基于时间为独立变量的广义坐标；$\phi'_m(x)$ 和 $\phi'_n(x)$ 表示对坐标 "x" 求导。

系统动能和势能表达式分别为

$$T_\varepsilon = \frac{1}{2} \int_0^l \rho A(\dot{V}^2 + \dot{W}^2 + \dot{U}^2)\,\mathrm{d}x + \frac{1}{2} \int_0^l \rho I(\dot{B}^2 + \dot{\Gamma}^2)\,\mathrm{d}x + \rho Il\Omega^2 +$$

$$2\Omega \int_0^l \rho I(\dot{B}\Gamma)\,\mathrm{d}x + \frac{1}{2} \sum_{j=1}^2 m_b(\dot{V}^2 + \dot{W}^2 + \dot{U}^2)\,\big|_{x=x_j^b} \tag{3-30}$$

$$U_\varepsilon = \frac{1}{2} \int_0^l EAU'^2\,\mathrm{d}x + \frac{1}{2} \int_0^l EI(V''^2 + W''^2)\,\mathrm{d}x +$$

$$\left(\frac{1}{2} \int_0^l kGA(V'^2 + W'^2)\,\mathrm{d}x - \frac{1}{2} \int_0^l f_y(V'^2 + W'^2)\,\mathrm{d}x \right) +$$

$$\frac{1}{2} \sum_{i=1}^T (k_{v,i}^f V^2 + k_{w,i}^f W^2)\,\big|_{x=x_i^f} + \frac{1}{2} \sum_{j=1}^2 (k_{v,j}^b V^2 + k_{w,j}^b W^2)\,\big|_{x=x_j^b} \tag{3-31}$$

式中，T_ε 为系统功能；U_ε 为系统势能；ρ 为密度；A 为横截面面积；l 为工件长度；m_b 为抱紧装置质量；E 为材料弹性模量；I 为柔性轴截面惯性矩；G 为大型杠杆重力；$k_{v,i}^f$、$k_{w,i}^f$ 分别为第 i 个浮动支承在 Y 和 Z 方向的刚度；$k_{v,j}^b$、$k_{w,j}^b$ 分别为第 j 个随动抱紧装置在 Y 和 Z 方向的刚度；k 为浮动支承个数；x_i^f、x_j^b 分别为第 i 个浮动支承和第 j 个随动抱紧装置在固定笛卡儿坐标系 $OXYZ$ 中的位置；Ω 为工件旋转角速度；"$.$" 表示对时间 "t" 求导；"$'$" 表示对坐标 "x" 求导。

由阻尼引起的耗散能表达式为

$$D = \frac{1}{2} \sum_{i=1}^k (C_{v,i}^f \dot{V}^2 + C_{w,i}^f \dot{W}^2)\,\big|_{x=x_i^f} + \frac{1}{2} \sum_{j=1}^2 (C_{v,j}^b \dot{V}^2 + C_{w,j}^b \dot{W}^2)\,\big|_{x=x_j^b} \tag{3-32}$$

式中，D 为耗散能；$C_{v,i}^f$、$C_{w,i}^f$ 分别为第 i 个浮动支承在 Y 和 Z 方向的阻尼；$C_{v,j}^b$、$C_{w,j}^b$ 分别为第 j 个随动抱紧装置在 Y 和 Z 方向的阻尼；x_i^f、x_j^b 分别为第 i 个浮动支承和第 j 个随动抱紧装置在固定笛卡儿坐标系 $OXYZ$ 中的位置。

大型丝杠重力做功为

$$W_G = \int_0^l qV(x,\ t)\,\mathrm{d}x = \int_0^l q \sum_{m=1}^N \phi_m(x)\,a_m(t)\,\mathrm{d}x \tag{3-33}$$

式中，q 为等效于大型丝杠自重的均布载荷。

由拉格朗日原理可知

$$\frac{\mathrm{d}}{\mathrm{d}t}\left(\frac{\partial T}{\partial \dot{q}} \right) - \frac{\partial T}{\partial q} + \frac{\partial U}{\partial q} + \frac{\partial D}{\partial \dot{q}} = Q \tag{3-34}$$

因此，丝杠硬态旋铣的动力学方程为

$$\begin{bmatrix} A+B+C & 0 & 0 \\ 0 & A+B+C & 0 \\ 0 & 0 & A+C \end{bmatrix} \begin{bmatrix} \ddot{a} \\ \ddot{b} \\ \ddot{c} \end{bmatrix} + \begin{bmatrix} DV & H & 0 \\ -H & DW & 0 \\ 0 & 0 & 0 \end{bmatrix} \begin{bmatrix} \dot{a} \\ \dot{b} \\ \dot{c} \end{bmatrix} +$$

$$\begin{bmatrix} E+(G-F)+KV & 0 & 0 \\ 0 & E+(G-F)+KW & 0 \\ 0 & 0 & EA \end{bmatrix} \begin{bmatrix} a \\ b \\ c \end{bmatrix} = \begin{bmatrix} Q_a \\ Q_b \\ Q_c \end{bmatrix} \qquad (3\text{-}35)$$

式中, 广义坐标 a, b, c 分别为式 (3-28) 和式 (3-29) 中的 $a_m(t)$, $b_n(t)$, $c_i(t)$; $\dot{a}$, $\dot{b}$, $\dot{c}$ 为广义速度坐标;

$$\begin{cases} A = \int_0^l \rho A \sum_{m=1}^N \phi_m \sum_{n=1}^N \phi_n \mathrm{d}x \\[2mm] B = \int_0^l \rho I \sum_{m=1}^N \phi'_m \sum_{n=1}^N \phi'_n \mathrm{d}x \\[2mm] C = \sum_{j=1}^2 m_b \sum_{m=1}^N \phi_m \sum_{n=1}^N \phi_n \Big|_{x=x_j^b} \\[2mm] DW = \sum_{i=1}^k C_{w,i}^f \sum_{m=1}^N \phi_m \sum_{n=1}^N \phi_n \Big|_{x=x_i^f} + \sum_{j=1}^2 C_{w,j}^b \sum_{m=1}^N \phi_m \sum_{n=1}^N \phi_n \Big|_{x=x_j^b} \\[2mm] DV = \sum_{i=1}^k C_{v,i}^f \sum_{m=1}^N \phi_m \sum_{n=1}^N \phi_n \Big|_{x=x_i^f} + \sum_{j=1}^2 C_{v,j}^b \sum_{m=1}^N \phi_m \sum_{n=1}^N \phi_n \Big|_{x=x_j^b} \\[2mm] E = \int_0^l EI \sum_{m=1}^N \phi''_m \sum_{n=1}^N \phi''_n \mathrm{d}x \end{cases}$$

$$\begin{cases} F = \int_0^l f_y \sum_{m=1}^N \phi'_m \sum_{n=1}^N \phi'_n \mathrm{d}x \\[2mm] G = \int_0^l kGA \sum_{m=1}^N \phi'_m \sum_{n=1}^N \phi'_n \mathrm{d}x \\[2mm] H = 2\Omega \int_0^l \rho I \sum_{m=1}^N \phi'_m \sum_{n=1}^N \phi'_n \mathrm{d}x \\[2mm] KV = \sum_{i=1}^k k_{v,i}^f \sum_{m=1}^N \phi_m \sum_{n=1}^N \phi_n \Big|_{x=x_i^f} + \sum_{j=1}^2 k_{v,j}^b \sum_{m=1}^N \phi_m \sum_{n=1}^N \phi_n \Big|_{x=x_j^b} \\[2mm] KW = \sum_{i=1}^k k_{w,i}^f \sum_{m=1}^N \phi_m \sum_{n=1}^N \phi_n \Big|_{x=x_i^f} + \sum_{j=1}^2 k_{w,j}^b \sum_{m=1}^N \phi_m \sum_{n=1}^N \phi_n \Big|_{x=x_j^b} \\[2mm] EA = \int_0^l EA \sum_{m=1}^N \phi'_m \sum_{n=1}^N \phi'_n \mathrm{d}x \end{cases}$$

设 $q^{\mathrm{T}} = [\,a,\ b,\ c\,]$，$F^{\mathrm{T}} = [\,Q_a,\ Q_b,\ Q_c\,]$，其中 $a = [\,a_1,\ a_2,\ \cdots,\ a_N\,]$，$b = [\,b_1,\ b_2,\ \cdots,\ b_N\,]$，$c = [\,c_1,\ c_2,\ \cdots,\ c_N\,]$，$Q_a^{\mathrm{T}} = f_y\,[\,\phi_1,\ \phi_2,\ \cdots,\ \phi_N\,]$，$Q_b^{\mathrm{T}} = f_z\,[\,\phi_1,\ \phi_2,\cdots,\ \phi_N\,]$，$Q_c^{\mathrm{T}} = f_x\,[\,\phi_1,\ \phi_2,\cdots,\ \phi_N\,]$，则动力学方程的矩阵形式为

$$M\ddot{q} + C\dot{q} + Kq = F \tag{3-36}$$

式中，

$$M = \begin{bmatrix} A+B+C & 0 & 0 \\ 0 & A+B+C & 0 \\ 0 & 0 & A+C \end{bmatrix}$$

$$C = \begin{bmatrix} DV & H & 0 \\ -H & DW & 0 \\ 0 & 0 & 0 \end{bmatrix}$$

$$K = \begin{bmatrix} E+(G-F)+KV & 0 & 0 \\ 0 & E+(G-F)+KW & 0 \\ 0 & 0 & EA \end{bmatrix}$$

▶ 2. 动力学方程边界条件

合理设置边界条件是求解该方程的重要环节之一。将丝杠干切系统的卡盘-顶尖约束简化为固定端-滑动铰支约束，对应卡盘及顶尖处的挠度变形假设为 0，则其边界条件为

$$\begin{cases} V(x_w,\ t)=0 \\ V(x_c,\ t)=0, \\ V'(x_c,\ t)=0 \end{cases} \begin{cases} W(x_w,\ t)=0 \\ W(x_c,\ t)=0, \\ W'(x_c,\ t)=0 \end{cases} \begin{cases} U(x_c,\ t)=0 \\ U'(x_c,\ t)=0 \end{cases} \tag{3-37}$$

式中，x_c 为柔性轴卡盘坐标位置；x_w 为顶尖铰支端坐标位置。

引入边界条件，则变换矩阵为

$$\begin{bmatrix} a_1 \\ a_2 \\ \vdots \\ a_{Np} \end{bmatrix} = \begin{bmatrix} T_{a1} \\ I \end{bmatrix} \begin{bmatrix} a_4 \\ a_5 \\ \vdots \\ a_{Np} \end{bmatrix} = T_a[\,a_d\,]$$

$$\begin{bmatrix} b_1 \\ b_2 \\ \vdots \\ b_{Np} \end{bmatrix} = \begin{bmatrix} T_{b1} \\ I \end{bmatrix} \begin{bmatrix} b_4 \\ b_5 \\ \vdots \\ b_{Np} \end{bmatrix} = T_b[\,b_d\,] \tag{3-38}$$

$$\begin{bmatrix} c_1 \\ c_2 \\ \vdots \\ c_{Np} \end{bmatrix} = \begin{bmatrix} \boldsymbol{T}_{c1} \\ \boldsymbol{I} \end{bmatrix} \begin{bmatrix} c_3 \\ c_4 \\ \vdots \\ c_{Np} \end{bmatrix} = \boldsymbol{T}_c [\, c_d \,]$$

式中,

$$\boldsymbol{T}_{a1} = - \begin{bmatrix} 1 & x_w & x_w^2 \\ 1 & x_c & x_c^2 \\ 0 & 1 & 2x_c \end{bmatrix}^{-1} \begin{bmatrix} x_w^3 & x_w^4 & \cdots & x_w^{Np-1} \\ x_c^3 & x_c^4 & \cdots & x_c^{Np-1} \\ 3x_c^2 & 4x_c^3 & \cdots & (Np-1)x_c^{Np-2} \end{bmatrix}$$

$$\boldsymbol{T}_{b1} = - \begin{bmatrix} 1 & x_w & x_w^2 \\ 1 & x_c & x_c^2 \\ 0 & 1 & 2x_c \end{bmatrix}^{-1} \begin{bmatrix} x_w^3 & x_w^4 & \cdots & x_w^{Np-1} \\ x_c^3 & x_c^4 & \cdots & x_c^{Np-1} \\ 3x_c^2 & 4x_c^3 & \cdots & (Np-1)x_c^{Np-2} \end{bmatrix}$$

$$\boldsymbol{T}_{c1} = - \begin{bmatrix} 1 & x_c \\ 0 & 1 \end{bmatrix}^{-1} \begin{bmatrix} x_c^2 & x_c^3 & \cdots & x_c^{Np-1} \\ 2x_c & 3x_c^2 & \cdots & (Np-1)x_c^{Np-2} \end{bmatrix}$$

通过计算可以得到相应的 $\boldsymbol{T}_a$、$\boldsymbol{T}_b$、$\boldsymbol{T}_c$。丝杠干切系统的广义坐标向量可变换为

$$\begin{bmatrix} a \\ b \\ c \end{bmatrix} = \begin{bmatrix} \boldsymbol{T}_a & 0 & 0 \\ 0 & \boldsymbol{T}_b & 0 \\ 0 & 0 & \boldsymbol{T}_c \end{bmatrix} \begin{bmatrix} a_d \\ b_d \\ c_d \end{bmatrix} = \boldsymbol{T} \begin{bmatrix} a_d \\ b_d \\ c_d \end{bmatrix} \tag{3-39}$$

式中,$\boldsymbol{T}$ 为引入边界条件的变换矩阵。

设 $\boldsymbol{q}_d^{\mathrm{T}} = [\, a_d, \ b_d, \ c_d \,]$,则引入边界条件后的丝杠干切系统动力学方程可表示为

$$\boldsymbol{T}^{\mathrm{T}} \boldsymbol{M} \boldsymbol{T} \ddot{\boldsymbol{q}}_d + \boldsymbol{T}^{\mathrm{T}} \boldsymbol{C} \boldsymbol{T} \dot{\boldsymbol{q}}_d + \boldsymbol{T}^{\mathrm{T}} \boldsymbol{K} \boldsymbol{T} \boldsymbol{q}_d = \boldsymbol{T}^{\mathrm{T}} \hat{\boldsymbol{F}}$$

即

$$\boldsymbol{M}^* \ddot{\boldsymbol{q}}_d + \boldsymbol{C}^* \dot{\boldsymbol{q}}_d + \boldsymbol{K}^* \boldsymbol{q}_d = \vec{\boldsymbol{F}} \tag{3-40}$$

式中,$\begin{cases} \boldsymbol{M}^* = \boldsymbol{T}^{\mathrm{T}} \boldsymbol{M} \boldsymbol{T} \\ \boldsymbol{C}^* = \boldsymbol{T}^{\mathrm{T}} \boldsymbol{C} \boldsymbol{T} \\ \boldsymbol{K}^* = \boldsymbol{T}^{\mathrm{T}} \boldsymbol{K} \boldsymbol{T} \\ \vec{\boldsymbol{F}} = \boldsymbol{T}^{\mathrm{T}} \hat{\boldsymbol{F}} \end{cases}$

▷▷ 3.2.3 变激励、变约束下的系统动态特性分析

切削点处的动态响应不仅影响机床和刀具的使用寿命,而且直接影响加工

过程中的材料去除率、加工效率以及零件加工后的表面质量，因此本小节针对切削点分析其加工过程中的动态响应。首先基于 MATLAB/Simulink 模块进行数值仿真，求解切削点处的振动位移，研究丝杠工件加工全长的动态响应特性，并通过试验验证仿真模型的准确性。进而分析浮动支承个数和布局位置，以及浮动支承刚度和抱紧刚度对大型丝杠加工动态响应的影响规律，并进行优化研究。需要注意的是，丝杠旋铣过程中的振动响应是由切削系统的固有频率和切削力的激振频率共同决定的，虽然高速硬态切削刀具的激振频率理论上远高于切削系统的固有频率，但在实际分析过程中，仍需要避免由于切削频率和切削系统固有频率相近而引起共振，进而导致丝杠工件加工质量急剧下降的问题。

▶▶ 1. 系统的动态响应求解

对于前文所述的二阶常微分动力学方程，中心差分法和直接积分法是两种比较常用的数值计算方法，其中直接积分法迭代速度快、效率高，最具代表性的 Runge-Kutta 变步长法能够很好地求解一阶微分方程。本小节将通过引入变量 $\boldsymbol{y}^{\mathrm{T}} = [q_d,\ \dot{q}_d]$（初始值为 0），将二阶常微分动力学方程转变为一阶常微分动力学方程式。

$$\dot{\boldsymbol{y}} = \boldsymbol{A}\boldsymbol{y} + \boldsymbol{Q} \tag{3-41}$$

式中，$\boldsymbol{A} = \begin{bmatrix} 0 & \boldsymbol{I} \\ -[\boldsymbol{M}^*]^{-1}\boldsymbol{K}^* & -[\boldsymbol{M}^*]^{-1}\boldsymbol{C}^* \end{bmatrix}$；$\boldsymbol{Q} = \begin{bmatrix} 0 \\ [\boldsymbol{M}^*]^{-1}\boldsymbol{F} \end{bmatrix}$。

由于建立动力学模型时选择的是模态振型函数，因此在动力学求解过程中模态数的选择将直接影响仿真结果的准确性，不当的模态数将导致动态响应特性计算结果失真。经查阅国内外大型细长轴类零件相关的研究成果，并结合本课题组的研究，将模态数确定为 $N = 12$。大型丝杠硬态旋铣工艺系统动力学模型中各参数值见表 3-4。

表 3-4　动力学模型中各参数值

参　数	参 数 值	参　数	参 数 值
l	8 m	E	207 GPa
d	100 mm	n_z	6
ρ	7850 kg/m³	x_c	8 m
Ω	0.16 rad/s	x_w	0 m
x_i^f	$(8/n_f) * i$	$k_w^f = k_v^f$	6×10^5 N/m
x_j^b	$x_p \pm 0.25$	$k_v^b = k_w^b$	1×10^6 N/m

以汉江机床八米丝杠硬旋铣机床为研究对象，其在旋铣加工过程中使用随动抱紧装置以及多个浮动支承装置来辅助装夹工件棒料。浮动支承装置均匀布置在 2 m、4 m、6 m 三个位置，如图 3-21 所示，随动抱紧装置始终在刀具切削点 x_p 的左右两侧，根据实际情况，设其在切削点左右两侧的距离各为 0.25 m。当随动抱紧装置随切削点的移动而靠近浮动支承装置时，浮动支承装置自动下降，在随动抱紧装置移开后再自动上升。本分析中暂不考虑左右抱紧装置张开的情况，则丝杠全长动态响应情况可分为七个子段进行分析，其支承装夹约束条件略有不同，具体见表 3-5。

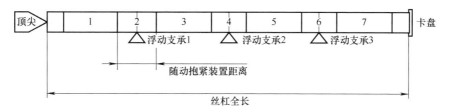

图 3-21 大型丝杠工件全长加工示意图

表 3-5 大型丝杠硬态旋铣系统全长的支承装夹约束条件

段号	加工长度/m	支承约束条件
1	0.50~1.75	浮动支承均未下降（跨距 1）
2	1.75~2.25	浮动支承 1 下降，其他浮动支承不变
3	2.25~3.75	浮动支承均未下降（跨距 2）
4	3.75~4.25	浮动支承 2 下降，其他浮动支承不变
5	4.25~5.75	浮动支承均未下降（跨距 3）
6	5.75~6.25	浮动支承 3 下降，其他浮动支承不变
7	6.25~7.50	浮动支承均未下降（跨距 4）

如上所述，当浮动支承个数为 3 时，以切削点分别在 $x=3$ m（浮动支承均未下降）及 $x=4$ m（工件中部位置，浮动支承 2 下降，其他浮动支承不变）处为例，设置切削时间为 1 s，基于 MATLAB/Simulink 编程并求解，仿真得到的丝杠干切系统的振动响应曲线如图 3-22 所示。

从图中可以发现，因为切削力具有周期性变幅值特点，所以其振动响应也具有周期性变幅值趋势。当切削点在 $x=4$ m 处，z 方向的横向振动最大，为 2.78×10^{-5} m，y 方向最大振动值为 0.97×10^{-5} m，x 方向的轴向振动最大值为 2.90×10^{-7} m，几乎可以忽略；当切削点在 $x=3$ m 处，z 方向的横向振动为 1.69×10^{-5} m，y 方向最大振动值为 0.59×10^{-5} m，x 方向的轴向振动最大值为

$2.36×10^{-7}$ m，几乎可以忽略。通过比较可知，当切削点在 $x=3$ m 处的振动响应明显大于在 $x=4$ m 处的振动响应。可见，由于浮动支承的升降导致约束条件的改变，对系统振动响应的影响较为明显；另外，两者 x 方向的轴向振动响应远小于其他两轴的振动响应。因此后文中将主要对 y、z 方向的振动响应进行分析，并且 y、z 方向振动响应幅值比与 y、z 方向输入的切削力比基本一致。

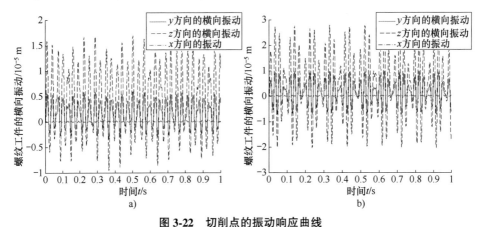

图 3-22　切削点的振动响应曲线

a）切削点在 $x=3$ m 处　　b）切削点在 $x=4$ m 处

▶▶ 2. 系统在多点动态约束下的动态响应特性分析

（1）丝杠加工全长动态响应特性分析　大型丝杠硬态旋铣系统的支承装夹约束条件随着全长不同加工位置的变化情况较为复杂，浮动支承、抱紧刚度等约束条件的改变将直接影响丝杠干切系统的动态响应特性。因此，不能仅仅简单地分析某个关键位置处的动态响应情况，而需紧密结合时变断续冲击和多点动态变约束条件的特殊性，分析在移动切削力作用下，丝杠全长加工过程中的动态响应情况，找出整个加工过程中振动响应较大的部位（即系统的薄弱环节）。本节研究的八米大型丝杠系统的有效加工区间为 0.5~7.5 m，因此主要研究轴向 1~7 m 区域内加工过程中的动态响应特性。这里选取浮动支承加工全长过程中的 30 个位置进行分析，当浮动支承个数为 3 时，切削点从 1~7 m 的 y、z 方向振动响应如图 3-23 所示。

由图可知，AB 之间的距离（即两侧抱紧装置的距离）大约为 0.5 m，在这段区域内浮动支承下降，其振动响应明显增大。即在 A、C、E 三点由于浮动支承下降，切削点处的振动响应明显增大，而在 B、D、F 三点由于浮动支承上升，振动响应随之减小。其原因是浮动支承的下降，系统的支承约束减弱导致整体的刚性减小，从而振动响应增大。由此可见，浮动支承的升降将直接导致丝杠工件振动响应的突变。在浮动支承下降区域（*AB* 段、*CD* 段和 *EF* 段）其振动响应明显高于其他区域，而在这三个区域中 z 方向振动响应基本稳定在 4.5×10^{-5} m 左右，y 方向振动响应基本稳定在 1.8×10^{-5} m 左右。另外，从图中可知靠近顶尖部位的振动响应整体要大于靠近卡盘部位，其原因是顶尖部位约束较弱，所起到的减振效果有限。由此可见，在靠近左端顶尖约束的位置，浮动支承对减振的作用尤为重要，可考虑减小靠近顶尖部位的跨距或者增加相应的抑振措施。

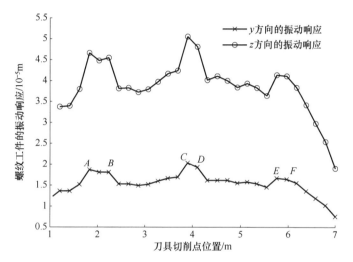

图 **3-23**　均匀布局条件下切削工件全长的动态响应

（2）均匀布局条件下浮动支承个数的影响规律分析　大型丝杠属于细长轴类零件，长径比大、刚性较弱，为提高大型丝杠硬态旋铣系统的刚性，减小加工过程中的振动响应，通常在加工过程中设置浮动支承以增加支承约束来减小跨距、提高刚性。因此，系统加工过程中浮动支承的升降将直接导致系统约束条件的动态变化，另外，浮动支承个数也将直接影响其跨距。尽管浮动支承的设置可以在增加系统刚性的同时弥补加工跨距大的弊端，但浮动支承个数过多会导致旋铣加工系统复杂化及工件系统过定位问题，还有可能降低工件的加工质量及刀具使用寿命，过多的浮动支承也会增加相应的成本。而浮动支承个数过少则会导致系统刚性不足、振动响应剧烈，最终影响工件加工质量，严重的可能会导致工件报废。因此，选择合理的浮动支承个数至关重要。

由于大型丝杠加工的有效长度约为 7 m，而抱紧装置的尺寸空间约为 0.5 m，因此主要对浮动支承个数为 0~5 个这六种情况进行分析。从上文切削点振动响应可以看出轴向振动响应较小，对加工质量影响也较小，而周向（z）和径向

(y) 振动位移虽然不同，但是其变化规律相同，因此在分析过程中提取振动响应较大的 z 向数值。不同浮动支承个数下的丝杠加工全长动态响应特性如图 3-24 所示。

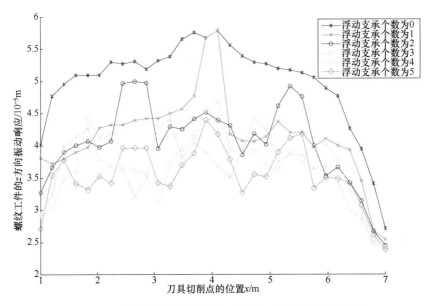

图 3-24 不同浮动支承个数下的丝杠加工全长动态响应特性

由图可知，当浮动支承个数为 0 时，丝杠加工全长的振动响应最大，刀具切削点在 $x=4$ m 附近达到最大值，其原因是中间部分挠度较大，因此振动响应会明显大于两端。当浮动支承个数为 1 时，其安装于刀具切削点在 $x=4$ m 处，从图中可以看出，在 4 m 左右 0.25 m 处的振动响应明显增大，这是浮动支承下降所导致的，而在浮动支承上升状态，其相当于两个四米丝杠的加工，呈现弧状振动响应，与浮动支承为 0 的曲线类似。当浮动支承个数为 2 时，整个加工系统相当于三段，由于浮动支承的下降，在 2.66 m 及 5.33 m 的左右 0.25 m 处振动响应明显增大，并且左侧浮动支承下降时振动响应大于右侧，这是其支承装夹条件所决定的。当浮动支承个数为 3 时，浮动支承的升降仍有比较直观的影响，在刀具切削点位置分别为 2 m、4 m 及 6 m 处由于浮动支承下降，其振动响应仍大于其他位置，但其幅度已明显小于前三种情况。当浮动支承个数为 4 时，从图中可以发现，只有前三个浮动支承的升降会导致振动响应明显变化，而第四个浮动支承升降导致的振动响应变化不明显，这是由于第四个浮动支承靠近卡盘，而卡盘的支承装夹情况较好，并且在浮动支承上升区域其振动响应与浮动支承个数为 3 时几乎一致；当浮动支承个数为 5 时，可以发现浮动支承的升降对整个加工过程的动态响应影响与浮动支承为 4 个时的情况并没有太大区别，由此可见继续增大浮动支承对减小整个加工过程的振动响应意义已经不大。需要特别指出的是，无论浮动支承个数为多少，全长动态响应均呈现"左大右小"趋势，出现这个现象的原因是丝杠工件左端是顶尖约束，右端是卡盘约束，由于顶尖约束主要是轴向约束，对径向的约束较小，因此全长动态响应靠近左端部位会明显大于右端。针对这种情况，有必要在下文研究浮动支承非均匀布局时，考虑减小靠近左端顶尖部位的浮动支承的距离。为了更加直观地反映浮动支承个数的影响规律，提取上述六种情况下丝杠加工全长动态响应的幅值进行比较分析，其变化规律如图 3-25 所示。

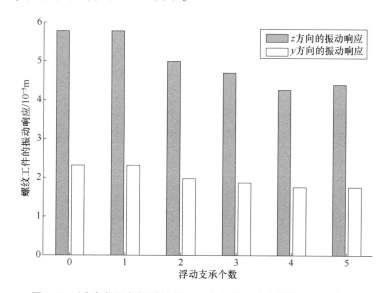

图 3-25 浮动支承个数对丝杠加工全长动态响应幅值的影响规律

由图可知，随着浮动支承个数增加，其振动响应幅值减小，当浮动支承个数为 4 时，振动响应幅值最小。需要指出的是，当浮动支承个数为 5 时，其振动响应开始小幅度增大，这可能是由于浮动支承个数过多，工件系统出现过定位，使得其振动响应不降反升。并且从图中可以看出，当浮动支承个数为 3 时的最大振动响应比浮动支承个数为 4 时略大，而结合全长动态响应情况，在浮动支承下降区域，两者振动响应相差无几。因此，从理论上来说，对于加工 8 米丝杠硬旋铣机床而言，浮动支承均匀布局条件下，当浮动支承个数为 4 时最佳，为 3 时次之，然而考虑到经济成本及降低加工系统的复杂性，实际生产中更倾向于选择 3 个浮动支承。

▶ 3. 试验与仿真对比分析

依据 4.4.1 小节的试验方案，并使试验时的工艺参数值与仿真参数值一致，提取旋铣八米丝杠时全长不同约束状态下铣刀盘处采集的振动加速度信号进行分析。由于仿真参数值结果为振动位移，而试验测得的为振动加速度，为了方便对比分析，通过 MATLAB 软件将振动加速度经过积分变换转换为振动位移。不同支承装夹约束条件下的振动位移见表 3-6，不同加工位置的试验振动响应曲线如图 3-26 所示。

表 3-6　不同支承装夹约束条件下的振动位移

位置/m	支承装夹约束状态	y 方向振动位移/m	z 方向振动位移/m
0.52	左抱紧装置张开	2.59×10^{-5}	5.90×10^{-5}
0.745	正常约束	1.77×10^{-5}	3.34×10^{-5}
1.821	浮动支承 1 下降	2.10×10^{-5}	4.51×10^{-5}
2.974	正常约束	1.86×10^{-5}	3.74×10^{-5}
3.729	浮动支承 2 下降	2.01×10^{-5}	4.35×10^{-5}
4.834	正常约束	1.66×10^{-5}	3.84×10^{-5}
5.775	浮动支承 3 下降	2.02×10^{-5}	4.18×10^{-5}
7.123	正常约束	2.19×10^{-5}	4.25×10^{-5}
7.55	右抱紧装置张开	2.26×10^{-5}	4.08×10^{-5}

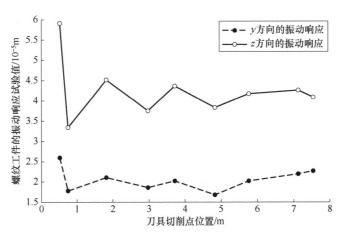

图 3-26　不同加工位置的试验振动响应曲线

从图中可以看出，y、z 方向的振动响应试验值具有相似的变化规律，在左端位置，由于顶尖约束较少，加上左抱紧装置张开，其振动响应明显大于丝杠其他加工位置，可考虑在此位置增加相应的抑振措施；在刀具切削点位置分别为 2m、4m、6 m 附近由于浮动支承的下降，导致其振动响应增大。可见，浮动支承的确对丝杠干切系统的振动响应产生显著影响。

为了验证所建立的动力学模型的准确性，在试验值所在位置进行仿真求解，由于 y、z 方向的振动响应规律相同，这里提取 z 方向的振动响应进行分析，试验值与仿真值的对比见表 3-7 及图 3-27 所示。

表 3-7   振动响应试验值与仿真值的对比

位置/m	支承约束状态	z 方向振动位移试验值/m	z 方向振动位移仿真值/m	误差
0.745	正常约束	3.34×10^{-5}	3.06×10^{-5}	8.4%
1.821	浮动支承 1 下降	4.51×10^{-5}	4.41×10^{-5}	2.2%
2.974	正常约束	3.74×10^{-5}	3.55×10^{-5}	5.1%
3.729	浮动支承 2 下降	4.35×10^{-5}	4.10×10^{-5}	5.7%
4.834	正常约束	3.84×10^{-5}	3.78×10^{-5}	1.6%
5.775	浮动支承 3 下降	4.18×10^{-5}	4.03×10^{-5}	3.8%
7.123	正常约束	3.25×10^{-5}	3.03×10^{-5}	6.8%

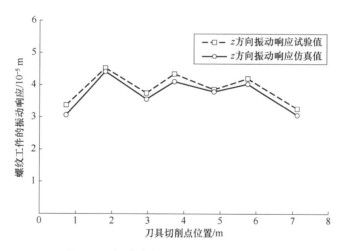

图 3-27   振动响应试验值与仿真值的对比

从图中可以看出，试验结果与仿真结果趋势一致，误差小于 10%，验证了本章所建立的丝杠干切系统仿真模型的准确性，仿真模型可用于后文的优化分析。通过分析可知，振动响应位移随着支承装夹约束条件的改变而改变，浮动支承的升降对系统的振动响应影响显著。因此，需要优化浮动支承布局，以解决浮动支承下降导致的系统振动响应过大的问题。

▶ 3.2.4 系统动态响应特性优化

大型丝杠硬态旋铣系统的动态响应是一个多因素耦合的过程,受到浮动支承刚度、位置、个数,随动抱紧装置的抱紧刚度、阻尼以及时变断续冲击的切削力等多个因素的影响,加工过程中的振动响应是其综合作用的结果。

▶ 1. 抱紧刚度对丝杠干切系统动态响应的影响分析

为减小丝杠加工过程中的振动,通常在刀盘两侧安装随动抱紧装置,并设定合适的抱紧力,以提高丝杠干切系统的刚性,进而提升加工质量。特别是在浮动支承下降区域,整个系统的约束减弱,刚性变小,此时抱紧装置的抱紧力(或抱紧刚度)的大小将更明显地影响系统的加工特性。抱紧刚度越大,系统刚性越好,但若抱紧刚度过大则会导致工件装夹变形过大,甚至工件棒料难以正常转动。因此,过大或过小的抱紧刚度都将导致工件加工质量下降,严重的还将导致工件报废,选择合适的抱紧刚度至关重要。本小节将重点研究抱紧刚度对整个加工系统动态响应特性的影响。以汉江机床八米丝杠旋铣机床为例,浮动支承个数为 3,并保持浮动支承刚度和跨距等参数不变,提取丝杠工件中部(刀具切削点位置为 $x = 4$ m)的最大振动响应值进行分析,抱紧刚度对系统动态响应的影响如图 3-28 所示。

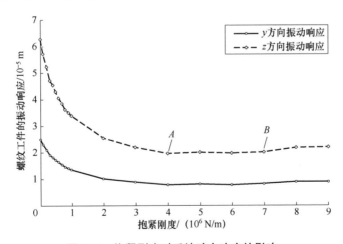

图 3-28 抱紧刚度对系统动态响应的影响

由图可知,当系统中抱紧刚度为 0 时(即不使用抱紧装置),丝杠旋铣系统的振动响应较大,y 方向振动位移为 2.51×10^{-5} m,z 方向振动位移为 6.28×10^{-5} m。显然,系统振动响应随着系统抱紧刚度的增加而减小,但当抱紧刚度达到一定值后,系统振动响应的变化量很小,几乎可以忽略,此时通过增大抱紧刚度来减小系统振动响应的意义不大。图中 AB 段的系统振动响应基本维持不变，与不使用抱紧装置相比，系统的振动响应降低约 63%。由此可见，抱紧装置对高精度丝杠的加工至关重要。继续增大抱紧刚度，系统振动响应反而略微上升，这也印证了前文的分析。可见，抱紧刚度约为 $6×10^6$ N/m 时，干切系统的振动响应达到最小值，将有利于提高丝杠工件的加工质量。

▶▶ 2. 浮动支承刚度对丝杠干切系统动态响应的影响分析

相比于较浮动支承个数及位置对加工系统振动响应的影响，浮动支承刚度对它的影响虽然相对较小，但也不可忽视。选择合理的浮动支承刚度，有助于减小系统的振动响应，提高加工质量。从理论上来说，浮动支承刚度越大，整个系统的支承刚性越好，振动响应也应越小。然而，在实际加工过程中，当浮动支承刚度达到一定数值后，继续提升其刚度对振动响应影响较小甚至没有影响，另外需要注意的是浮动支承刚度设置不当可能会导致系统共振。为了研究浮动支承刚度对干切系统的影响规律，以均匀分布 3 个浮动支承为例，仿真求解不同浮动支承刚度值时，刀具切削点位置为 $x = 4$ m 处的振动响应幅值。丝杠工件随浮动支承刚度变化的振动响应曲线如图 3-29 所示。

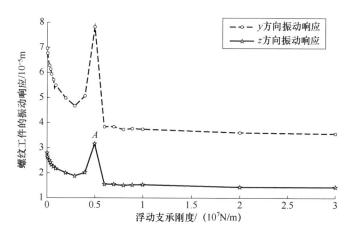

图 3-29 丝杠工件随浮动支承刚度变化的振动响应曲线

从图中可以看出，丝杠工件的振动响应整体随浮动支承刚度的增大而减小，并且当刚度达到一定数值（约为 $1×10^7$ N/m）后，刚度的增加对系统振动响应影响甚微。需要指出的是，图中 A 处的峰值显然是不符合变化规律的。为了进一步研究它的振动响应情况，针对浮动支承刚度为 $0.5×10^7$ N/m 时，作出其振动响应曲线，如图 3-30 所示。

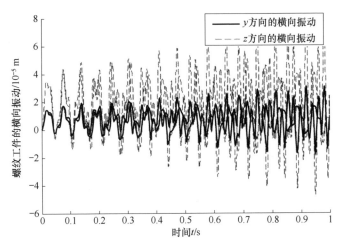

图 3-30　浮动支承刚度为 $0.5×10^7$ N/m 时丝杠工件的振动响应曲线

从图中可以看出，显然其振动位移不收敛，随着时间推移，其振动位移会持续增大。这说明在此刚度值附近，由于切削频率与机床系统固有频率相近或者相同，干切系统发生了共振现象，实际加工过程中需要尽可能避免这种现象的发生。

在本例中，当浮动支承刚度设为 $1×10^7$ N/m 时，与不使用浮动支承相比，干切系统的振动响应下降了约 45%，可见浮动支承对于系统振动响应的影响意义重大。对于其他浮动支承个数以及不同的支承装夹约束条件，需要具体情况具体分析，方法与本节类似。

▷▷ 3. 浮动支承非均匀布局下的系统动态响应优化

3.2.3 小节研究了浮动支承个数对系统动态响应特性的影响规律，经分析可知，对于八米丝杠硬态旋铣机床而言，浮动支承个数为 3 个或者 4 个时，丝杠硬态旋铣系统的振动响应相对最小，综合经济效益考虑，浮动支承个数为 3 个时最优。然而，浮动支承的均匀布局只是一种简单传统的布局方式，考虑到大型丝杠的装夹方式为卡盘-顶尖约束，两端约束并非对称分布，顶尖部位约束明显较少，均匀布局条件下的丝杠全长动态响应幅值呈现"左大右小"（即靠近顶尖部位的振动响应更大）的趋势。因此，有必要研究浮动支承非均匀布局条件下的系统动态响应情况，需要特别考虑顶尖附近振动响应较大的特点，提出非均匀布局情况下的优化方案，以期提升加工质量及刀具使用寿命。

本节使用遗传算法进行浮动支承的布局优化。首先确定系统响应的优化目标参数，这里以设置切削点处 z 方向的变形挠度为优化目标。由前文分析可知，在均匀布局条件下，浮动支承个数为 3 时，系统最大振动响应发生在刀具切削点位置为 $x = 4$ m 处左右，本小节以该位置的最大振动响应值作为优化目标，并设置目标函数，利用遗传算法对系统振动响应进行优化，寻求该位置最小振动响应幅值所对应的浮动支承布局方案。

然后要确定独立变量个数。对于均匀布局条件下浮动支承个数为 3 时，其独立变量个数为 3，分别对应于浮动支承的安装位置，设其位置坐标为 x_i，矩阵表示为 $\boldsymbol{x} = [x_1, x_2, x_3]$。对 x_i 须确定其约束条件，考虑到两个随动抱紧装置之间的距离约为 0.5 m，为了保证在旋铣加工的过程中不会发生两个或两个以上浮动支承装置同时下降的情况，两个浮动支承之间的距离必须大于 0.5 m。在实际旋铣加工过程中，有效螺纹加工区域为 0.5 ~ 7.5 m，结合全长动态响应幅值具有"左大右小"的特点，设定其约束条件为

$$\begin{cases} 1 < x_1 < 3 \\ 3 < x_2 < 5 \\ 5 < x_3 < 7 \end{cases}, \text{且} \begin{cases} x_3 - x_2 > 0.5 \\ x_2 - x_1 > 0.5 \end{cases}$$

遗传算法的种群迭代次数将直接影响算法的精确度。一般来说，迭代次数越高，其优化结果越准确，然而迭代次数的增加也会导致计算时间的增大，并且，当迭代次数达到一定数值后，其优化结果变化相对较小。这里设置种群迭代次数分别为 10、20、30、40、50，不同种群迭代次数下的最优位置及振动响应见表 3-8。图 3-31 所示为种群迭代次数分别为 40 和 50 适应度曲线（目标函数）的最优值和平均值，由图可知，当种群迭代次数达到 50 以后，最优值和平均值已非常接近。

表 3-8　不同种群迭代次数下的最优位置及振动响应

种群迭代次数	x_1/m	x_2/m	x_3/m	$z_{\max}/\mathrm{m}$
10	1.537	3.589	5.539	3.29×10^{-5}
20	1.569	3.572	5.603	3.31×10^{-5}
30	1.589	3.620	5.582	3.28×10^{-5}
40	1.641	3.624	5.651	3.29×10^{-5}
50	1.546	3.608	5.531	3.27×10^{-5}

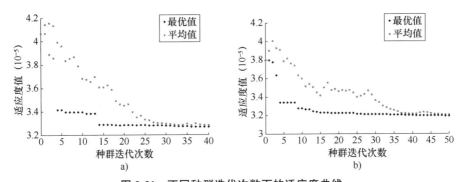

图 3-31　不同种群迭代次数下的适应度曲线

a）种群迭代次数为 40　b）种群迭代次数为 50

为了对比优化前后的振动响应变化，提取优化前后的全长振动响应幅值，如图 3-32 所示。

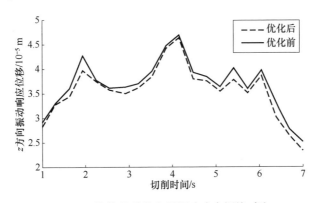

图 3-32　优化前后的全长振动响应幅值对比

由图可知，优化后的全长振动响应幅值低于优化前的全长振动响应幅前，最大可降低 9%。由此可见，该浮动支承布局优化方案可有效地减少丝杠加工全长的振动幅值，提升加工质量。

对于浮动支承个数为 4 的情况，与分析浮动支承个数为 3 的方法相同，独立变量个数为 4，可调用 MATLAB 遗传算法工具箱进行优化，在此不再赘述。

3.3　丝杠旋铣切削热建模与分析

▷ 3.3.1　丝杠旋铣干切的时变热源建模

在丝杠旋铣干切加工过程中，切削加工区域的时变热源建模主要包括对剪切热源与刀屑摩擦热源的建模。由于在切削加工过程中，时变热源的大小主要由加工过程中未变形切屑几何特性决定。因此，本小节在未变形切屑几何特性分析的基础上，对切削加工区域的剪切热源与刀屑摩擦热源分别进行特性建模。

在对丝杠旋铣干切加工的温度场建模过程中，引入以下约束条件。

1）在对切削温度场建模时，忽略多刀渐进成形时非切削时间的散热问题，只考虑切削时间内的温度分布情况。

2）GCr15 工件材料的传热系数等物理特性参考 Pawar 等人所采用的定值，不考虑由温度变化而引起材料传热系数等物理特性的变化。

3）针对丝杠旋铣干切加工过程中单把刀具在一个切削周期内的温度场进行建模分析，暂不考虑由切削周期所引起的热量累积对切削温度场的影响问题。

▶▶ 1. 剪切热源特性建模

在丝杠断续切削加工过程中，剪切热源位于第一变形区，由切屑塑性变形产生。剪切热源是工件与切屑产生温升的主要原因，其大小直接影响温度的变化情况。对剪切热源特性的分析主要包括对热源宽度与热源面积的建模，热源宽度主要由未变形切屑厚度决定，热源面积主要由未变形切屑厚度和刀具圆弧半径决定。第一变形区中剪切热源分析如图 3-33 所示，线段 AB 为剪切热源，$H(\theta)$ 为未变形切屑厚度，ϕ 为剪切角。为了便于对剪切热源特性进行建模，根据丝杠工件断续切削加工过程中未变形切屑厚度的变化情况，将刀具完成一次切削加工过程分为两个切削阶段。将刀具开始切入工件到未变形切屑厚度达到最大值这一阶段定义为第一切削阶段，将剩下的切削加工过程定义为第二切削阶段。

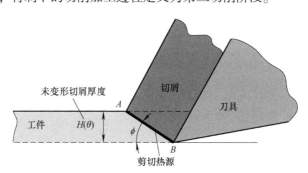

图 3-33　第一变形区中剪切热源分析

丝杠工件断续切削加工过程中，第一切削阶段剪切热源宽度 L_1 与第二切削阶段剪切热源宽度 L_2 的模型见式（3-42）和式（3-43）。如图 3-33 所示，第一变形区剪切热源在工件轴向上的投影为最大未变形切屑厚度。因此，可以通过对最大未变形切屑厚度的转换获取剪切热源宽度。在丝杠工件断续切削加工过程的第一与第二切削阶段中，最大未变形切屑厚度是动态变化的，随着刀盘转角的变化而呈现出先递增后递减的趋势。此外，剪切角也发生瞬时变化。因此，剪切热源宽度具有时变特性。

$$L_1 = \frac{H_1(\theta)}{\sin\phi} = \frac{\sqrt{[y_1(\Delta + \theta) - y_2(\Delta + \theta)]^2 + [z_1(\Delta + \theta) - z_2(\Delta + \theta)]^2}}{\sin\phi}$$

$$(3\text{-}42)$$

$$L_2 = \frac{H_2(\theta)}{\sin\phi} = \frac{\sqrt{[y_3(\Delta + \theta) - y_2(\Delta + \theta)]^2 + [z_3(\Delta + \theta) - z_2(\Delta + \theta)]^2}}{\sin\phi}$$

$$(3\text{-}43)$$

式中，ϕ 为剪切角；Δ 为刀具切入工件的初始角度；θ 为第 $n+1$ 刀切削过程中，从第 $n+1$ 刀切入工件到任意切削位置时刀盘旋转的角度；$(y_1(\Delta + \theta), z_1(\Delta + \theta))$ 为辅助线 l_{n+1} 与工件外圆的交点；$(y_2(\Delta + \theta), z_2(\Delta + \theta))$ 为辅助线 l_{n+1} 与第 $n+1$ 刀刀具路径的交点；$(y_3(\Delta + \theta), z_3(\Delta + \theta))$ 为辅助线 l_{n+1} 与第 n 刀刀具路径的交点。

剪切角 ϕ 表示为

$$\phi = \frac{\pi}{4} - \frac{1}{2}(\beta - \alpha) \tag{3-44}$$

式中，α 为前角（在切削加工过程中取定值，在丝杠工件断续切削加工过程中取 $\alpha = 0$）；β 为前刀面与切屑间的摩擦角，它表示为

$$\beta = \arctan\mu \tag{3-45}$$

式中，μ 为摩擦系数，它表示为

$$\mu = \frac{F_t + F_r \tan\alpha}{F_r - F_t \tan\alpha} \tag{3-46}$$

式中，F_t 为切向切削力；F_r 为径向切削力。

对未变形切屑的几何特性分析，建立丝杠工件断续切削加工过程中第一切削阶段剪切热源面积 A_{s1} 与第二切削阶段剪切热源面积 A_{s2} 的模型，见式（3-47）和式（3-48）。第一变形区剪切热源面积根据未变形切屑横截面面积建立，而未变形切屑横截面面积是剪切热源面积在工件轴向上的投影。

$$A_{s1} = \frac{S_1(\theta)}{\sin\phi} = \frac{r_{tool}^2(\rho_{x(n+1)} - \sin\rho_{x(n+1)})}{2\sin\phi} \tag{3-47}$$

$$A_{s2} = \frac{S_2(\theta)}{\sin\phi} = \frac{S_{n+1}(\theta) - S_n(\theta)}{\sin\phi} = \frac{r_{tool}^2(\rho_{x(n+1)} - \sin\rho_{x(n+1)}) - r_{tool}^2(\rho_{x(n)} - \sin\rho_{x(n)})}{2\sin\phi}$$

$$(3\text{-}48)$$

式中，A_{s1} 为第一切削阶段剪切热源面积；A_{s2} 为第二切削阶段剪切热源面积；ϕ 为

剪切角；$S_1(\theta)$ 为第一切削阶段最大未变形切屑横截面面积；$S_2(\theta)$ 为第二切削阶段最大未变形切屑横截面面积；r_{tool} 为单圆弧刀具圆弧半径；$\rho_{x(n)}$ 为第 n 刀切削过程中切削刃所对应的圆心角；$\rho_{x(n+1)}$ 为第 $n+1$ 刀切削过程中切削刃所对应的圆心角；$S_n(\theta)$ 为第 n 把刀具在第二切削阶段插入工件的面积；$S_{n+1}(\theta)$ 为第 $n+1$ 把刀具在第二切削阶段插入工件的面积。

2. 刀–屑摩擦热源特性建模

刀–屑接触区域位于第二变形区中刀屑摩擦热源区域，该区域决定了刀具与切屑的温度变化情况。刀–屑摩擦热源区域的大小主要由刀–屑接触面积决定，此外，刀–屑接触区域边界也会影响刀–屑摩擦热源区域的大小。在丝杠干式旋铣加工过程中，刀–屑摩擦热源模型的建立主要包括时变刀–屑接触面积建模与刀–屑接触区域边界建模。对时变刀–屑接触面积进行建模，主要用于分析刀–屑接触面处摩擦热源面积的变化状况，进而建立刀–屑摩擦热源模型。对刀–屑接触区域边界进行建模，主要用于分析切削加工区域中刀–屑摩擦热源的边界，进而确定刀–屑时变热源的边界。根据丝杠工件断续切削加工过程中未变形切屑厚度的变化情况，将刀具完成一次切削加工过程分为两个切削阶段，分别对刀–屑摩擦热源特性进行建模。

（1）第一切削阶段的刀–屑摩擦热源特性建模　图 3-34 所示为丝杠工件断续切削加工过程中第一切削阶段的刀–屑接触面积。其中，椭圆形区域中虚线以下的灰色区域为刀具与工件的接触区域，整个椭圆形灰色区域为刀–屑接触区域，该区域为刀–屑摩擦热源区域。在图 3-34 中，t_c 为刀具圆弧上任意一点处插入工件的深度；L_c 为刀具圆弧上任意一点处刀–屑接触长度；δ 为与切削刃边界相对应的刀具圆心角；w 为第 $n+1$ 刀切削过程中最大未变形切屑宽度。第二变形区中刀–屑摩擦热源的大小受刀–屑摩擦热源区域刀–屑接触长度与接触宽度的影响。

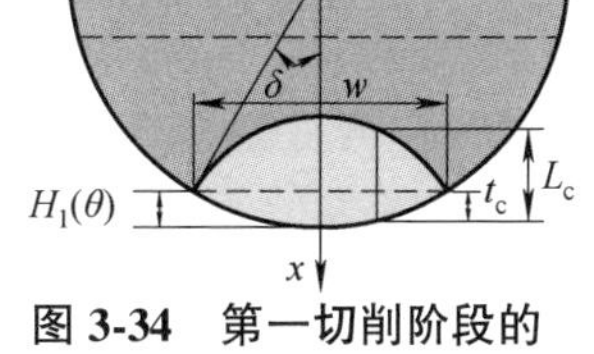

刀具圆弧上任意一点处刀–屑接触长度 L_c 为

$$L_c = \frac{2t_c\cos(\phi - \alpha)}{\sin\phi} \qquad (3-49)$$

图 3-34　第一切削阶段的刀–屑接触面积

式中，α 为前角；ϕ 为剪切角。

刀具圆弧上任意一点处插入工件的深度 t_c 为

$$t_c = r_{tool}\cos\delta - r_{tool} + H_1(\theta) \qquad (3-50)$$

式中，r_{tool} 为单圆弧刀具的圆弧半径。

根据工件断续切削加工过程中第一切削阶段的刀–屑接触几何特性，建立第 $n+1$ 刀切削过程中的刀–屑摩擦热源长度 $L_c(\delta)$ 和刀–屑摩擦热源面积 S_1 模型，分别见式（3-51）和式（3-52）。

$$L_c(\delta) = \frac{2[r_{tool}\cos\delta - r_{tool} + H_1(\theta)]\cos(\phi - \alpha)}{\sin\phi} \tag{3-51}$$

$$S_1 = \int_{\delta_{11}}^{\delta_{12}} w L_c(\delta)\,\mathrm{d}\delta \tag{3-52}$$

式中，δ_{11} 与 δ_{12} 为在第一切削阶段中，第 $n+1$ 刀切削过程中切削刃所对应的圆心角。

$$\delta_{11} = -\frac{\rho_{x(n+1)}}{2} \tag{3-53}$$

$$\delta_{12} = \frac{\rho_{x(n+1)}}{2} \tag{3-54}$$

在镜像热源理论基础上，提出了针对丝杠工件断续切削加工特点的刀-屑接触区域热源与镜像热源的模型，如图 3-35 所示，第二变形区中刀-屑摩擦热源大小与刀-屑摩擦热源的镜像热源大小相同，$f_1(x, y)$ 与 $f_2(x, y)$ 为刀-屑摩擦热源时变边界方程，$f_1'(x, y)$ 与 $f_2'(x, y)$ 为刀-屑摩擦热源的镜像热源时变边界方程，这些方程主要用于确定第一切削阶段中刀-屑摩擦热源的时变边界区域。

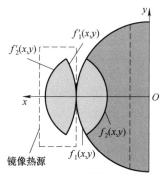

图 3-35　第一切削阶段刀-屑接触区域的热源模型

通过对刀具几何特性和刀-屑接触区域特性的分析，刀-屑接触区域的刀-屑摩擦热源时变边界方程为

$$\begin{cases} f_1(x, y) = \sqrt{r_{tool}^2 - y^2} \\ f_2(x, y) = \sqrt{r_{tool}^2 - y^2} - \dfrac{2[r_{tool}\cos\delta - r_{tool} + H_1(\theta)]\cos(\phi - \alpha)}{\sin\phi} \end{cases} \tag{3-55}$$

在刀-屑接触区域的刀-屑摩擦热源时变边界方程基础上，建立刀-屑摩擦热源的镜像热源时变边界方程为

$$\begin{cases} f_1'(x, y) = -\sqrt{r_{tool}^2 - y^2} + 2r_{tool} \\ f_2'(x, y) = -\sqrt{r_{tool}^2 - y^2} + \dfrac{2[r_{tool}\cos\delta - r_{tool} + H_1(\theta)]\cos(\phi - \alpha)}{\sin\phi} + 2r_{tool} \end{cases} \tag{3-56}$$

（2）第二切削阶段的刀-屑摩擦热源特性建模　刀-屑摩擦热源在丝杠工件断续切削加工过程中，第二切削阶段的刀-屑摩擦热源面积为一个难以分析的不

规则图形。因此，这里采用间接法对其进行分析，间接法是通过分析第 $n+1$ 刀和第 n 刀插入工件的刀–屑摩擦热源区域来实现的。如图 3-36 所示，为了分析第二切削阶段的刀–屑摩擦热源面积，可以通过对比 S_1（第 $n+1$ 刀插入工件的刀屑摩擦热源区域）与 S_1'（第 n 刀插入工件的刀屑摩擦热源区域）获得。

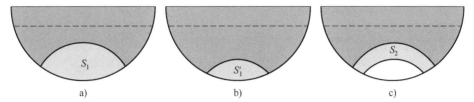

图 3-36　第二切削阶段的刀–屑摩擦热源区域分析

a）第 $n+1$ 刀插入工件的刀–屑摩擦热源区域　b）第 n 刀插入工件的刀–屑摩擦热源区域
c）第二切削阶段的刀–屑摩擦热源区域

在丝杠工件断续切削加工过程中，根据第二切削阶段的刀–屑摩擦热源区域分析和刀–屑接触区域的摩擦特性，第 $n+1$ 刀加工过程中的刀–屑摩擦热源区域 S_2 为

$$S_2 = S_1 - S_1' = \int_{\delta_{11}}^{\delta_{12}} wL_c(\delta)\ \mathrm{d}\delta - \int_{\delta_{21}'}^{\delta_{22}'} w'L_c'(\delta)\ \mathrm{d}\delta' \tag{3-57}$$

式中，δ_{21}' 与 δ_{22}' 为在第二切削阶段中，第 n 刀切削过程中切削刃所对应的圆心角；w' 为第 n 刀切削加工过程中最大未变形切屑宽度；$L_c'(\delta)$ 为第 n 刀切削加工过程中的刀–屑摩擦热源长度。

$$\delta_{21}' = -\frac{\rho_{x(n)}}{2} \tag{3-58}$$

$$\delta_{22}' = \frac{\rho_{x(n)}}{2} \tag{3-59}$$

$$w' = 2r_{\mathrm{tool}}\sin\left(\frac{\rho_{x(n)}}{2}\right) \tag{3-60}$$

$$L_c'(\delta) = \frac{2\left[r_{\mathrm{tool}}\cos\delta' - r_{\mathrm{tool}} + H_3(\theta)\right]\cos(\phi - \alpha)}{\sin\phi} \tag{3-61}$$

在丝杠工件断续切削加工的第二切削阶段，刀–屑摩擦热源面积如图 3-37 所示。由于第二切削阶段的刀–屑摩擦热源面积是一个不规则图形，为了便于建立热源边界方程，将其划分为三个部分。第一、第二和第三部分对应的刀具圆心角分别为 δ_1、δ_2 和 δ_3。

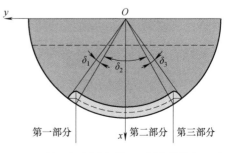

图 3-37　第二切削阶段的刀–屑摩擦热源面积

图 3-38 所示为丝杠工件断续切削时，第二切削阶段刀–屑接触区域的刀–屑摩擦热源模型，将刀–屑摩擦热源划分为三个部分，建立第二切削阶段的刀–屑摩擦热源时变边界方程，用于确定第二切削阶段的刀–屑摩擦热源的时变边界区域。

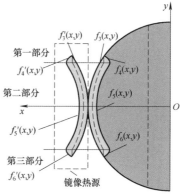

图 3-38　第二切削阶段刀–屑接触区域的刀–屑摩擦热源模型

根据刀具几何特性和第二切削阶段刀–屑接触区域的特性分析，可建立丝杠工件断续切削加工第二切削阶段的刀–屑摩擦热源时变边界方程 $f_3(x, y)$，$f_4(x, y)$，$f_5(x, y)$ 和 $f_6(x, y)$ 为

$$
\begin{cases}
f_3(x, y) = \sqrt{r_{\text{tool}}^2 - y^2} \\[2mm]
f_4(x, y) = \sqrt{r_{\text{tool}}^2 - y^2} - \dfrac{2\left(\sqrt{r_{\text{tool}}^2 - y^2} - r_{\text{tool}}\cos\dfrac{\rho_{x(n+1)}}{2}\right)\cos(\phi - \alpha)}{\sin\phi} \\[4mm]
f_5(x, y) = \sqrt{r_{\text{tool}}^2 - y^2} - \dfrac{2H_2(\theta)\cos(\phi - \alpha)}{\sin\phi} \\[4mm]
f_6(x, y) = \sqrt{r_{\text{tool}}^2 - y^2} - \dfrac{2\left(\sqrt{r_{\text{tool}}^2 - y^2} - r_{\text{tool}}\cos\dfrac{\rho_{x(n+1)}}{2}\right)\cos(\phi - \alpha)}{\sin\phi}
\end{cases}
$$

$$(3\text{-}62)$$

在第二切削阶段的刀–屑摩擦热源时变边界方程的基础上，建立第二切削阶段刀–屑摩擦热源的镜像热源的时变边界方程 $f_3'(x, y)$，$f_4'(x, y)$，$f_5'(x, y)$ 和 $f_6'(x, y)$ 为

$$
\begin{cases}
f_3'(x, y) = -\sqrt{r_{\text{tool}}^2 - y^2} + 2r_{\text{tool}} \\[2mm]
f_4'(x, y) = -\sqrt{r_{\text{tool}}^2 - y^2} + \dfrac{2\left(\sqrt{r_{\text{tool}}^2 - y^2} - r_{\text{tool}}\cos\dfrac{\rho_{x(n+1)}}{2}\right)\cos(\phi - \alpha)}{\sin\phi} + 2r_{\text{tool}} \\[4mm]
f_5'(x, y) = -\sqrt{r_{\text{tool}}^2 - y^2} + \dfrac{2H_2(\theta)\cos(\phi - \alpha)}{\sin\phi} + 2r_{\text{tool}} \\[4mm]
f_6'(x, y) = -\sqrt{r_{\text{tool}}^2 - y^2} + \dfrac{2\left(\sqrt{r_{\text{tool}}^2 - y^2} - r_{\text{tool}}\cos\dfrac{\rho_{x(n+1)}}{2}\right)\cos(\phi - \alpha)}{\sin\phi} + 2r_{\text{tool}}
\end{cases}
$$

$$(3\text{-}63)$$

根据刀具几何特性与刀-屑接触条件，刀具中心角对应于第一、第二和第三部分需要满足以下关系。

$$\begin{cases} \arcsin \dfrac{\sqrt{r_{\text{tool}}^2 - \left(r_{\text{tool}}\cos\dfrac{\rho_{x(n+1)}}{2} + H_2(\theta)\right)^2}}{r_{\text{tool}}} < \delta_1 \leqslant \dfrac{\rho_{x(n+1)}}{2} & \text{第一部分} \\[4em] -\arcsin \dfrac{\sqrt{r_{\text{tool}}^2 - \left(r_{\text{tool}}\cos\dfrac{\rho_{x(n+1)}}{2} + H_2(\theta)\right)^2}}{r_{\text{tool}}} \leqslant \delta_2 \leqslant \\[3em] \qquad \arcsin \dfrac{\sqrt{r_{\text{tool}}^2 - \left(r_{\text{tool}}\cos\dfrac{\rho_{x(n+1)}}{2} + H_2(\theta)\right)^2}}{r_{\text{tool}}} & \text{第二部分} \\[4em] -\dfrac{\rho_{x(n+1)}}{2} \leqslant \delta_3 < -\arcsin \dfrac{\sqrt{r_{\text{tool}}^2 - \left(r_{\text{tool}}\cos\dfrac{\rho_{x(n+1)}}{2} + H_2(\theta)\right)^2}}{r_{\text{tool}}} & \text{第三部分} \end{cases}$$

$$(3\text{-}64)$$

▶ 3.3.2 基于时变热源与动态切削力的切削温度场建模

在金属切削加工过程中，切削加工区域的切削热是通过热传导的方式进行传递的，采用的倾斜移动热源最早由 Hahn 提出，模型如图 3-39 所示。图中 V_c 为切削速度，V_{ch} 为切屑流出速度。在此基础上，Chao 和 Trigger 对 Hahn 提出的模型进行了改进，并将其应用于半无限大介质中，模型如图 3-40 所示。Komanduri 和 Hou 在上述学者研究的基础上，对切削热的热源模型进行改进，将剪切面定义为无限长且随切削速度移动的斜平面热源。同时，为了对工件进行温度分布建模，假设延伸到剪切热源区域的工件材料处于一个新的区域，并对剪切热源引入一个镜像热源。

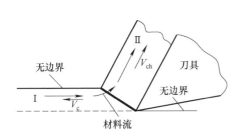

图 3-39　Hahn 提出的热模型

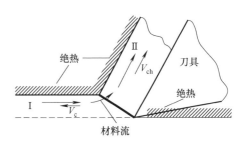

图 3-40　Chao 和 Trigger 提出的热模型

▶ 1. 工件时变温度场建模

工件温升主要由第一变形区的剪切热源引起，而剪切热源的面积由未变形切屑厚度和未变形切屑宽度决定。在丝杠干式旋铣加工过程中，未变形切屑厚度和未变形切屑宽度是瞬时变化的。因此，第一变形区剪切热源的面积也具有时变特性。由第一变形区的剪切热源引起的工件温升模型如图 3-41 所示。其中，线段 AB 为剪切热源，虚线 AC 为剪切热源的镜像热源，剪切面热源与其镜像热源的热流密度相同，α 为前角，ϕ 为剪切角，V 为切削速度。

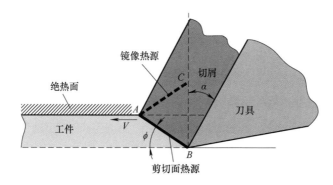

图 3-41　工件温升模型

在丝杠干式旋铣加工过程中，工件时变温度模型见式（3-65）。

$$
\theta_{\mathrm{workpiece}} = \frac{q_{\mathrm{S}} B_{\mathrm{workpiece}}}{2\pi\lambda_{\mathrm{w}}} \int_{l_i=0}^{L} \mathrm{e}^{-(X-l_i\sin\varphi)V_{\mathrm{S}}/2a} \left\{ K_0 \left[\frac{V_{\mathrm{S}}}{2a} \sqrt{(X-l_i\sin\varphi)^2 + (Z-l_i\cos\varphi)^2} \right] + \right.
$$
$$
\left. K_0 \left[\frac{V_{\mathrm{S}}}{2a} \sqrt{(X-l_i\sin\varphi)^2 + (Z+l_i\cos\varphi)^2} \right] \right\} \mathrm{d}l_i
$$

$$(3\text{-}65)$$

式中，$B_{\mathrm{workpiece}}$ 为第一变形区剪切热源产生的切削热通过热传导方式传递到工件中的热分配率；λ_{w} 为工件材料的热导率；L 为剪切热源宽度；$\varphi = \phi - \alpha$；V_{S} 为剪切速度；a 为热释放率；K_0 为零阶贝塞尔函数；X 和 Z 为移动坐标系中温升点的坐标；q_{S} 为剪切热源的热流密度。

$$
q_{\mathrm{S}} = \frac{F_{\mathrm{S}} V_{\mathrm{S}}}{A_{\mathrm{S}}}
$$

$$(3\text{-}66)$$

其中，剪切速度 $V_{\mathrm{S}} = V\cos\alpha / \cos(\phi - \alpha)$；剪切热源面积 A_{S} 的大小由时变的未变形切屑厚度和未变形切屑宽度决定，它是关于断续切削加工过程中第一切削阶段与第二切削阶段圆弧面积的函数，可表示为

$$A_{\rm S} = \begin{cases} \dfrac{\dfrac{1}{2}r_{\rm tool}^2(\rho_{x(n+1)} - \sin\rho_{x(n+1)})}{\sin\phi} & \text{第一切削阶段} \\[4mm] \dfrac{\left[\dfrac{1}{2}r_{\rm tool}^2(\rho_{x(n+1)} - \sin\rho_{x(n+1)}) - \dfrac{1}{2}r_{\rm tool}^2(\rho_{x(n)} - \sin\rho_{x(n)})\right]}{\sin\phi} & \text{第二切削阶段} \end{cases}$$

$$(3\text{-}67)$$

在 Komanduri 和 Hou 的研究基础上，可以推导出由第一变形区剪切热源产生的切削热通过热传导方式传递到工件中的分配率。需要注意的是，传递到工件中的热分配率不能超过切削加工过程中切削加工区域产生的总热量，并且热量不能逆向流入剪切热源，即 $0 \leqslant B_{\rm workpiece} \leqslant 1$，可表示为

$$B_{\rm workpiece} = 0.60361 \times N_{\rm th}^{-0.37101} = \begin{cases} 0.60361 \times \left(\dfrac{H_1(\theta)V}{a}\right)^{-0.37101} & \text{第一切削阶段} \\[3mm] 0.60361 \times \left(\dfrac{H_2(\theta)V}{a}\right)^{-0.37101} & \text{第二切削阶段} \end{cases}$$

$$(3\text{-}68)$$

在丝杠干式旋铣加工过程中，最大未变形切屑厚度 $H_1(\theta)$ 与 $H_2(\theta)$ 分别是第一切削阶段和第二切削阶段剪切热源在工件轴向上的宽度投影，它们是关于刀盘旋转角度的函数。因此，剪切热源的宽度是随时间变化的，可表示为

$$L = \begin{cases} \dfrac{\sqrt{[y_1(\Delta + \theta) - y_2(\Delta + \theta)]^2 + [z_1(\Delta + \theta) - z_2(\Delta + \theta)]^2}}{\sin\phi} & \text{第一切削阶段} \\[3mm] \dfrac{\sqrt{[y_3(\Delta + \theta) - y_2(\Delta + \theta)]^2 + [z_3(\Delta + \theta) - z_2(\Delta + \theta)]^2}}{\sin\phi} & \text{第二切削阶段} \end{cases}$$

$$(3\text{-}69)$$

⯈ 2. 切屑时变温度场建模

切屑温升主要是由第一变形区剪切热源和第二变形区刀-屑摩擦热源引起。产生切屑温升的两个热源大小均由未变形切屑几何特性控制，包括未变形切屑厚度、未变形切屑宽度和未变形切屑横截面面积。

第一变形区剪切热源引起的切屑温升模型如图 3-42 所示。线段 AB 为剪切热源，虚线 AC 为剪切热源的镜像热源，剪切热源与其镜像热源的热流密度相同。

在丝杠干式旋铣加工过程中，由第一变形区剪切热源引起的切屑温升 $\theta_{\rm chip\text{-}shear}$ 建模方程为

$$\theta_{\text{chip-shear}} = \frac{q_S B_{\text{chip-1}}}{2\pi\lambda_t} \int_{l_i=0}^{t_{\text{ch}}/\cos(\phi-\alpha)} e^{-(X-X_i)V_S/2a} \times$$

$$\left\{ K_0\left[\frac{V_S}{2a}\sqrt{(X-(r_{\text{tool}}-l_i\sin(\phi-\alpha)))^2 + (Z-l_i\cos(\phi-\alpha))^2}\right] + \right.$$

$$\left. K_0\left[\frac{V_S}{2a}\sqrt{(X-(r_{\text{tool}}-l_i\sin(\phi-\alpha)))^2 + (2t_{\text{ch}}-Z-l_i\cos(\phi-\alpha))^2}\right]\right\} dl_i$$

$$(3-70)$$

式中，λ_t 为刀具材料的热导率；r_{tool} 为刀具外圆直径；t_{ch} 为已变形切屑厚度，其中 $t_{\text{ch}} = t_e \cos(\phi-\alpha)/\sin\phi$；$q_S$ 为剪切热源的热流密度；$B_{\text{chip-1}}$ 为第一变形区剪切热源产生的切削热通过热传导方式传递到切屑中的热分配率。

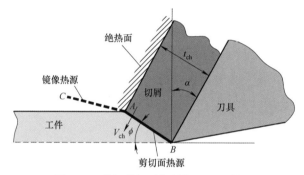

图 3-42 剪切热源引起的切屑温升模型

$$B_{\text{chip-1}} = 1 - B_{\text{workpiece}} \qquad (3-71)$$

在丝杠干式旋铣加工过程中，切屑厚度较小（最大未变形切屑厚度一般 ≤0.1 mm）。因此，切屑上表面的边界效应不容忽视，由第二变形区刀-屑摩擦热源引起的切屑温升模型如图 3-43 所示，其中刀-屑摩擦热源与其镜像热源的热流密度相同。

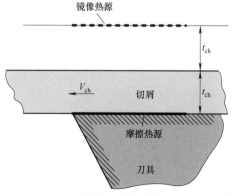

图 3-43 刀-屑摩擦热源引起的切屑温升模型

在丝杠干式旋铣加工过程中，由第二变形区刀-屑摩擦热源引起的切屑温升 $\theta_{\text{chip-frictional}}$ 建模方程为

$$\theta_{\text{chip-frictional}} = \frac{q_{\text{r}} B_{\text{chip-2}}}{\pi \lambda_{\text{t}}} \int_{r_{\text{tool}}}^{r_{\text{tool}}-L'} \text{e}^{-(X-l_i-(r_{\text{tool}}-L'))V_{\text{ch}}/2a} \left[\frac{K_0(R_{\text{chip}} V_{\text{ch}})}{2a} + \frac{K_0(R'_{\text{chip}} V_{\text{ch}})}{2a} \right] \text{d} l_i$$

$$(3\text{-}72)$$

式中，q_{r} 为刀-屑摩擦热源的热流密度；R_{chip} 为切屑上任意一点到刀-屑摩擦热源的距离，$R_{\text{chip}} = \sqrt{(X-l_i-r_{\text{tool}})^2 + z^2}$；$R'_{\text{chip}}$ 为切屑上任意一点到刀-屑摩擦热源的镜像热源的距离，$R'_{\text{chip}} = \sqrt{(X-l_i-r_{\text{tool}})^2 + (2t_{\text{ch}}-z)^2}$；$B_{\text{chip-2}}$ 为第二变形区刀-屑摩擦热源产生的切削热通过热传导方式传递到切屑中的热分配率。

$$B_{\text{chip-2}} = \begin{cases} \left(1 + 0.45 \dfrac{\lambda_{\text{t}}}{\lambda_{\text{w}}} \sqrt{\dfrac{\pi a}{V_{\text{ch}} H_1(\theta)}} \right)^{-1} & \text{第一切削阶段} \\[4mm] \left(1 + 0.45 \dfrac{\lambda_{\text{t}}}{\lambda_{\text{w}}} \sqrt{\dfrac{\pi a}{V_{\text{ch}} H_2(\theta)}} \right)^{-1} & \text{第二切削阶段} \end{cases}$$

$$(3\text{-}73)$$

刀-屑摩擦热源的热流密度 q_{r} 可表示为

$$q_{\text{r}} = \frac{F_{\text{f}} V_{\text{ch}}}{A_{\text{r}}} \tag{3-74}$$

式中，V_{ch} 为切屑流动速度，$V_{\text{ch}} = V \sin\phi / \cos(\phi-\alpha)$；$A_{\text{r}}$ 为刀-屑摩擦热源的面积。

刀-屑摩擦热源位于刀屑接触面上，刀-屑摩擦热源的大小受未变形切屑宽度和刀-屑摩擦热源长度的影响，刀-屑摩擦热源长度受未变形切屑厚度和刀具插入工件深度的影响。最终，刀-屑摩擦热源面积的大小取决于未变形切屑厚度和未变形切屑宽度。刀-屑摩擦热源面积模型为

$$A_{\text{r}} = \begin{cases} \int_{\delta_{11}}^{\delta_2} w L_{\text{c}}(\delta) \text{d}\delta & \text{第一切削阶段} \\[4mm] \int_{\delta_{11}}^{\delta_2} w L_{\text{c}}(\delta) \text{d}\delta - \int_{\delta'_{11}}^{\delta_2} w w' L'_{\text{c}}(\delta) \text{d}\delta' & \text{第二切削阶段} \end{cases}$$

$$(3\text{-}75)$$

L' 为刀-屑接触面上带热源的最大长度，带热源的长度由丝杠干式旋铣加工过程中第一切削阶段和第二切削阶段未变形切屑厚度的函数组成。

$$L' = \begin{cases} \dfrac{2H_1(\theta)\cos(\phi-\alpha)}{\sin\phi} & \text{第一切削阶段} \\[4mm] \dfrac{2H_2(\theta)\cos(\phi-\alpha)}{\sin\phi} & \text{第二切削阶段} \end{cases}$$

$$(3\text{-}76)$$

117

根据第一变形区剪切热源和第二变形区刀–屑摩擦热源对切屑温升的影响分析，丝杠干式旋铣加工过程中切削加工区域切屑总温升可以表示为 $\theta_{\text{chip}} = \theta_{\text{chip-shear}} + \theta_{\text{chip-frictional}}$。

▶ 3. 刀具时变温度场建模

第二变形区刀–屑摩擦热源是导致刀具温升的主要原因。刀屑接触区的刀–屑摩擦热源如图 3-43 所示，相对于刀具上任意一点，刀–屑摩擦热源是静止的。将刀具前刀面考虑为绝热面，引入刀–屑摩擦热源的镜像热源如图 3-35 和图 3-38 所示。

在丝杠干式旋铣加工过程中，第一切削阶段的刀具动态温升 $\theta_{\text{tool-1}}$ 建模方程为

$$\theta_{\text{tool-1}} = \frac{q_r B_{\text{tool}}}{2\pi\lambda_t} \int_{-r_{\text{tool}}\sin\frac{\rho_{x(n+1)}}{2}}^{r_{\text{tool}}\sin\frac{\rho_{x(n+1)}}{2}} \left[\int_{f_2(x,\,y)}^{f_1(x,\,y)} \left(\frac{1}{R_{\text{tool}}}\right) dx_i + \int_{f_2'(x,\,y)}^{f_1'(x,\,y)} \left(\frac{1}{R'_{\text{tool}}}\right) dx_i \right] dy_i \quad (3\text{-}77)$$

为了便于建立刀具在第二切削阶段的温升模型，将丝杠干式旋铣加工过程中第二切削阶段的刀–屑摩擦热源划分为三个部分，其刀具动态温升模型见式（3-78）。

$$\theta_{\text{tool-2}} = \begin{cases} \dfrac{q_r B_{\text{tool}}}{2\pi\lambda_t} \displaystyle\int_{-\sqrt{r_{\text{tool}}^2 - \left(r_{\text{tool}}\cos\frac{\rho_{x(n+1)}}{2} + H_2(\theta)\right)^2}}^{r_{\text{tool}}\sin\frac{\rho_{x(n+1)}}{2}} \left[\begin{array}{l} \displaystyle\int_{f_4(x,\,y)}^{f_3(x,\,y)}\left(\dfrac{1}{R_{\text{tool}}}\right)dx_i + \\[6pt] \displaystyle\int_{f_3'(x,\,y)}^{f_4'(x,\,y)}\left(\dfrac{1}{R'_{\text{tool}}}\right)dx_i \end{array} \right] dy_i & \text{第一部分} \\[40pt] \dfrac{q_r B_{\text{tool}}}{2\pi\lambda_t} \displaystyle\int_{-\sqrt{r_{\text{tool}}^2 - \left(r_{\text{tool}}\cos\frac{\rho_{x(n+1)}}{2} + H_2(\theta)\right)^2}}^{\sqrt{r_{\text{tool}}^2 - \left(r_{\text{tool}}\cos\frac{\rho_{x(n+1)}}{2} + H_2(\theta)\right)^2}} \left[\begin{array}{l} \displaystyle\int_{f_5(x,\,y)}^{f_3(x,\,y)}\left(\dfrac{1}{R_{\text{tool}}}\right)dx_i + \\[6pt] \displaystyle\int_{f_3'(x,\,y)}^{f_5'(x,\,y)}\left(\dfrac{1}{R'_{\text{tool}}}\right)dx_i \end{array} \right] dy_i & \text{第二部分} \\[40pt] \dfrac{q_r B_{\text{tool}}}{2\pi\lambda_t} \displaystyle\int_{-r_{\text{tool}}\sin\frac{\rho_{x(n+1)}}{2}}^{-\sqrt{r_{\text{tool}}^2 - \left(r_{\text{tool}}\cos\frac{\rho_{x(n+1)}}{2} + H_2(\theta)\right)^2}} \left[\begin{array}{l} \displaystyle\int_{f_6(x,\,y)}^{f_3(x,\,y)}\left(\dfrac{1}{R_{\text{tool}}}\right)dx_i + \\[6pt] \displaystyle\int_{f_3'(x,\,y)}^{f_6'(x,\,y)}\left(\dfrac{1}{R'_{\text{tool}}}\right)dx_i \end{array} \right] dy_i & \text{第三部分} \end{cases}$$

$$(3\text{-}78)$$

式中，R_{tool} 为刀具上任意一点到刀–屑摩擦热源的距离，$R_{\text{tool}} = \sqrt{(x - x_i)^2 + (y - y_i)^2 + z^2}$；$R'_{\text{tool}}$ 为刀具上任意一点到刀–屑摩擦热源的镜像热源的距离，$R'_{\text{tool}} = \sqrt{(x - 2r_{\text{tool}} + x_i)^2 + (y - y_i)^2 + z^2}$；$B_{\text{tool}}$ 为第二变形区刀–屑摩擦热源产生的切削热通过热传导方式传递到刀具中的热分配率。

$$B_{\text{tool}} = 1 - B_{\text{chip-2}} \quad (3\text{-}79)$$

3.3.3 模型验证及分析

1. 切削温度模型验证

通过 4.1.4 小节切削温度在线监测试验，将切削温度试验值和理论预测值进行对比验证，如图 3-44 所示。结果表明，提出的温度模型的温度试验值与理论预测值的综合误差在 10% 以内，试验结果和预测结果具有较好的一致性。提出的温度模型得到的理论结果略大于试验结果，这主要是由于在温度场建模过程中，未对切削区域与外界环境的散热情况进行综合考虑。

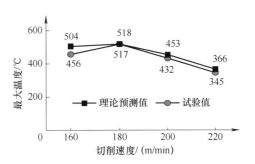

图 3-44　温度试验值与理论预测值

2. 温度场的影响因素分析

（1）工艺参数对切削加工区域的瞬态温度分析　在丝杠干式旋铣加工过程中，切削加工区域的温度具有瞬时变化的特点。随着刀盘旋转角度的不同（刀盘转角是刀具在完成一次切削加工过程中切削时间变化的体现），切削加工区域温度发生变化。图 3-45 所示为切削加工区域温度的时变特性分析。

当切削速度为 160 m/min 和 180 m/min 时，刀盘不同旋转角度下温度时变特性如图 3-45a、b 所示。切屑温度先快速上升然后缓慢下降，工件温度快速升高后保持较小的变化，而刀具温度变化不大，且小于切屑和工件温度。在刀具完成一次切削加工的前半段时，切屑温度高于工件温度；在后半段，切屑温度低于工件温度。切削加工区域的最高温度随着刀盘的旋转而先增大后减小，前半段切削加工区域的最高温度出现在切屑上，随着刀盘继续旋转，最高温度开始出现在工件上。而在刀具完成一次切削加工过程中，切削加工区域的最高温度出现在切屑上。

当切削速度为 200 m/min 时，刀盘不同旋转角度下温度时变特性如图 3-45c 所示，图 3-45c 所示的温度曲线变化趋势与图 3-45a、b 略有不同。当切屑出现最高温度点之后，切屑温度开始缓慢下降，并具有一定的波动性，工件温度迅速升高，然后在一定范围内波动，刀具温度的变化趋势与图 3-45a、b 基本一致。随着刀盘的旋转，切削加工区域的最高温度交替出现在切屑和工件上。在刀具完成一次切削加工过程中，切削区域的最高温度出现在切屑上，这一现象与

图 3-45a、b 相同。图 3-45c 中温度波动可能受加工过程中切削热分配率与热源热流密度影响，工件、切屑和刀具的热分配率以及热源热流密度在不同刀盘转角下动态变化。在刀具一次切削加工过程中的不同刀盘转角下，未变形切屑厚度、宽度与截面面积不同，导致切削加工过程中切削热分配率与热源热流密度的变化状态跟在其他切削条件下不一致，进而引起温度的较大波动。

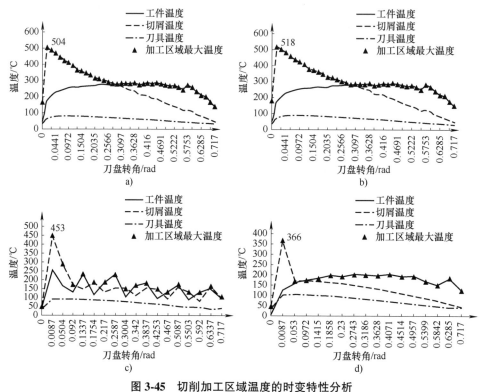

图 3-45 切削加工区域温度的时变特性分析

a）切削速度 $V_t = 160$ m/min b）切削速度 $V_t = 180$ m/min c）切削速度 $V_t = 200$ m/min

d）切削速度 $V_t = 220$ m/min

当切削速度为 220 m/min 时，刀盘不同旋转角度下温度时变特性如图 3-45d 所示，图 3-45d 中的温度变化趋势与图 3-45a、b 基本一致。

由图 3-45a～d 可以看出，在刀具完成一次切削加工过程中，切削加工区域的最高温度出现在刀盘转角为 0.0087 rad 时。根据对未变形切屑几何特性的分析，0.0087 rad 的刀盘转角是第一切削阶段与第二切削阶段的分界点，而切削加工区域的最高温度出现在分界点上。

（2）未变形切屑几何特性对切削加工区域温度的影响　在丝杠干式旋铣过程中，未变形切屑的厚度、宽度、截面面积等特性具有时变性，即未变形切屑

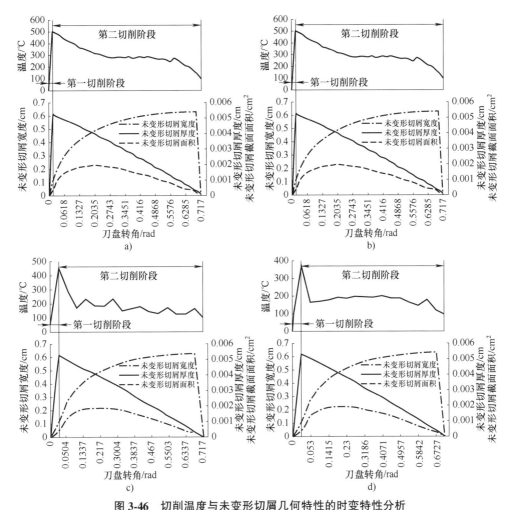

的特性随刀盘转角变化而变化。图 3-46 所示为切削速度分别为 160 m/min、180 m/min、200 m/min 和 220 m/min 时,切削加工区域最大切削温度和未变形切屑几何特性的时变特性分析。在上述四种不同切削速度下,刀具在完成一次切削加工过程中,刀盘转角值为 0.717 rad,第一切削阶段和第二切削阶段的分界点为 0.0087 rad,即 0~0.0087 rad 为第一切削阶段,0.0087~0.717 rad 为第二切削阶段。

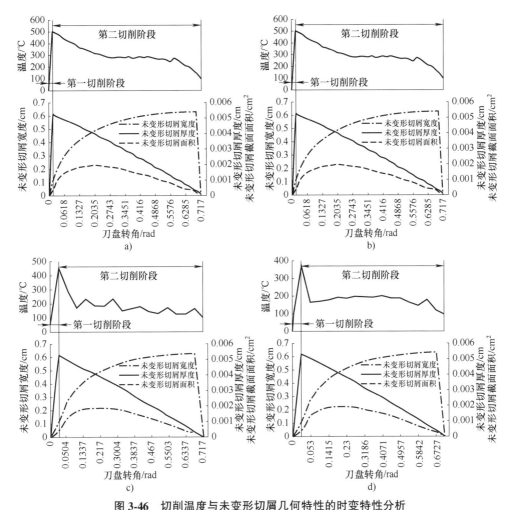

图 3-46　切削温度与未变形切屑几何特性的时变特性分析

a) 切削速度 $V_t = 160$ m/min　　b) 切削速度 $V_t = 180$ m/min　　c) 切削速度 $V_t = 200$ m/min

d) 切削速度 $V_t = 220$ m/min

由图 3-46 可以看出,在不同切削速度下,未变形切屑的几何特性变化趋势相似。当刀盘转角在 0~0.0087 rad 时,未变形切屑厚度迅速增加;当刀盘转角在 0.0087~0.717 rad 时,未变形切屑厚度逐渐减小。当刀盘转角为 0.0087 rad 时,未变形切屑厚度达到最大值。在上述四种情况下,未变形切屑的截面面积先增大后减小,最大未变形切屑截面面积出现在刀具完成一次切削加工过程中的 1/3 阶段;未变形切屑宽度随着刀盘转角的增大而逐渐增大。

通过上述分析可知,未变形切屑厚度对切削加工区域最大切削温度的影响是显著的。刀具在完成一次切削加工过程中,最大切削温度出现在最大未变形切屑厚度的位置,即最大切削温度位于刀具完成一次切削加工过程中第一切削阶段和第二切削阶段的分界点。随着未变形切屑厚度的减小,切削温度变化趋于稳定;切削加工区域的切削温度随着未变形切屑宽度的增大而趋于稳定。当未变形切屑宽度达到最大值时,切削温度逐渐下降;当未变形切屑截面面积开始增大时,切削加工区域的切削温度达到最大值。当未变形切屑截面面积在最大值附近时,切削温度达到稳定状态。

在丝杠干式旋铣加工过程中,未变形切屑厚度对切削加工区域的切削温度变化的影响大于未变形切屑截面面积和未变形切屑宽度对其的影响。在金属切削过程中,切削加工区域产生的高温将对刀具和被加工工件表面产生不利的影响。因此,合理选择未变形切屑厚度,可以使刀具寿命更长、表面质量更高。

(3)热流密度与热分配率分析 在金属切削加工过程中,切削加工区域的温升是由加工区域热源产生的热量引起的。因此,热源的热流密度对切削加工区域的温度有很大的影响。图 3-47 所示为当切削速度为 200 m/min 时,丝杠干式旋铣加工中热源的热流密度与切削温度的关系分析。

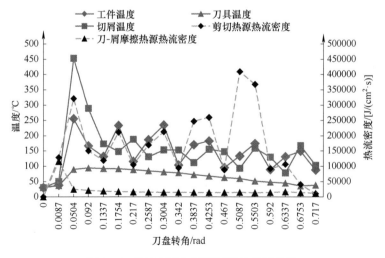

图 3-47　热流密度与切削温度的关系分析

切削加工区域工件温度与剪切热源热流密度、刀具温度与刀–屑摩擦热源热流密度、切屑温度与剪切热源热流密度和刀–屑摩擦热源热流密度的关系如图 3-47 所示。工件和刀具的温升分别由剪切热源和刀–屑摩擦热源产生，切屑温升是由剪切热源和刀–屑摩擦热源共同作用的结果。在刀具完成一次切削加工过程中，随着切削加工时间的增加，切削加工区域内工件温度的变化趋势与剪切热源热流密度基本一致。切屑温度受剪切热源和刀–屑摩擦热源的共同作用，在一次切削加工过程中切屑最高温度由剪切热源决定。剪切热源对工件和刀具的温度均有影响，在刀具完成一次切削加工过程中，剪切热源对工件和刀具的热流密度是相同的。

由剪切热源和刀–屑摩擦热源对工件、切屑和刀具产生的热分配率是影响切削加工区域温度的另一个重要因素。在丝杠干式旋铣加工过程中，热分配率具有时变特性。当切削速度为 200 m/min 时，在不同刀盘转角下，工件、切屑和刀具的热分配率变化如图 3-48 所示。图中剪切热源传导到切屑的热分配率通过 3.3 节中式（3-71）计算获得，剪切热源传导到工件的热分配率通过式（3-68）计算获得，刀–屑摩擦热源传导到切屑的热分配率通过式（3-73）计算获得，刀–屑摩擦热源传导到刀具的热分配率通过式（3-79）计算获得。从图中可以看出，当刀盘转角从 0.0504 rad 变化到 0.717 rad 时，切屑的热分配率要高于工件和刀具的热分配率。在刀具完成一次切削加工过程中的最后 2/3 阶段时，工件、切屑和刀具的热分配率基本保持稳定。

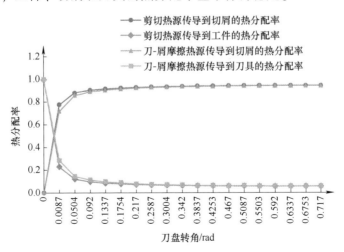

图 3-48　工件、切屑和刀具的热分配率变化曲线

3.4 丝杠旋铣切削比能建模分析

3.4.1 切削比能建模分析

切削比能是描述机械加工工艺中材料去除能耗的常用物理量，通常定义其为去除单位体积的工件材料所消耗的切削能量，可以作为切削加工性能的指标，也可以用于机床材料去除能耗的评估，还能够反映切削功率与材料去除率之间的映射关系以及机床能效。切削比能包含第一变形区塑性变形消耗的能量、刀具与工件之间摩擦消耗的能量，以及形成新的加工表面消耗的能量。一般而言，切削比能是工件材料性质、加工条件（切削速度、进给量与切削深度）以及刀具几何特征的函数，常常被看作仅与工件材料相关的一个特征量。

很多研究表明，对于特定的材料，切削比能会随着切削条件的变化而变化。因此研究工艺参量对切削比能的影响规律，对于评估机床加工过程中材料的去除能耗和机械加工工艺的节能降耗都具有重要意义。由于丝杠旋铣属于断续切削，且机床的主传动系统在刀具去除材料时会产生附加载荷损耗，因此难以通过使用功率计直接测量机床的切削功率来获得切削比能。因此，本节将基于时变切削力模型建立丝杠旋铣的切削比能模型。

1. 丝杠旋铣切削能耗规律分析

（1）丝杠旋铣能量流分析 丝杠旋铣机床的能耗主要分为三部分：一是基础能耗，如电灯、风扇等；二是主轴能耗，负责带动工件旋转和刀盘的轴向移动；三是刀盘电动机能耗，负责带动刀盘进行旋转切削。图3-49所示为一段丝杠旋铣机床加工工件的功率曲线图，在丝杠旋铣过程中，从11：08：06到11：39：36为切削加工阶段，在这一阶段中，旋铣机床的总输入能耗和切削能耗分别为1.654 kW·h和0.526 kW·h，切削能耗占到总能耗的31%。由此可见，在丝杠旋铣过程中，切削能耗占总能耗的百分比要大于普通车床、铣床。

在切削加工中，切削能耗主要由刀盘电动机和机床主轴电动机提供。切削能耗主要转化为以下几方面：一是用于形成新的工件表面，也就是表面能；二是转化为剪切区的弹、塑性变形势能；三是转化为摩擦能，分为前刀面与切屑的摩擦能和后刀面与工件的摩擦能。其中，大部分的摩擦能和弹、塑性变形势能转化为热能，流入刀具、工件和切屑中，如图3-50所示，分别描述了切削能耗的分配所占百分比。

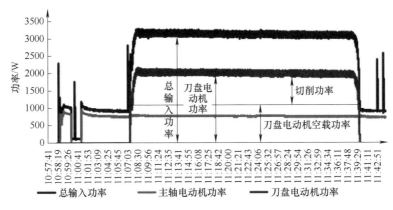

图 3-49　丝杠旋铣功率曲线图

然而，丝杠旋铣是断续切削过程，刀盘在旋转过程中并非一直在切削。内旋铣的铣头上一般安装有 3~6 把刀具，如图 3-51 所示，可以算出刀具从切入工件到切出工件过程中刀盘旋转的角度。但即使安装有 6 把刀具，刀盘旋转一周时，也仅有 68.78% 的时间在切削，剩余的时间刀盘在空转。

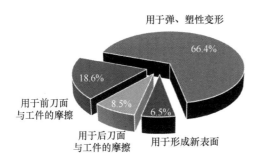

图 3-50　切削能耗的分配

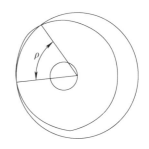

图 3-51　丝杠旋铣刀具切削角度示意图

在丝杠旋铣过程中，由于刀具是断续切削的，每当刀具切出工件且与工件分离后会有一段冷却时期，当刀具再次切入工件时，刀具前刀面的温度已比刚切出工件时低，因此刀具可以带走比连续切削方式更多的热量，有效保护了刀具，延长了刀具寿命。从中也可以看出，直接用功率计测量刀盘电动机的功率来计算切削能耗是存在较大误差的，断续切削的特点决定了旋铣切削比能的获取需要通过切削力。下面将通过切削力计算丝杠旋铣的切削能耗。

（2）切削能耗建模　刀具切削工件时的切削能耗 E_c 由两部分组成，一是刀具旋转时消耗的切削能耗，二是刀具做轴向进给运动时消耗的切削能耗。

其中刀具旋转时消耗的切削能耗为

$$E_{sc} = \int_{t_0}^{t_1} T(\theta)\omega' \mathrm{d}t \qquad (3\text{-}80)$$

式中，$T(\theta)$ 为 YOZ 坐标平面内的力矩分量；$\omega' = \omega_t \cos\phi$，$\omega_t$ 为刀盘转速，ϕ 为刀盘相对于工件的倾斜角，ω' 为刀具角速度在 X 方向的分量。

因此刀具旋转切削工件的切削能耗可以表达为

$$E_{sc} = \int_{t_0}^{t_1} T(\theta)\omega' \mathrm{d}t = \int_{t_0}^{t_1} T(\theta)\omega_t \cos\phi \mathrm{d}t = \int_{\alpha+\theta_0}^{\alpha+\theta_1} T(\theta)\cos\phi \mathrm{d}\theta \qquad (3\text{-}81)$$

式中，θ 为刀具旋转的角度，$\alpha + \theta_0$ 为刀具刚切入工件时的位置角，此时 $\theta_0 = 0$，$\alpha + \theta_1$ 为刀具刚切出工件时的位置角。此时

$$\theta_1 = \frac{1}{2}\arccos\frac{2e^2 + 2er_2\cos\theta_i + e^2 - r_2^2}{2e\sqrt{r_2^2 + e^2 + 2er_2\cos\theta_i}} \qquad (3\text{-}82)$$

式中，e 为刀尖回转中心与工件圆心的偏心距；r_2 是工件小径，$r_2 = R - e$；θ_i 为将工件看为静止状态时，从第 i 刀开始切削到第 $i+1$ 刀的这个时间段内，刀尖回转中心绕工件圆心转动的角度，则

$$\theta_i = \pm\frac{2\pi\omega_w}{z_t\omega_t} \qquad (3\text{-}83)$$

式中，ω_w 为工件转速；ω_t 为刀盘转速；z_t 为刀盘携带的刀具数目；当工件顺时针旋转时，$\theta_i > 0$，逆时针旋转时，$\theta_i < 0$。

刀具在轴向上的移动主要由两部分组成：一是刀盘旋转造成的刀具的轴向移动 v_{wx}，这是由于刀盘本身相对于工件轴向方向存在倾斜角 β_a，而刀具随刀盘一起旋转；二是刀盘自身的轴向移动 v_{tx}。刀具轴向移动时消耗的切削能耗为

$$E_{ac} = \int_{t_0}^{t_1} F_a'(\theta)(v_{wx} + v_{tx})\mathrm{d}t = \int_{\alpha+\theta_0}^{\alpha+\theta_1} F_a'(\theta)\frac{(v_{wx} + v_{tx})}{\omega_t}\mathrm{d}\theta \qquad (3\text{-}84)$$

式中，$F_a'(\theta)$ 为合成后的轴向切削力。

$$v_{wx} = v\sin\left|\alpha + \beta - \frac{\pi}{2}\right|\sin\phi \qquad (3\text{-}85)$$

$$v_{tx} = Pn_w = P\omega_w/2\pi \qquad (3\text{-}86)$$

由此可得刀具轴向移动时的切削能耗为

$$E_{ac} = \int_{\alpha+\theta_0}^{\alpha+\theta_1} F_a'(\theta)\frac{\left(v\sin\left|\alpha + \beta - \frac{\pi}{2}\right|\sin\varphi + \frac{P\omega_w}{2\pi}\right)}{\omega}\mathrm{d}\theta \qquad (3\text{-}87)$$

综上，刀具从切入工件到切出工件的切削能耗为

$$E_c = \int_{\alpha+\theta_0}^{\alpha+\theta_1}\left(T(\theta)\cos\varphi + F_a'(\theta)\frac{\left(v\sin\left|\alpha + \beta - \frac{\pi}{2}\right|\sin\phi + P\omega_w/2\pi\right)}{\omega_t}\right)\mathrm{d}\theta$$

$$(3\text{-}88)$$

▶▶ 2. 丝杠旋铣切削比能模型

切削比能 SCE 是指去除单位体积的工件材料所消耗的切削能量，可以表示为

$$\text{SCE} = \frac{E_c}{V} \qquad (3\text{-}89)$$

式中，E_c 为刀具从开始切入工件到切至工件最深点时消耗的切削能耗，V 为刀具从开始切入工件到切至工件最深点这段时间内去除的切屑变形之前的体积，根据第二古鲁金定理可知 V 可以通过未变形切屑横截面面积在形心连线上的积分求得。

$$dV = S(\theta)\,dl_t = S(\theta)R'(\theta)\,d\theta \qquad (3\text{-}90)$$

$$V = \int_{\alpha+\theta_0}^{\alpha+\theta_1} S(\theta)R'(\theta)\,d\theta \qquad (3\text{-}91)$$

式中，l_t 为微分弧长；$R'(\theta)$ 为刀盘旋转到 θ 时，刀盘回转中心到未变形切屑横截面形心的距离。

在求 $R'(\theta)$ 时，把刀具齿廓的双圆弧简化为单圆弧，可以大大缩减计算量。在刀具坐标系下，代入形心坐标公式，第 $n+1$ 刀刀具旋转到 θ 时的形心坐标可表示为

$$\begin{cases} x_b = \dfrac{\displaystyle\int_{-r_a\sin(\rho_{x(n+1)}/2)}^{r_a\sin(\rho_{x(n+1)}/2)} x\sqrt{r_a^2 - x^2}\,dx}{\displaystyle\int_{-r_a\sin(\rho_{x(n+1)}/2)}^{r_a\sin(\rho_{x(n+1)}/2)} \sqrt{r_a^2 - x^2}\,dx} \\[2em] y_b = \dfrac{0.5\displaystyle\int_{-r_a\sin(\rho_{x(n+1)}/2)}^{r_a\sin(\rho_{x(n+1)}/2)} (r_a^2 - x^2)\,dx}{\displaystyle\int_{-r_a\sin(\rho_{x(n+1)}/2)}^{r_a\sin(\rho_{x(n+1)}/2)} \sqrt{r_a^2 - x^2}\,dx} \end{cases} \qquad (3\text{-}92)$$

第 n 刀刀具旋转到 θ 时的形心坐标可表示为

$$\begin{cases} x_l = \dfrac{\displaystyle\int_{-r_a\sin(\rho_{x(n)}/2)-b}^{r_a\sin(\rho_{x(n)}/2)-b} x\sqrt{r_a^2 - x^2}\,dx}{\displaystyle\int_{-r_a\sin(\rho_{x(n)}/2)-b}^{r_a\sin(\rho_{x(n)}/2)-b} \sqrt{r_a^2 - x^2}\,dx} \\[2em] y_l = \dfrac{0.5\displaystyle\int_{-r_a\sin(\rho_{x(n)}/2)-b}^{r_a\sin(\rho_{x(n)}/2)-b} (r_a^2 - x^2)\,dx}{\displaystyle\int_{-r_a\sin(\rho_{x(n)}/2)-b}^{r_a\sin(\rho_{x(n)}/2)-b} \sqrt{r_a^2 - x^2}\,dx} \end{cases} \qquad (3\text{-}93)$$

式中，b 为时间 $2\pi/(zw_t)$ 内刀盘沿 X 轴的进给距离。

若已知第 $n+1$ 刀刀具和第 n 刀刀具旋转到 θ 时的形心坐标，则切屑横截面的形心坐标可以通过负面积法求得。刀盘旋转到 θ 时，在刀盘坐标系下，切斜横截面的形心坐标为

$$\begin{cases} x_O = \dfrac{S_{n+1}(\theta)x_b - S_n(\theta)x_l}{S_{n+1}(\theta) - S_n(\theta)} \\ y_O = r_a - \dfrac{S_{n+1}(\theta)y_b - S_n(\theta)y_l}{S_{n+1}(\theta) - S_n(\theta)} \end{cases} \tag{3-94}$$

$R'(\theta)$ 的表达式为

$$R'(\theta) = \sqrt{(R + y_O)^2 + x_O^2} \tag{3-95}$$

其中 x_O 约等于 0，不求精确解时 $R'(\theta)$ 可以表示为

$$R'(\theta) = R + r_a - \frac{S_{n+1}(\theta)y_b - S_n(\theta)y_l}{S_{n+1}(\theta) - S_n(\theta)} \tag{3-96}$$

$$V = \int_{\theta_0}^{\theta_1} S(\theta)R'(\theta)\,\mathrm{d}\theta \tag{3-97}$$

丝杠旋铣过程的切削比能为

$$\mathrm{SCE} = \frac{E_c}{V} = \frac{\int_{\alpha+\theta_0}^{\alpha+\theta_1}\left[T(\theta)\cos\varphi + F_x(\theta)\left(v\sin\left|\alpha+\beta-\frac{\pi}{2}\right|\sin\varphi + \frac{P\omega_w}{2\pi}\right)/\omega\right]\mathrm{d}\theta}{\int_{\alpha}^{\alpha+\theta_1}R'(\theta)S(\theta)\,\mathrm{d}\theta} \tag{3-98}$$

3.4.2 丝杠旋铣切削比能的影响特性分析

1. 影响丝杠旋铣切削比能的因素分析

影响切削比能的因素主要分为三类：工件材料属性、切削参数和刀具特征。

（1）工件材料属性 切削比能的计算需要切削力，因此影响切削力大小的因素通常也会影响切削比能。工件材料就是通过影响切削力的大小来影响切削比能的。

一般而言，工件材料的强度或硬度越高，其屈服强度也就越高，发生剪切形变时所需的抗力就会越大，因此切削力也会越大，去除单位体积材料消耗的能量也就越多，切削比能也就越大。例如，加工高碳钢时所需的切削力就大于加工中碳钢时所需的切削力。若工件材料的硬度或强度接近时，材料的韧性与塑性越大，其切削力也会越大。工件材料的塑性越大，塑性变形与加工硬化都越大，切屑与刀具前刀面的摩擦也会越大，切削比能也就越大。工件材料的韧性越大，工件发生塑性变形和断裂的时候所需切削力越大，其切削比能也就越

大。例如，45 钢的抗拉强度（≈45 GPa）与 1Cr18Ni9Ti 奥氏体不锈钢很接近，但是 1Cr18Ni9Ti 奥氏体不锈钢的韧性与塑性比 45 钢大，因此其切削力更大。

（2）切削参数　切削比能可以表示切削功率与材料去除率的比值，切削参数对切削功率和材料去除率都有影响，因此切削参数对切削比能的影响需要进一步分析。张洪潮等人建立了车削时切削比能的经验公式，并通过试验分析了切削参数对切削比能的影响，如图 3-52 所示。

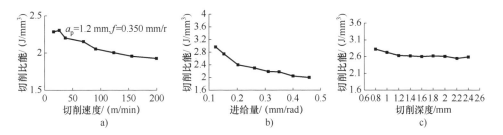

图 3-52　切削参数对切削比能的影响

a）切削速度的影响　b）进给量的影响　c）切削深度的影响

然而丝杠旋铣与普通车削不同。普通车削的切削速度增加不会引起切削深度的改变，但是在丝杠旋铣过程中，切削速度是由刀盘转速和刀尖回转半径共同决定的，随着切削速度增加，切削深度会减小，犁耕效应就会更加明显。犁耕力是指刀具切削刃对工件已加工表面的摩擦和挤压。犁耕力虽然存在，但是却没有去除工件材料，因此犁耕效应使得切削比能增大。所以增加切削速度对切削比能的影响难以定性评估。

对普通车削工艺和铣削工艺而言，进给运动是由刀具完成的。对丝杠旋铣而言，进给运动是由刀盘轴向移动和工件旋转运动共同组成的。这里工件的旋转运动与普通车削中工件的旋转不同，普通车削中工件的旋转运动是主运动，相当于丝杠旋铣中刀盘的旋转运动。而这里工件的旋转运动是旋铣进给运动的一部分。对于工件的旋转运动，其他工艺极少涉及。因此，研究丝杠旋铣的切削参数对切削比能的影响有重要意义。

（3）刀具特征　刀具特征主要包括物理特征和几何特征。物理特征是指刀具的材料属性。刀具材料对切削力的影响主要表现在前刀面与切屑的摩擦上。摩擦系数越小，刀具前刀面与切屑的摩擦力也越小，对应的切削比能就会越小。刀具的几何特征主要包括刀具的前角、后角、主偏角、刀尖圆弧半径等。刀具前角影响前刀面与切屑流出时的摩擦力，对切削力的影响比较大，刀具前角越小，切削力越大，切削比能越大；刀具后角影响后刀面与已加工表面的摩擦，刀具后角越小，后刀面与已加工表面的摩擦力越大，对应的切削比能也就越大。主偏角对切削分力的影响比较复杂，随着主偏角的增大，切向切削力会先减小后增大，径向切削力会减小而轴向切削力会增大，但是主偏角对切向切削力的影响较小（大约在10%以内），对径向切削力和轴向切削力的影响大一些，但由于径向切削力和轴向切削力本身比较小，因此主偏角的变化对切削比能的影响并不大。刀尖圆弧半径也会对切削力造成影响，随着刀尖圆弧半径的增大，切削力会随着增大，切削比能也会随着增大。

上述刀具的几何特征和物理特征对切削比能的影响，前人已有研究。但是对丝杠旋铣而言，其刀具的某些参数较为特殊，如刀盘倾斜角、刀具数量、刀尖回转直径。

刀盘倾斜角等于工件的导程角，是由螺纹规格决定的，在加工过程中是不能随便改变的，因此它不是要研究的对象；刀具数量满足刀具在刀盘上均匀分布即可，这样可以保证刀盘受力均匀；刀尖回转半径的改变也会影响切削力的大小。由于丝杠旋铣的刀齿镶嵌在刀盘的刀槽中，刀槽上有腰形孔，通过腰形孔可以改变刀具的安装位置，从而改变刀尖回转半径，如图 3-53 所示。

图 3-53　刀杆式刀齿腰形孔示意图

为了保证不改变所加工丝杠螺纹的规格，改变刀尖回转半径的同时，需要改变刀盘与工件的偏心距。

▶ 2. 切削参数对切削比能的影响特性分析

计算丝杠旋铣切削比能的相关参数见表 3-9，这些参数的数值由丝杠螺纹的规格确定。

表 3-9　丝杠旋铣切削比能计算用的相关参数

序号	参 数 名 称	参 数 符 号	参 数 值
1	双圆弧半径	r_a	3.66 mm
2	过渡圆弧半径	r_e	1.4842 mm

（续）

序号	参 数 名 称	参 数 符 号	参 数 值
3	双圆弧偏心距	e_0	0.5303 mm
4	过渡圆弧偏心距	l_e	2.1102 mm
5	圆弧起始角	θ_0	20°
6	螺纹大径	d_1	78.5 mm
7	螺纹小径	d_2	73.8719 mm
8	公称直径	d_0	80 mm
9	导程角	β	2.2785°
10	导程	P	10 mm
11	刀盘倾斜角	β	2.2785°

由于工件转速与刀盘轴向移动速度是耦合运动，不是独立变量，刀尖回转半径与刀盘工件径向偏心距也不是独立变量，改变工件转速和刀尖回转半径的数值要注意改变相应的刀盘轴向移动速度和刀盘工件径向偏心距的数值。

此外，在普通车削和普通铣削中，切削深度被认为是一个对切削比能影响最重要的因素。切削比能随着切削深度的减小而迅速增大，这是因为当切削深度减小时，未变形切屑的横截面面积减小，切削力中的剪切力减小，犁耕力所占比例增大，然而犁耕力本身并不能有效去除材料。因此随着切削深度的减小，切削力中没有用于去除材料的分力占比增大，使得切削比能增大。然而在丝杠旋铣过程中，切削深度不是一个可以直接调节的切削参数，但对丝杠旋铣切削运动机理分析可知，改变工件转速、刀盘转速、刀具数量和刀尖回转半径都会改变切削深度，且切削深度在刀具旋转过程中是不断变化的，难以定量化，因此不再单独研究切削深度对切削比能的影响。

本小节主要分析了刀盘转速、工件转速、刀具数量、刀尖回转半径对丝杠旋铣切削比能的影响规律。对切削比能的影响分析将采用单因素试验方法，见表 3-10，即当一个切削参数变化时，其他切削参数的取值固定不变。基准取值分别为刀具数量 4 个，刀盘转速 716 r/min，工件转速 2 r/min，刀尖回转半径 45 mm。

表 3-10　丝杠旋铣切削比能影响参数的取值变化范围

序号	参数名称	参数符号及单位	参数取值变化范围
1	刀具数量	N	2, 3, 4, 6
2	刀盘转速	n_t / (r/min)	566, 596, 626, 656, 686, 716, 746, 776, 806, 836

（续）

序号	参数名称	参数符号及单位	参数取值变化范围
3	工件转速	n_w/（r/min）	2，3，4，5，6，7，8，9
4	刀尖回转半径	R/mm	43，44，45，46，47，48，49，50

本小节根据 3.4.1 小节中建立的丝杠旋铣切削比能模型，分析了不同切削参数对切削比能的影响规律，如图 3-54 所示。如图 3-54a 所示，切削比能 SCE 随着刀盘转速 n_t 的增加呈现线性增长趋势，当 $n_w = 2$ r/min，$N = 4$，$R = 40$ mm 时，刀盘转速 n_t 由 100 r/min 增加到 1500 r/min 时，切削比能 SCE 由 110.4× 10^{-2} J/mm³ 线性增长到 203.7× 10^{-2} J/mm³。如图 3-54b 所示，切削比能 SCE 随着工件转速 n_w 的增加呈现非线性减小趋势，当 $n_t = 1500$ r/min，$N = 8$，$R = 50$ mm 时，工件转速 n_w 由 0.5 r/min 增加到 5 r/min 时，切削比能 SCE 由大于 450× 10^{-2} J/mm³ 非线性减小到小于 150× 10^{-2} J/mm³，即减小至 1/3；而当工件转速 n_w 由 5 r/min 增加到 10 r/min 时，切削比能 SCE 几乎保持不变，其变化趋势近似为水平直线。如图 3-54c 所示，切削比能 SCE 随着刀具数量 N 的增加而呈现线性增长趋势，当 $n_t = 500$ r/min，$n_w = 2$ r/min，$R = 40$ mm 时，刀具数量 N 由 2 增加到 12 时，切削比能 SCE 由 119.7× 10^{-2} J/mm³ 线性增长到 197.4× 10^{-2} J/mm³。如图 3-54d 所示，切削比能 SCE 随着刀尖回转半径 R 的增加呈现非线性减小趋势，当 $n_t = 500$ r/min，$n_w = 2$ r/min，$N = 4$ 时，刀尖回转半径 R 由 40 mm 增加到 100 mm 时，切削比能 SCE 由 135.3× 10^{-2} J/mm³ 非线性减小到 113.8× 10^{-2} J/mm³。

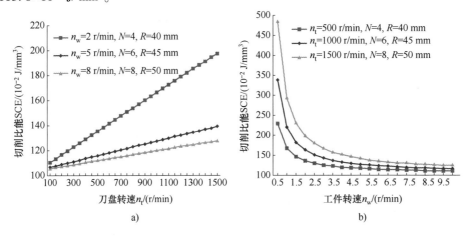

a)   b)

图 3-54　切削参数对丝杠旋铣切削比能的影响规律

a）刀盘转速的影响　b）工件转速的影响

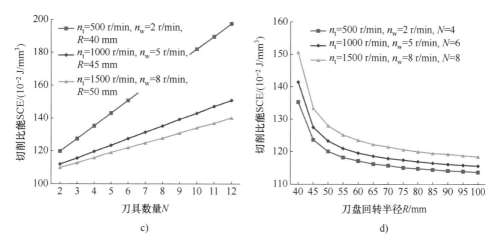

c)

d)

图 3-54 切削参数对丝杠旋铣切削比能的影响规律（续）

c）刀具数量的影响　d）刀盘回转半径的影响

综上所述，较低的刀盘转速 n_t、较高的工件转速 n_w、较小的刀具数量 N 和较大的刀尖回转半径 R，可降低材料去除过程中的切削比能 SCE，有利于丝杠旋铣工艺中材料可加工性的提高。此外，结合切削参数对其他切削性能如材料去除率、丝杠表面粗糙度及切削力的影响规律可知，切削参数对各切削性能的影响并不相同，当某个切削性能（如切削比能）提高时可能会导致其他切削性能（如表面粗糙度）降低，因此需要对各切削性能进行切削参数的协同优化。

为了探究同时提高材料去除率且降低切削比能的切削参数边界识别方法，需深入分析不同切削参数下的切削比能-材料去除率的协同机制。因此，本小节结合建立的材料去除率模型以及切削比能预测模型，选用与前文相同的工件、刀具等基本参数。同时，当工件转速 n_w 小于 5 r/min 时，n_w 对切削比能 SCE 起支配影响作用。因此，为了避免 n_w 的影响掩盖其他切削参数（即 n_t、N、R）的影响，令工件转速 n_w 取值大于 5 r/min，即取 5 r/min 和 8 r/min。在此基础上，不同切削参数下的切削比能-材料去除率的协同分析，如图 3-55 所示。

（1）对于相同的材料去除率 MRR　图 3-55a、c、e 所示为当 MRR = 212.8 mm^3/s 时，丝杠旋铣的切削比能 SCE 随着刀盘转速 n_t、刀具数量 N、刀尖回转半径 R 的变化规律。其中切削比能 SCE 的变化范围分别从 105.8 ×10^{-2} J/mm^3 变化至 143.9 ×10^{-2} J/mm^3（图 3-55a）、106.3 ×10^{-2} J/mm^3 变化至 135.3 ×10^{-2} J/mm^3（图 3-55c）以及 108.4 ×10^{-2} J/mm^3变化至 166.4 ×10^{-2} J/mm^3（图 3-55e）。上述

结果表明，切削参数变化，则切削比能 SCE 随之改变，同时也能保证材料去除率 MRR 不变，也就是保证材料切削效率不变。类似的结论可由图 3-55b、d、f 得出，当材料去除率 MRR = 340.3 mm³/s 时，丝杠旋铣的切削比能 SCE 随着刀盘转速 n_t、刀具数量 N、刀尖回转半径 R 的变化范围分别为 105.2×10^{-2} J/mm³ 变化至 129.0×10^{-2} J/mm³（图 3-55b）、105.5×10^{-2} J/mm³ 变化至 123.6×10^{-2} J/mm³（图 3-55d）以及 106.8×10^{-2} J/mm³ 变化至 143.0×10^{-2} J/mm³（图 3-55f）。

通过对切削参数的优选，可降低丝杠旋铣工艺的切削比能 SCE，而不影响材料去除率 MRR（即不降低材料切削效率）。例如，在图 3-55a 中，当 $n_t =$ 250 r/min，$n_w = 5$ r/min，$N = 2$，$R = 50$ mm 时，可在保证材料去除率 MRR = 212.8 mm³/s 时，切削比能最小值为 105.8×10^{-2} J/mm³；在图 3-55b 中，当 $n_t =$ 250 r/min，$n_w = 8$ r/min，$N = 2$，$R = 50$ mm 时，可在保证材料去除率 MRR = 340.3 mm³/s 时，切削比能最小值为 105.2×10^{-2} J/mm³。

（2）对于不同的材料去除率 MRR　如图 3-55 所示，在不同的丝杠旋铣切削参数下，材料去除率 MRR 由 212.8 mm³/s 增加到 340.3 mm³/s，同时切削比能 SCE 由 105.2×10^{-2} J/mm³ 增加到 166.4×10^{-2} J/mm³。因此，当 $n_t = 250$ r/min，$n_w = 8$ r/min，$N = 2$，$R = 50$ mm（图 3-55b）时，切削比能 SCE 降低 61.2×10^{-2} J/mm³ 的同时，材料去除率 MRR 增加 127.5 mm³/s。综上可知，在丝杠旋铣工艺中，通过适合的切削参数优选可在降低切削比能 SCE 的同时提高材料去除率，即同时提高丝杠旋铣工艺中材料的可加工性以及切削效率。

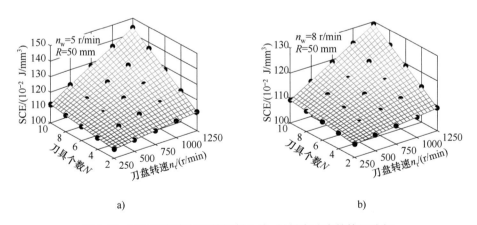

a)　　　　　　　　　　　　　b)

图 3-55　不同切削参数下的切削比能-材料去除率的协同分析

a）MRR = 212.8 mm³/s　b）MRR = 340.3 mm³/s

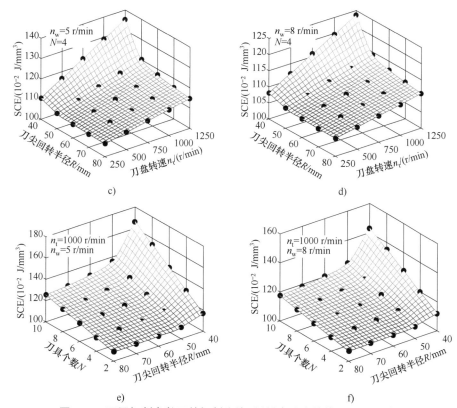

图 3-55　不同切削参数下的切削比能-材料去除率的协同分析（续）

c) MRR=212.8 mm^3/s　d) MRR=340.3 mm^3/s

e) MRR=212.8 mm^3/s　f) MRR=340.3 mm^3/s

参 考 文 献

[1] 郭覃. 旋风硬铣削大型螺纹的表面完整性研究 [D]. 南京：南京理工大学，2014.

[2] 何彦，白云龙，李丽，等. 螺纹硬态旋风铣削轴承钢 GCr15 切屑形貌及特性试验研究 [J]. 中南大学学报（自然科学版），2019，50（9）：2138-2147.

[3] 周斌. 大型丝杠硬态旋铣加工特性及丝杠副综合性能评估研究 [D]. 南京：南京理工大学，2016.

[4] 李隆. 基于振动的大型螺纹旋风铣削建模与工艺试验研究 [D]. 南京：南京理工大学，2013.

[5] 曹勇. 多点变约束下硬旋铣大型螺纹的动态响应与表面粗糙度研究 [D]. 南京：南京理工大学，2015.

[6] 张春建. 大型螺纹旋风铣床主传动系统与旋铣系统建模与优化 [D]. 南京：南京理工大学，2012.

[7] 周斌. 大型丝杠硬态旋铣加工特性及丝杠副综合性能评估研究 [D]. 南京：南京理工大学，2016.

[8] 金俊. 高品质丝杠高效硬态切削和滚道表面高精研磨工艺优化 [D]. 南京：南京理工大学，2017.

[9] 刘超. 螺纹干式旋铣时变切削温度场建模与残余应力机理研究 [D]. 重庆：重庆大学，2020.

[10] 王乐祥. 基于材料去除机理的螺纹干式旋铣切削能耗建模与多目标优化 [D]. 重庆：重庆大学，2020.

[11] 朱红雨. 大型螺纹旋风硬铣削工艺基础研究 [D]. 南京：南京理工大学，2012.

[12] 何彦，刘超，李育锋，等. 基于时变热源的丝杠旋风铣削瞬态温度建模方法研究 [J]. 机械工程学报，2018，54 (15)：180-190.

[13] AL-ZKERI, I A. Finite element modeling of hard turning [M]. Berlin：VDM Verlag Dr. Müller, 2007.

[14] MOUFKI A, DUDZINSKI D, MOLINARI A, et al. Thermoviscoelastic modelling of oblique cutting forces and chip flow prediction [J]. The International Journal of Mechanical Sciences, 2000, 42：1205-1232.

[15] HAHN R S. On the temperature developed at the shear plane in the metal cutting process [J]. Proceedings of the First US National Congress of Applied Mechanics, 1951, 661-666.

[16] KOMANDURI R, HOU Z B. Thermal modeling of the metal cutting process Part I—Temperature rise distribution due to shear plane heat source [J]. The International Journal of Mechanical Sciences, 2000, 42 (9)：1715-1752.

[17] HUANG K, YANG W. Analytical model of temperature field in workpiece machined surface layer in orthogonal cutting [J]. Journal of Materials Processing Technology, 2016, 229：375-389.

[18] PAWAR S, SALVE A, CHINCHANIKAR S, et al. Residual Stresses during Hard Turning of AISI 52100 Steel：Numerical Modelling with Experimental Validation [J]. Materials today：proceedings, 2017, 4 (2)：2350-2359.

[19] LI K M, LIANG S Y, et al. Modeling of cutting temperature in near dry machining [J]. Journal of Manufacturing Science and Engineering, 2005, 128 (2)：416-424.

[20] CHAO B T, TRIGGER K J. The significance of the thermal number in metal machining [J]. Transactions of the ASME, 1953, 75 (1)：109-115.

[21] KARPAT Y, OZEL T. Predictive analytical and thermal modeling of orthogonal cutting process-Part IPredictions of tool forces, stresses, and temperature distributions [J]. Journal of Manufacturing Science and Engineering, 2006, 128 (2)：435-444.

[22] WANG Y L, CHEN Y, LI L, et al. Modeling and optimization of dynamic performances of large-scale lead screws whirl milling with multi-point variable constraints [J]. Journal of Materials Processing Technology, 2020, 276: 116392.

[23] WANG Y L, LI L, ZHOU C G, et al. The dynamic modeling and vibration analysis of the large-scale thread whirling system under high-speed hard cutting [J]. Machining Science and Technology, 2014, 18 (4): 522-546.

[24] 冯虎田. 滚珠丝杠副动力学与设计基础 [M]. 北京: 机械工业出版社, 2015.

[25] 张洪潮, 孔露露, 李涛, 等. 切削比能模型的建立及参数影响分析 [J]. 中国机械工程, 2015, 26 (8): 1098-1104.

[26] 王立祥. 丝杠旋风铣削时变切削力的切削比能评估方法 [D]. 重庆: 重庆大学, 2016.

第 4 章

———

丝杠干切工艺
在线监测与分析

4.1 丝杠干切工艺在线监测技术

丝杠旋铣工艺无需使用切削液，是一种典型的绿色工艺。进行加工过程中产生的粉尘、油雾、气态污染物、噪声、能耗等的状态监测，对于分析、评价和改善工艺的绿色性至关重要。另外，丝杠旋铣时，随刀盘高速旋转的刀具与工件将发生时变断续冲击，实时在线监测丝杠干切过程中的切削力、切削振动、切削热等参数，对于提升加工精度和已加工表面质量非常关键。因此，本节将分别介绍丝杠干切工艺的污染排放、能耗、切削力、切削振动和切削热等参数的在线监测技术。

4.1.1 环境污染排放监测

1. 环境污染排放监测设备

机械加工时，高速旋转的刀具与工件棒料接触将产生大量的粉尘，小颗粒的粉尘（PM2.5）是多种职业疾病的主要成因，大颗粒的粉尘（PM100）容易导致生产车间发生粉尘爆炸。同时，传统切削工艺因大量使用切削液，经喷雾、射流、与高速旋转的刀具激烈撞击和高温蒸发等过程，机械加工车间中往往漂浮着大量油雾，这些油雾本身或其产生的挥发性有机化合物（VOCs）容易引起工人的急性中毒。此外，机床加工过程中高分贝的噪声也会对工人听力造成损害，给操作人员的身体和心理健康造成较大的影响。因此，对机械加工环境污染排放进行监测是开展金属切削机床及工艺绿色评价和优化的前提，也是研发、推广绿色低碳工艺，实现碳达峰、碳中和目标的重要支承。作为一种典型的绿色干切工艺，丝杠旋铣过程中无需使用切削液，所产生的油雾和气态污染物必将显著降低，但与此同时，对其粉尘的抑制作用是否也会随之降低有待进一步研究，对干切工艺更全面的绿色评价和分析有待进一步开展。

油雾、粉尘等污染排放以往多采用离线法采集，对于预处理和后处理的要求较高，步骤繁琐、操作难度大、效率低，数据实时性难以得到保证。随着传感器的不断更新换代，已可实现油雾、粉尘、气态污染物的高精、高效在线监测。南京理工大学王禹林团队自主研制了一套机械加工环境污染排放实时监测系统，如图4-1所示，其可对机械加工中产生的粉尘、油雾、气态污染物、噪声等环境排放指标进行在线监测，这大大提高了监测效率，简化了监测流程，有利于实时监测和绿色化评估实施。

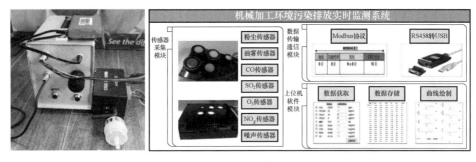

图 4-1 机械加工环境污染排放实时监测系统

该系统由三大功能模块组成：传感器采集模块、数据传输通信模块和上位机软件模块。传感器采集模块集成了用于在线监测的多种环境排放指标监测传感器，并可实现同步采集。传感器的主要性能参数见表 4-1。

表 4-1 传感器的主要性能参数

类　　型	型　　号	量　　程	分　辨　力	测量原理
油雾	PID-A12	$0 \sim 300 \ mg/m^3$	$0.001 \ mg/m^3$	光离子型
SO_2	SO2-B4	$0 \sim 2 \ mg/m^3$	$0.001 \ mg/m^3$	电化学型
CO	CO-B4	$0 \sim 1000 \ mg/m^3$	$0.001 \ mg/m^3$	电化学型
NO_x	NO2-B4	$0 \sim 20 \ mg/m^3$	$0.001 \ mg/m^3$	电化学型
O_3	O3-B4	$20 \ mg/m^3$	$0.001 \ mg/m^3$	电化学型
粉尘	SDS026-F	$100 \ mg/m^3$	$1 \ \mu g/m^3$	激光散射法
噪声	RT-ZS-BZ-485	$35 \sim 120 \ dB$	$0.1 \ dB$	驻极体电容式

数据传输通信模块使用 485 串口总线，各传感器通过 Modbus 通信协议进行统一的设备管理，在收到上位机发出的数据请求信号后，将采集得到的数据经 485 串口总线传输到上位机，如图 4-2 所示。

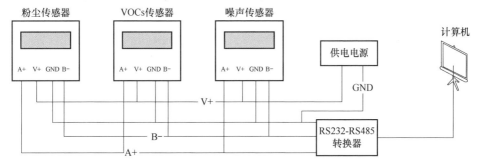

图 4-2 数据传输通信模块架构

上位机软件模块能按照监测系统设置的时间间隔发送数据请求信号，周期性地读取传感器寄存器内的数据，将数据传输通信模块传回的数据进行实时显示、绘制曲线，并用 SQLite 数据库存储相应数据。

▶▶ **2. 环境污染排放在线监测方案**

金属切削机床加工产生的油雾、粉尘、噪声等污染排放的监测虽然有相关国家标准，但这些标准制定年代较早，且仅规定了离线法采集。另外，全封闭式和非全封闭式的机床防护形式，对于油雾、粉尘、气态污染物的分布与扩散影响极大，然而现有标准未能有效针对不同机床防护特点，制定更合理的采集方法，并且粉尘、油雾、噪声的监测方案也未统筹考虑。南京理工大学的王禹林团队通过大量试验研究，针对全封闭式和非全封闭式机床的不同防护特点，制定了金属切削机床加工所产生的油雾、粉尘、气态污染物和噪声的在线综合监测方法，形成了 T/JSJXXH 001—2021《金属切削机床　资源环境负荷测量方法》团体标准，并应用于丝杠旋铣机床和绿色干切工艺的污染环排监测中，具体监测方案如下。

（1）基本要求

1）测量某机床加工时产生的粉尘、油雾、气态污染物、噪声时，应关停其周围其他机床或采取有效的隔离措施，同时应关闭周围窗户及通风设备。

2）粉尘、油雾、气态污染物传感器安装方向应分别符合 GB/T 23573—2009、GB/T 23574—2009 的规定，噪声采样应符合 GB/T 17421.5—2015 的规定。

（2）采样点位置　针对全封闭式和非全封闭式两种不同防护特点的机床，分别采用针对性的采样点位置布局方案。

1）对于 SK6010 丝杠旋铣机床，其为全封闭式结构，如图 4-3a 所示。由于防护门位置为人员经常操作的位置，因此将粉尘、油雾、气态污染物和噪声采样点设置在此处。根据 T/JSJXXH 001—2021《金属切削机床　资源环境负荷测量方法》，采样点具体设置在防护门开合处与丝杠棒料的垂直面上，距离丝杠棒料 x 方向 0.5 m，同时距离地面高度 1.55 m 处，如图 4-3b 中"①"处位置。

2）对于 HJ092×80 和 HJ092 型丝杠旋铣机床，其为非全封闭式结构，如图 4-4a、b 所示。由于丝杠旋铣过程中，刀盘将沿着棒料轴向移动，因此在靠近刀盘加工区域的机床周围设置采样点，具体设置在旋铣刀盘与丝杠棒料的垂直面上，距离丝杠棒料被加工位置 x 方向 0.5 m，同时距离地面高度 1.55 m 处，如图 4-4c 中"①"处位置。

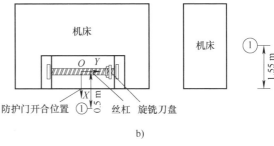

a)   b)

图 4-3　封闭式丝杠旋铣机床及其采样点位置

a) SK6010 丝杠旋铣机床（全封闭式）　b) 采样点位置

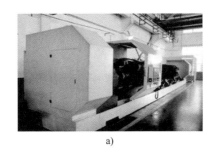
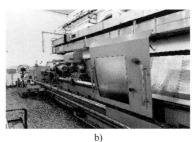

a)   b)

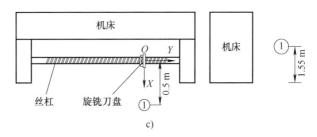

c)

图 4-4　非全封闭式丝杠旋铣机床及其采样点位置

a) HJ092×80　b) HJ092　c) 采样点位置

（3）采样时间　加工过程中，粉尘、油雾、气态污染物等会随时间逐渐扩散直至浓度趋于稳定。根据试验，丝杠旋铣开始阶段，环境排放指标浓度迅速上升，经过一段时间后浓度增长速度减缓，并经过 10 min 左右后浓度趋于稳定。因此，丝杠旋铣环境排放的采样应在加工环境浓度趋于稳定后开始监测，即应在丝杠旋铣至少持续 10 min 后开始监测。

由于不同机床防护形式的扩散特点不同，因此对于全封闭式和非全封闭式机床，其采样时间方案也有区别。对于全封闭式机床，当其防护门打开的瞬间，环境排放指标的浓度监测值会急剧变化，根据试验结果，1 min 之内浓度值先增至最大并随后下降且趋于稳定，选取稳定值作为最终监测值。对于非全封闭式机床，粉尘、油雾、气态污染物等随时间和加工位置的变化而逐渐变化直至浓度趋于稳定，也选取稳定值作为最终监测值。

3. 环境污染排放数据处理

当粉尘、油雾、气态污染物等环境排放指标采用在线监测法时，应采用式（4-1）进行浓度计算：

$$N_* = \frac{N_{*1} + N_{*2} + \cdots + N_{*n}}{n} \tag{4-1}$$

式中，N_* 为空气中某种有害物质浓度平均值（mg/m³），$*$ 为 a 时代表粉尘浓度值，$*$ 为 b 时代表油雾浓度值，$*$ 为 c 时代表 CO 浓度值，$*$ 为 d 时代表 O_3 浓度值；N_{*1}、N_{*2}、$\cdots$、N_{*n} 为采样点实时采集的有害物质浓度值（mg/m³）；n 为采样点测得的有害物质浓度数据个数。

4.1.2 切削力在线监测

1. 切削力在线监测系统

丝杠旋铣干切工艺中，切削力对丝杠表面质量及切削加工稳定性有重要的影响，它是描述切削过程的重要参数，实时监测切削力是当前获取切削力参数的主要途径，这对于优化工艺至关重要。然而，区别于普通切削方式，丝杠旋铣干切工艺利用安装于旋铣刀盘上的多把成形刀具，通过刀具工件系统的多自由度耦合运动，来实现丝杠螺旋滚道的渐进高速成形切削。在加工过程中，刀盘高速旋转的同时，还将沿着被加工丝杠轴向移动，为了保证加工出正确的螺旋滚道，丝杠还需以相应的速度低速旋转。由于丝杠的旋转和被加工螺旋滚道位置的变化，使得测力传感器无法固定安装于丝杠棒料表面。若将测力传感器安装于刀具上，传感器及其线缆必将在加工过程中随着刀具和刀盘高速旋转，同时沿着工件轴向移动，因此线缆容易与工件缠绕在一起，这给切削力的监测带来了极大的困难。此外，因为刀盘的持续旋转，旋铣过程中刀具相对于机床坐标系的姿态也在不断变化，如何方便地获得各方向的切削分力也是难点。

南京理工大学的倪寿勇研制出一种适用于丝杠旋铣切削力在线监测系统，如图 4-5 所示。使用 Kistler 9602A 三向压电式测力传感器监测三向切削力，即切向分力 F_t、径向分力 F_r 以及轴向分力 F_a。如图 4-6 所示，所设计的旋铣刀片切削力监测单元为刀杆式结构，采用螺钉预载方式通过螺栓 6 将三向压电式测力传感器 2 紧固于刀座 3 和刀柄 1 之间，刀片 4 采用螺钉压紧的装刀方式，刀柄 1 上设计有沉头腰形孔用于调整刀盘径向位置。平面 a 作为压电式测力传感器的安装基面，与传感器的承载面重合，以保证传感器 z 轴与切向力方向平行。平面 b 作为压电式测力传感器的定位基面，以保证传感器 x 轴、y 轴与径向力、轴向力方向平行。

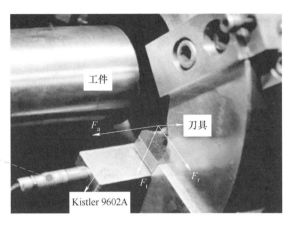

图 4-5　丝杠旋铣切削力在线监测系统

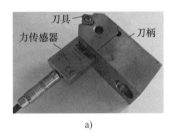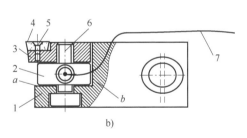

a)　　　　　　　　　　　　　　　　　　b)

图 4-6　刀杆式旋铣刀片三向压电式切削力监测单元

a）实物图　b）示意图

1—刀柄　2—三向压电式测力传感器　3—刀座　4—刀片　5—刀片螺钉　6—螺栓　7—电缆

另外，刀具与三向压电式测力传感器随旋铣刀盘一同旋转，为了保证传感器线缆不会随着刀盘旋转而与工件缠绕在一起，使用过孔型集电环作为电气接口，连接测力组件和数据采集系统。其中，集电环依据旋铣刀盘的结构尺寸定制并安装于铣刀盘上，集电环又包括转子和定子两部分，三向压电式测力传感器线缆连接至转子上，定子连接至数据采集系统上，如图 4-7 所示。力传感器和数据采集系统的主要性能参数分别见表 4-2、表 4-3。

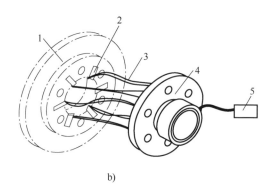

a)   b)

图 4-7   过孔型集电环组成及实物图

a) 实物图   b) 示意图

1—铣刀盘   2—测力组件   3—力信号电缆   4—集电环   5—数据采集系统

表 4-2   力传感器的主要性能参数

F_t 测量范围/kN	F_t 灵敏度/（mV/N）	F_r 测量范围/kN	F_a 测量范围/kN	F_r、F_a 灵敏度/（mV/N）
$-1 \sim 1$	5	$-0.5 \sim 0.5$	$-0.5 \sim 0.5$	10

表 4-3   数据采集系统的主要性能参数

采样频率/kHz	采样分辨率/bit	输入范围/V	灵敏度/μV
100	24	± 10	± 0.3

▶▶ 2. 切削力信号分析

在丝杠旋铣过程中，当切削工艺参数为抱紧系数 $h_c = 30\%$、切削速度 $v_t = 200$ m/min、切削深度 $a_p = 0.06$ mm、刀具数量 $N = 6$、冷却方式为气冷时，单把刀片所受切削力的瞬态变化试验曲线如图 4-8 所示。其中，F_t 为刀尖瞬态切向切削力，其方向始终指向刀尖旋转圆弧的切向；F_r 为刀尖瞬态径向切削力，其方向始终指向刀盘轴心；F_a 为刀尖瞬态轴向切削力，其方向始终指向铣刀盘轴线方向。

由图 4-8 可以看出，从刀片开始切入到切出的这个过程中，切向力 F_t、径向力 F_r 和轴向力 F_a 实时变化趋势相同且呈现三角波形。因为力传感器的测量方向问题，导致轴向力 F_a 的大小呈现负值。当刀片脱离切削时，三个方向的力几乎为零。在本试验工况下，切向力 F_t 的最大幅值为 151.2 N，径向力 F_r 和轴向力 F_a 的最大幅值约为 57.9 N，切向力 F_t 的最大幅值约是径向力 F_r 和轴向力 F_a

的 2.5 倍，这反映出丝杠旋铣过程中，刀尖前端面处承受的主要是切削力。同时观察在实际切削过程中崩刃的刀片，刀尖前端面的裂口较后端面大，可判断刀尖前端面所受到的冲击和切向力 F_t 较大。其次，图中相邻峰值的时间间隔表示同一把刀具再次参与切削所经历的时间，约为 0.12 s。因为旋铣刀盘上等间隔安装了 6 把刀具，因此相邻两把刀具切入的时间间隔约为 0.02 s，即为相邻刀具的切削周期，从图中可看出，本试验中 6 把刀具旋铣丝杠时无干涉，且散热时间充分。

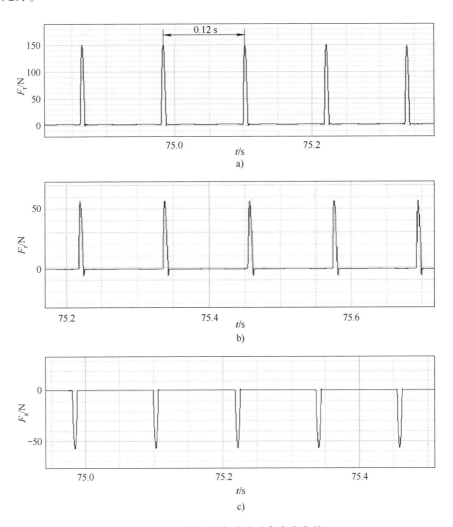

图 4-8　三向切削力试验瞬态变化曲线

a) 切向力 F_t　b) 径向力 F_r　c) 轴向力 F_a

▶▶ 3. 切削力信号特征值提取

为了减小干扰信号对切削力分析结果的影响，首先分析切削力信号的实时变化规律，剔除特别明显的异常点，然后从中提取一段稳定切削时间内的切削力信号，最终求取该时间段内每个切削子周期中最大值与最小值差值绝对值的平均值，作为评价刀尖瞬态切削力的参数特征值，具体见式（4-2）。

$$\overline{F} = \frac{\sum\limits_{k=1}^{q}(F_{k\max} - F_{k\min})}{q} \tag{4-2}$$

式中，q 为取样时间内"三角波形"的个数；k 为取样时间内第 k 个"三角波形"。

▶▶ 4.1.3 切削振动在线监测

在丝杠旋铣加工过程中，随刀盘高速旋转的刀具与工件棒料将发生时变断续冲击，引起加工振动。对于长径比大的细长丝杠工件，其自重变形和切削振动的影响尤为突出，可采用铣头两侧抱紧装置随动抱紧、丝杠工件多点浮动支承、卡盘-顶尖定位相结合的方式进行装夹。在丝杠旋风铣加工过程中，当抱紧装置靠近浮动支承时，为了避免抱紧装置与浮动支承的碰撞，浮动支承将自动下降，而抱紧装置的移动与浮动支承的升降也将影响丝杠旋铣系统的加工特性。因此，在线监测丝杠旋铣加工过程中的切削振动，对于分析和优化工艺参数，提升丝杠的旋铣加工精度和质量至关重要。

▶▶ 1. 切削振动信号采集

在本案例中，丝杠旋铣加工的振动信号使用了英国 Prosig 公司的数据采集系统，以及美国 PCB 公司的 ICP 式三轴、单轴加速度传感器进行采集，如图 4-9 所示。表 4-4、表 4-5 分别为加速度传感器和数据采集系统的主要性能参数。数据采集系统与计算机之间通过专用的 64 位 USB2.0 数据线进行数据的实时传输，将数据采集系统 Prosig 8012 和 8020 通过专用的数据线互连来扩展采集通道数，以满足丝杠旋铣机床多位置和多方向振动响应信号同步采集的需要。

考虑旋铣加工时振动较严重的部位和振动信号传递的路径，分别对左右抱紧装置、浮动支承、铣头和头架处的振动信号进行实时监测。定义旋铣机床坐标系方向如图 4-10a 所示，并将振动传感器的 X、Y、Z 轴保持与旋铣机床的坐标轴一致，传感器布置与安装如图 4-10b 所示。

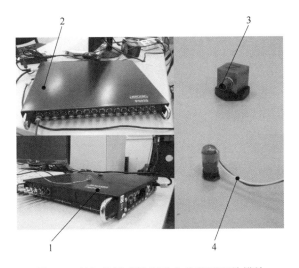

图 4-9　丝杠旋铣系统振动在线监测硬件模块

1—Prosig8012　2—Prosig8020　3—ICP 式三轴加速度传感器　4—ICP 式单轴加速度传感器

表 4-4　加速度传感器的主要性能参数

产　品	型　　号	灵敏度/（mV/g）	测量范围/g	频率范围/Hz	质量/g
ICP 式三轴加速传感器	356A02	10	500	0.5~6500	10.5
ICP 式单轴加速度传感器	M353B17	10	500	0.7~20000	1.7

表 4-5　数据采集系统的主要性能参数

产　　品	通　道　数	采样频率/kHz	采样分辨率/bit	输入范围/V	接　口　类　型
P8012	4	100	24	±10	USB2.0
P8020	8	100	24	±10	USB2.0

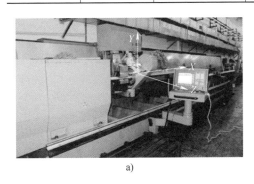
a)

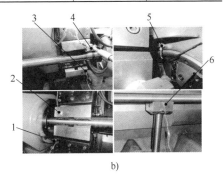
b)

图 4-10　丝杠旋铣机床坐标系及振动传感器布局示意图

a）旋铣机床坐标系方向　b）传感器布置与安装

1—右下跟刀架　2—右上跟刀架　3—左下跟刀架　4—左上跟刀架　5—铣刀盘　6—浮动支承

▶▶ **2. 振动加速度信号瞬态分析**

测得上述各位置的振动加速度信号的变化规律基本一致，以随动抱紧装置的左上抱紧装置处的振动加速度信号为例，当工艺参数为抱紧系数 $h_c = 30\%$、切削速度 $v_t = 200$ m/min、切削深度 $a_p = 0.06$ mm、刀具数量 $N = 6$、冷却方式为气冷时，振动加速度信号如图 4-11 所示。

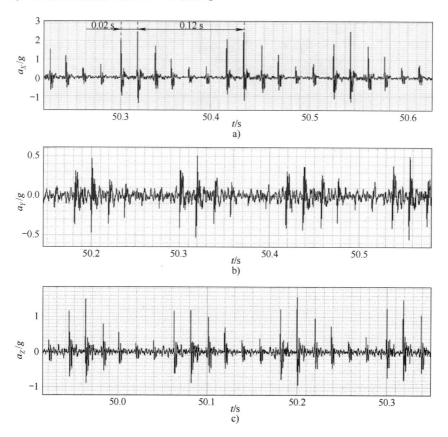

图 4-11　左上抱紧装置处的振动加速度信号

a) X 方向　b) Y 方向　c) Z 方向

由图 4-11 可知，X、Y、Z 三个方向的振动加速度信号变化规律基本一致，幅值存在差异。振动加速度信号呈周期性变化，在一个周期内出现 6 个振动加速度信号的极值，与刀盘上装有 6 把刀具相吻合。前一把刀具的切出点与后一把刀具的切入点之间存在明显时间间隔，可见每次参与切削的刀具有且只有一把。相邻振动加速度信号极值的时间间隔约为 0.02 s，与切削力的监测结果吻合。

进一步分析丝杠旋铣的几何轨迹可知，在相邻刀具切入的时间间隔内，工件转过 0.39°，在后一把刀具从切入到切出工件的有效切削时间内，刀盘转过约 27°，约占相邻刀具切削周期内刀盘转过 60° 的 45%。这也进一步验证了后一把刀具参与切削时，前一把刀具已经脱离工件。

另外，当刀具切削到工件顶端时，压电式力传感器的测量方向与左上抱紧装置处的振动传感器测量方向相同，变化规律相似，显然，铣床左上抱紧装置处的振动响应在一定程度上反映了工件切削点处的振动响应。

为了进一步研究刀具从切入到切出这一过程中工件系统的动态响应，提取铣床左上抱紧装置 X 方向的振动加速度信号局部放大图，如图 4-12 所示。图中，可近似确定一把刀具的切入位置 A、切出位置 B 和下一把刀具的切入位置 C，即 AB 段表示有效切削时间，AC 段表示相邻刀具切入时间间隔，BC 段表示切削空闲时间。在有效切削时间内，刀具刚开始切入工件时，系统的振动加速度急剧上升，达到一定极值后，又急剧下降，在切削稳定后，振动加速度在一定范围内波动变化并衰减，直到刀具与工件脱离时，工件系统的振动加速度逐渐趋于 0。由此可见，当刀具开始切入工件时，具有较大的冲击。

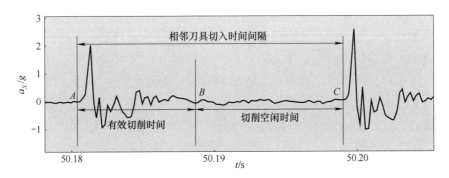

图 4-12　铣床左上抱紧装置 X 方向振动加速度信号局部放大图

▶▶ 3. 振动加速度信号特征值提取

为了能尽可能减小干扰信号对振动分析结果的影响，首先分析振动实时变化规律，对特别明显的异常点进行剔除，然后从中提取一段稳定切削时间内的振动加速度信号，求取该时间段内振动加速度值的均方根值 RMS，具体计算见式 (4-3)，并将其作为评价振动的参数特征值。

$$\text{RMS} = \sqrt{\dfrac{\sum\limits_{i=1}^{m} x_i^2}{m}} \tag{4-3}$$

式中，x_i 为采样数据；m 为取样时间内采样数据个数。

▷ 4.1.4 切削温度在线监测

刀具切削过程中所消耗的功（材料的塑性变形功和摩擦功），大部分将转化为切削热，由三个变形区向刀具、已加工表面和切屑传散，整个切削区的温度逐渐升高，吸热多又不易散热的部位温度最高。如果切削热温升引起工件表层温升过高，则表面金属层将发生金相组织变化和加工硬化等现象，还可能产生残余拉应力，甚至产生积屑瘤，使得工件表面质量受到很大影响。此外，切削热还会影响刀具的磨损程度和使用寿命。

丝杠旋铣是典型的干切工艺，加工过程中无需使用切削液，而是采用合适的刀具和涂层技术，通过高切削速度，尽量缩短刀具与工件的接触时间，再用压缩空气去除切屑，以控制工作区的温度。这对切削热的产生、传递和冷却耗散具有明显影响。因此，在线监测丝杠旋铣加工过程中的动态切削温度，对于分析干切机理、优化工艺参数、改善工件表面质量和延长刀具使用寿命至关重要。

针对金属切削加工过程中温度的测量方法主要有接触法（包括各类热电偶）和非接触法（主要采用红外热成像仪）。有线或无线热电偶的缺点是瞬态响应有限，且难以获得精确的温度分布。此外，在丝杠旋铣加工过程中，刀具和工件始终处于旋转状态，由于热电偶存在安装和采样频率较低的问题，因此，用接触法测量温度难以准确获取其切削加工区温度分布情况。与热电偶相比，红外热成像仪通过非接触探测红外能量（热量），并将其转换为电信号，进而在显示器上生成热图像和温度场，并可以对温度值进行计算，具有快速准确的特点，近年来在切削加工区温度的监测中应用越来越广泛。

本试验中选用红外热成像仪监测丝杠旋铣过程中切削加工区温度的变化情况。在测量丝杠温度的过程中，通过以太网实现全辐射红外图像和温度信号传输，采用 BM_IR 软件对红外热成像仪获取的图像信息进行分析。为了获取更高的图像分辨率，将测量窗口的分辨率设置为 640×512 像素。在进行温度测量之前，采用喷涂法对红外热成像仪进行校准。在测量过程中，应将红外热成像仪的镜头调整至正对且尽量靠近切削加工区，以获得尽可能准确的测量值。丝杠旋铣温度场分布如图 4-13 所示。

由图 4-13 可知，丝杠旋铣温度呈现周期性、先增大再减小的规律，这是由于旋铣刀具沿旋铣刀盘周向均匀分布，切削深度先增大再减小决定的。需要注意的是，虽然红外热成像仪可以采集到丝杠旋铣加工区，主要包括旋铣刀盘、刀柄、棒料加工位置附近，以及产生的切屑表面的温度场图像，但由于丝杠旋铣时，刀盘轴线相对于丝杠工件的轴线有一定的螺旋角，且刀具实际切削点在螺旋滚道内，同时由于刀盘高速旋转、切屑飞溅和遮挡等特点，使得切削点温度的测量值较实际值偏低一些。

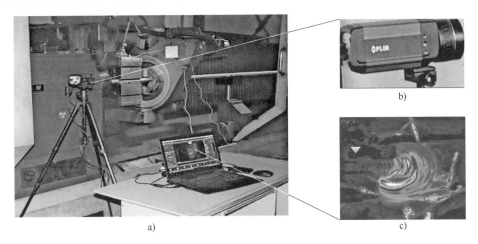

图 4-13 丝杠旋铣温度场分布

a）丝杠旋铣试验现场　b）红外热成像仪　c）切削加工区温度场

4.1.5 切削能耗在线监测

通常，切削加工材料过程中的切削能耗占总加工能耗的 15%～70%，是加工过程能耗的重要组成部分。同时，切削比能作为可加工性的重要指标用于新表面的成形，直接关系着工艺的可持续性和加工质量的提升。目前针对切削工艺中切削能耗的分析通常是对切削比能进行分析。

丝杠具有螺旋滚道等复杂几何特征。相较于普通的车削、铣削工艺，其多自由度耦合运动下的绿色干切工艺能耗特性更为复杂。因此，亟须针对丝杠绿色干切工艺，开展旋铣过程中的切削功率及切削能耗在线监测，为能耗特性研究提供关键实测的数据支承，对于分析切削能耗特性和切削比能，优化工艺参数，进一步提升丝杠旋铣加工的节能潜力和绿色可持续性具有重要意义。

丝杠旋铣工艺过程中的切削功率 $P_{cutting}$ 可通过测量得到的机床功率曲线分解得到，即工艺过程中测量得到的稳定切削阶段的加工功率 P_{normal} 与非切削阶段的空切削功率 P_{air} 之差。这里使用日本日置公司的钳式功率分析仪 PW3365-30 测量加工功率，进而得到切削功率 $P_{cutting}$，如图 4-14 所示。

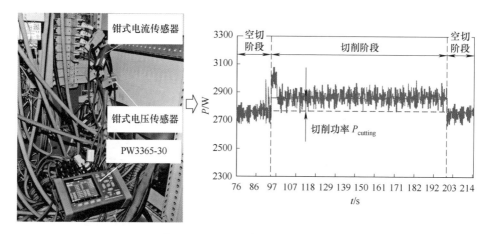

图 4-14 丝杠旋铣切削功率监测

机床能耗见式（4-4）。

$$E = \int_0^T P \mathrm{d}t \qquad (4\text{-}4)$$

式中，E 为一次加工过程消耗的电能（kW·h）；P 为机床加工的实时功率（kW）；T 为机床一次加工过程的时间（h）。

4.2 环境污染排放试验与分析

▶ 4.2.1 试验设计

以汉江机床的八米数控旋铣机床 HJ092×80 为例，采集该企业生产一线中旋铣机床加工丝杠时所产生的环境污染排放数据，如图 4-15 所示。在本例中，加

a)   b)

图 4-15 丝杠旋铣环境污染排放监测

a) 八米数控旋铣机床 b) 环境污染排放监测设备

工刀具选用 PCBN 刀具，待加工工件长度为 3300 mm，螺距为 10 mm，中径为 63.5 mm，工件材料选用轴承钢 GCr15，热处理后硬度达 62 HRC。主要工艺参数设置为抱紧系数 $h_c = 30\%$、切削速度 $v_t = 160$ m/min、切削深度 $a_p = 0.06$ mm，刀具数量 $N = 6$，冷却方式为气冷。参考 4.1.1 节中的在线监测方案，重复采样三次，进而分析粉尘、油雾、气态污染物和噪声的排放情况，根据国家标准中规定的接触限值对旋铣绿色工艺进行评价。

4.2.2 环境污染排放试验验证与影响分析

1. 粉尘浓度

表 4-6 为丝杠旋铣加工三次采样所测的粉尘浓度采样数据，其中 PM2.5、PM10、PM100 变化范围分别为 $56.44 \sim 119.50$ μg/m³、$133.80 \sim 272.35$ μg/m³、$194.25 \sim 394.75$ μg/m³。根据 GBZ 2.1—2019《工作场所有害因素职业接触限值 第 1 部分：化学有害因素》对粉尘浓度接触限值的规定，可以看出丝杠旋铣产生的粉尘浓度处于低水平。

表 4-6　粉尘浓度采样数据　　　　　　　（单位：μg/m³）

指　标	PM2.5			PM10			PM100		
	第一次	第二次	第三次	第一次	第二次	第三次	第一次	第二次	第三次
最大值	119.64	111.95	119.50	254.95	236.96	272.35	361.27	340.91	394.75
最小值	56.44	62.55	59.04	133.80	153.75	158.77	194.25	223.18	233.28
均值	91.13	85.73	94.91	193.94	191.37	219.35	276.60	277.59	318.90
限值	500			5000			8000		

2. 油雾浓度

表 4-7 为丝杠旋铣加工三次采样所测的油雾浓度采样数据，其变化范围为 $0.034 \sim 0.044$ mg/m³，远小于 GBZ 2.1—2019《工作场所有害因素职业接触限值 第 1 部分：化学有害因素》对油雾浓度接触限值的规定，可以看出油雾产生的危害极小。究其原因，由于丝杠旋铣属于干式切削工艺，不需要切削液，因此加工过程中几乎无油雾产生。

3. 气态污染物浓度

表 4-8 为丝杠旋铣加工三次采样所测的气态污染物浓度采样数据，其中 CO、NO$_x$、O$_3$ 浓度变化范围分别为 $0.596 \sim 0.681$ mg/m³、$0.048 \sim 0.053$ mg/m³、$0.086 \sim 0.093$ mg/m³，远小于 GBZ 2.1—2019《工作场所有害因素职业接触限

值 第1部分：化学有害因素》对各气态污染物接触限值的规定，这也与丝杠绿色旋铣工艺无需切削液有关。此外，SO_2 浓度变化范围为 $0.001 \sim 0.005$ mg/m³，与国家标准对其浓度限值 5 mg/m³ 相比可忽略不计。

表 4-7　油雾浓度采样数据　　　　　　　　　（单位：mg/m³）

指　　标	油　　雾		
	第一次	第二次	第三次
最大值	0.044	0.042	0.038
最小值	0.042	0.035	0.034
均值	0.043	0.039	0.036
限值	1.85		

表 4-8　气态污染物浓度采样数据　　　　　　（单位：mg/m³）

指标	CO			NO$_x$			O$_3$		
	第一次	第二次	第三次	第一次	第二次	第三次	第一次	第二次	第三次
最大值	0.681	0.647	0.679	0.053	0.052	0.053	0.091	0.092	0.093
最小值	0.632	0.596	0.611	0.050	0.049	0.048	0.086	0.088	0.088
均值	0.652	0.616	0.637	0.051	0.051	0.051	0.088	0.090	0.091
限值	20			5			0.3		

▶▶ **4. 噪声**

表 4-9 为丝杠旋铣加工三次采样所测的噪声数据，其变化范围为 $92.92 \sim 96.14$ dB（A）。根据 GBZ 2.2—2007《工作场所有害因素职业接触限值　第 2 部分：物理因素》对噪声接触限值的规定，可以看出目前国内自主研制的丝杠旋铣机床加工时噪声较大，超出了 85 dB（A）的规定，后期应在噪声抑制上深入开展工作，同时建议工人操作机床时做好噪声防护措施。

表 4-9　噪声采样数据　　　　　　　　　［单位：dB（A）］

指　　标	噪　　声		
	第一次	第二次	第三次
最大值	95.32	95.10	96.14
最小值	94.78	92.92	95.65
均值	95.13	94.03	95.95
限值	85		

综上所述，丝杠旋铣工艺加工过程中无需使用切削液，大幅降低了加工过程中油雾和气态污染物的危害，是一种典型的绿色加工工艺，但在加工过程中仍会产生一定量的粉尘，噪声污染也较为严重，后期应进一步优化机床和工艺，降低粉尘和噪声的危害。

4.3 切削力模型试验与分析

4.3.1 试验设计

机床选用汉江机床的 HJ092×80 数控旋铣机床，刀具选用 PCBN 涂层刀具，前角 0°、后角 9°，刀具半径 r_t 为 3.304 mm，工件毛坯直径为 62.05 mm、长度为 2000 mm，材料为 GCr15 轴承钢，硬度为 62 HRC。丝杠螺纹滚道的主要几何参数为外径为 62.05 mm、底径为 57.95 mm，旋铣刀盘中刀尖回转半径 R 为 43.5 mm，即工件与刀盘偏心距调整为 14.525 mm。旋铣试验的切削参数见表 4-10，所有参数组试验采用干切环境（即无切削液，冷却方式为气冷）。此外，每组参数均重复三次且每次切削均换新刀以降低切削过程中的刀具磨损影响。表 4-10 中的 1~3 号试验组测量的切削力参数用于求解切削力系数，4~9 号试验组测量的切削力参数用于验证所建立的切削力模型，丝杠旋铣机床及切削力试验现场如图 4-16 所示。

表 4-10 切削力模型的切削参数

试验序号	刀盘转速 n_t/（r/min）	工件转速 n_w/（r/min）	转速比 r_s	刀具数量 N（个）	刀盘倾斜角 φ/（°）	导程 P/mm
1	354	3	118	3	2.8924	10
2	495	3	165	3	2.8924	10
3	637	3	212.33	3	2.8924	10
4	495	2	247.5	3	2.8924	10
5	495	4	123.75	3	2.8924	10
6	495	3	165	2	2.8924	10
7	495	3	165	4	2.8924	10
8	495	3	165	3	4.3341	15
9	495	3	165	3	5.7702	20

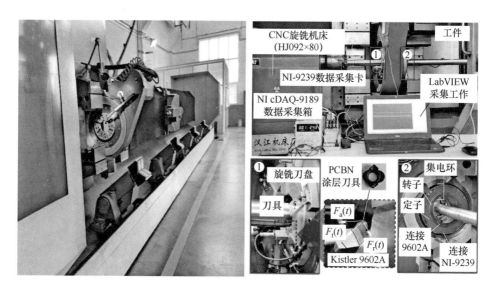

图4-16　丝杠旋铣机床及切削力试验现场

4.3.2　切削力模型试验验证与影响分析

分别以表4-10中的2、3号试验组测量的切削力参数为例，对比不同切削条件下动态切削力的理论预测值和试验值，如图4-17所示，三种曲线分别代表切向力F_t、径向力F_r和轴向力F_a的变化规律。可以看出，切削力的理论预测值与试验值基本保持一致。在刀具完成一次切削加工过程中，切向力F_t随时间的动态变化值最大，轴向力F_a的变化值最小，切向力F_t、径向力F_r和轴向力F_a均具有先增大后减小的趋势。

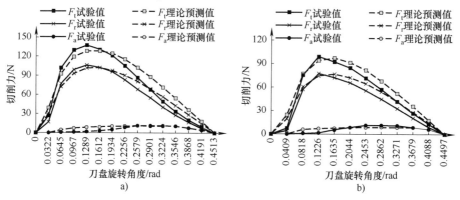

图4-17　切削力的试验值与理论预测值的对比

a）2号试验组　b）3号试验组

通过对比表4-10中的4~9号试验组的预测值和试验值进行模型验证。如图 4-18 所示,在不同的刀盘转速 n_t、工件转速 n_w、刀具数量 N 及刀盘倾斜角 φ 的情况下,基于切削力模型的预测值与旋铣试验测量值间有较好的吻合度。同时,如图 4-19 所示,将不同试验组下的切削力最大合力值也进行对比,最大合力的预测值与试验值间的最大误差为 11.3%。进一步由图 4-19 可以看出,最大合力随着刀盘转速 n_t 及刀具数量 N 的增大而减小,随着工件转速 n_w 的增大而增大,而刀盘倾斜角 φ 对最大合力的影响较小。因此,在丝杠旋铣工艺中较大的

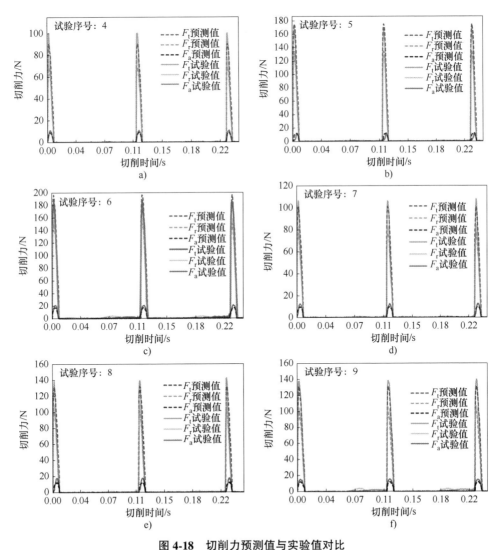

图 4-18 切削力预测值与实验值对比

a)4号试验组 b)5号试验组 c)6号试验组 d)7号试验组 e)8号试验组 f)9号试验组

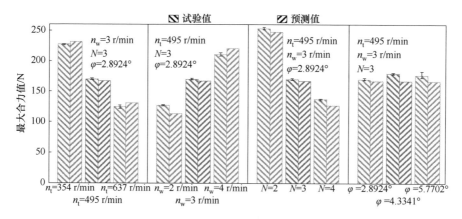

图 4-19　工艺参数对切削力最大合力值的影响

刀盘转速 n_t 及刀具数量 N 有利于减小切削力，进而有利于提高加工过程中的切削稳定性。

此外，结合 4.4.1 节中的试验方案，进一步开展了切削力影响的试验研究工作，主要分析了抱紧系数和切削深度对切削力的影响规律，如图 4-20 和图 4-21 所示。如图 4-20 所示，随着抱紧系数的增加，径向力 F_r 保持平稳，轴向力 F_a 呈轻微上涨的趋势，切向力 F_t 整体呈下降趋势，切削力合力 F 仍呈下降趋势，可见抱紧系数的增加有助于减小刀尖瞬态切削力，但影响较小。如图 4-21 所示，随着切削深度的增加，三个方向的切削力及其合力均呈明显近线性的增长趋势，切向力 F_t 的增长速度最快。综上所述，切削深度对切削力的影响最大，抱紧系数对切削力的影响较小。

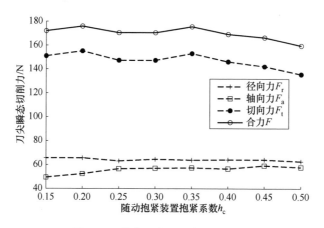

图 4-20　抱紧系数和切削力的关系

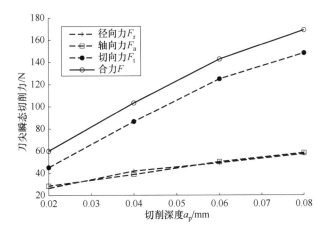

图 4-21 切削深度和切削力的关系

4.4 切削振动试验与分析

4.4.1 试验设计

大型丝杠工件的自重变形和切削振动对其加工质量有显著影响，因此采用铣头两侧抱紧装置随动抱紧、大型丝杠工件多点浮动支承、卡盘–顶尖定位相结合的方式进行辅助装夹。如图 4-22 所示，左右抱紧装置张开和某一个浮动支承下降的区域的长度占整根大型丝杠较大的比例，而所有的浮动支承装夹约束正常的区域长度占整根大型丝杠较小的比例，即在大多数情况下大型丝杠是在不完全浮动支承装夹约束状态下旋铣成形的，且不完全浮动支承装夹约束状态对工件系统切削点处的动态响应有很大的影响，因此非常有必要在不同浮动支承装夹约束区域分别进行工艺参数单因素试验，分析约束状态及工艺参数对其动态响应的影响规律及影响程度，以在大型丝杠加工全长范围内探索适合于不同浮动支承装夹约束状态下的优化工艺参数组合，保证大型丝杠工件的加工质量。

本例进行八米大型丝杠硬态旋铣试验，主要研究工艺参数和浮动支承装夹约束状态对切削过程中工件系统动态响应的影响，包括以下类型的工艺参数单因素试验组：不同浮动支承装夹约束状态下的切削深度 a_p 单因素试验、切削速度 v_t 单因素试验、抱紧系数 h_c 单因素试验、刀具类型对比试验以及浮动支承装夹约束过渡位置连续切削试验等。其中，浮动支承装夹约束过渡位置是指浮动支承状态突变和抱紧装置夹持状态突变的坐标位置。依据试验类型的不同，其

161

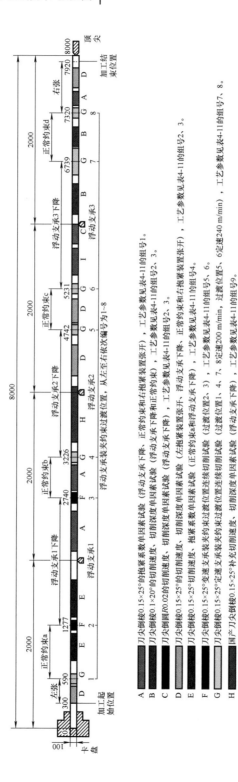

图4-22 八米大型丝杠不同浮动支承装夹约束状态区域分布图

A 刀尖倒棱0.15×25°的抱紧系数单因素试验（浮动支承下降、正常约束和右抱紧装置张开），工艺参数见表4-11的组号1。

B 刀尖倒棱0.1×20°的切削速度、切削深度单因素试验（浮动支承下降和正常约束）（浮动支承下降），工艺参数见表4-11的组号2、3。

C 刀尖倒圆R0.02的切削速度、切削深度单因素试验（浮动支承下降）（浮动支承下降），工艺参数见表4-11的组号2、3。

D 刀尖倒棱0.15×25°的切削速度、切削深度单因素试验（左抱紧装置张开、浮动支承下降、正常约束和右抱紧装置张开），工艺参数见表4-11的组号2、3。

E 刀尖倒棱0.15×25°的抱紧系数单因素试验（正常约束和浮动支承下降），工艺参数见表4-11的组号4。

F 刀尖倒棱0.15×25°变速支承装夹约束过渡位置连续切削试验（过渡位置2、3），工艺参数见表4-11的组号5、6。

G 刀尖倒棱0.15×25°定速支承装夹约束过渡位置连续切削试验（过渡位置5、4、7、8定速200 m/min，过渡位置5、6定速240 m/min），工艺参数见表4-11的组号7、8。

H 刀尖倒棱0.15×25°补充切削试验（浮动支承下降），工艺参数见表4-11的组号9。

I 国产刀尖倒棱0.15×25°切削深度单因素试验（浮动支承下降），工艺参数见表4-11的组号10、11。

国产刀尖倒棱0.15×25°探索性高切削速度、大切削深度试验工艺参数值见表4-11。表4-11中，变速连续切削试验指在约束状态突变瞬间不停下刀盘、直接改变切削速度继续切削，而定速连续切削试验指在约束状态突变瞬间不改变切削速度继续切削。刀具数量 $N=6$ 和冷却方式保持不变，丝杠工件长度为 8 m，直径为 100 mm，螺纹滚道的大径为 99 mm，小径为 94.05 mm，丝杠导程为 10 mm，螺旋角为 1.82°，材料为 GCr15 轴承钢，铣刀盘刀尖旋转直径为 135 mm。

表 4-11　八米大型丝杠硬态旋铣切削试验工艺参数值

组号	切削速度 v_t/（m·min⁻¹）	切削深度 a_p/mm	抱紧系数 h_c（%）	试验类型
1	200	0.06	15、20、25、30 35、40、45、50	抱紧系数 单因素试验
2	160、180、240	0.06	30	切削速度、 切削深度 单因素试验
3	200	0.02、0.04、0.06、0.08		
4	160、180、200、240	0.06	20、40	切削速度、 抱紧系数 单因素试验
5	160（上升）~180（下降）	0.06	20	变速支承装夹 约束过渡位置 连续切削试验
6	160（下降）~240（上升）	0.06	30	
7	200	0.06	30	定速支承装夹 约束过渡位置 连续切削试验
8	240	0.06	30	
9	160、180、240	0.02、0.04、0.06、0.08	30	补充切削深度、 切削速度 单因素试验
10	200、240	0.1、0.12	30	探索性高切削 速度、大切削深 度单因素试验
11	260、280、300、320	0.06	30	

以八米大型丝杠旋铣机床为对象，依据其浮动支承装夹特点，确定相邻不同浮动支承装夹约束过渡位置 1~8，将大型丝杠划分为 9 个区域，从卡盘到顶尖之间分别为左抱紧装置张开、浮动支承装夹正常约束 a~d 与浮动支承 1~3 下降和右抱紧装置张开等 9 段，如图 4-22 所示。

在实际加工八米大型丝杠的过程中，为了避免左抱紧装置与卡盘发生碰撞，在加工 300~590 mm 这一坐标区间段的螺纹时，左抱紧装置必须处于打开状态；在加工到坐标位置为 590 时，左抱紧装置即将闭合，直到加工到坐标位置为

1277 mm 时，为了避免右抱紧装置与浮动支承 1 碰撞，此时浮动支承 1 自动下降。依此类推，当加工到坐标位置为 7320 mm 时，为了避免右抱紧装置与顶尖碰撞，右抱紧装置开始张开，直到加工到坐标位置为 7920 mm 时，完成八米大型丝杠螺纹全长的加工。该图是根据八米大型丝杠具体尺寸和不同浮动支承装夹约束区域的实际长度等比例绘制而成的。

图 4-22 中通过颜色条区分不同类型的工艺参数切削试验 A~I，具体如下：

切削试验 A：为了考察在浮动支承下降、正常约束和右抱紧装置张开约束状态下抱紧系数对工件系统动态响应的影响，选用刀尖倒棱 0.15 mm×25° 的刀具，在图 4-22 中紫红色颜色条的位置开展试验，具体工艺参数见表 4-11 中的组号 1。除右抱紧装置张开区域段因为长度有限，选做了其中 5 组（15%、20%、30%、40%、50%）不同抱紧系数单因素试验，在其余两处区域段处分别做了 8 组不同抱紧系数单因素试验。

切削试验 B：为了考察在浮动支承下降和正常约束状态下切削速度、切削深度对工件系统动态响应的影响，同时兼顾倒棱 0.1 mm×20° 与倒棱 0.15 mm×25° 的刀具的对比，在图 4-22 中深蓝色颜色条的位置开展试验，具体工艺参数见表 4-11 中的组号 2、3。

切削试验 C：为了考察在浮动支承下降约束状态下切削速度、切削深度对工件系统动态响应的影响，同时兼顾倒圆 $R0.02$ mm、倒棱 0.1 mm×20° 与倒棱 0.15 mm×25° 的刀具的对比，在图 4-22 中灰蓝色颜色条的位置开展试验，具体工艺参数见表 4-11 中的组号 2、3。

切削试验 D：为了考察在左抱紧装置张开、浮动支承下降、正常约束和右抱紧装置张开约束状态下切削速度、切削深度对工件系统动态响应的影响，选用刀尖倒棱 0.15 mm×25° 的刀具，在图 4-22 中绿色颜色条的位置开展试验，具体工艺参数见表 4-11 中的组号 2、3。

切削试验 E：为了考察在正常约束 a 和浮动支承下降约束状态下切削速度、抱紧系数对工件系统动态响应的影响，以便后续变速连续切削试验中切削速度的设置，选用刀尖倒棱 0.15 mm×25° 的刀具，在图 4-22 中深紫色颜色条的位置开展试验，具体工艺参数见表 4-11 中的组号 4。

切削试验 F：为了考察在变速连续切削下约束状态突变对工件系统动态响应的影响，选用刀尖倒棱 0.15 mm×25° 的刀具，在图 4-22 中黑色颜色条的位置开展变速浮动支承装夹约束过渡位置连续切削试验，具体工艺参数见表 4-11 中的组号 5、6。

切削试验 G：为了考察在定速连续切削下约束状态突变对工件系统动态响应

的影响，选用刀尖倒棱 0.15 mm×25°的刀具，在图 4-22 中天蓝色颜色条的位置开展定速支承装夹约束过渡位置连续切削试验，具体工艺参数见表 4-11 中的组号 7、8。除过渡位置 7 连续切削 32 个导程外，其余位置连续切削 12 个导程。

切削试验 H：由于在浮动支承 2 下降区域还留有足够的空余位置，故补充考察在该约束状态下切削速度、切削深度对工件系统动态响应的影响，选用刀尖倒棱 0.15 mm×25°的刀具，在图 4-22 中红色颜色条的位置开展试验，具体工艺参数见表 4-11 中的组号 9。

切削试验 I：为了考察浮动支承下降约束状态下高切削速度、大切削深度对工件系统动态响应的影响，选用刀尖倒棱 0.15 mm×25°的刀具，在图 4-22 中深绿色颜色条的位置开展试验，具体工艺参数见表 4-11 中的组号 10、11。

上述的工艺参数试验，除连续切削试验外，依据切削位置处空余情况切削 2~3.5 个导程，图 4-22 中白色颜色条为未进行任何类型的切削试验，该布局还考虑到试验结束后采用砂轮切断大型丝杠，进而用线切割机取样，以便对丝杠滚道的加工质量进行后续检测。由于切削试验 F 实际采集的振动信号几乎无变化，且样本量少，而切削试验 H、I 因为试验顺序靠后，此时刀具磨损较严重，使得切削试验 F、H、I 的试验数据偶然性及可信度较弱，因此后文主要对不同支承装夹约束下的切削速度、切削深度和抱紧系数单因素试验和定速支承装夹约束过渡位置连续切削试验进行了分析。

▶▶ 4.4.2　工艺参数和支承装夹约束状态对切削振动的影响分析

选取丝杠旋铣机床上靠近切削点位置的 5 个关键部位，即刀盘、左上抱紧装置、右上抱紧装置、左下抱紧装置、右下抱紧装置，将在这些部位上测得的合加速度均方根值作为振动响应的主要参数特征值，计算公式见式（4-3）。经过分析发现 5 个部位，尤其 4 个随动抱紧装置部位的振动响应变化规律基本一致。由于刀盘处的振动传感器部位更靠近实际切削点的位置，其振动响应特征值更大。选取左上抱紧装置部位的振动信号来分析抱紧系数、切削速度、切削深度、支承装夹约束等主要因素对振动的影响规律。

首先研究在浮动支承上升、浮动支承下降和右抱紧装置张开三种约束下，抱紧系数 h_c、切削深度 a_p 和切削速度 v_t 与振动响应间的关系，如图 4-23 所示。

如图 4-23a 所示，随着抱紧系数的增大，不同支承装夹约束下的振动响应均呈递减趋势。当处于浮动支承下降区域时，抱紧系数从 15% 增加到 20%，振动响应急剧减小，抱紧系数增加到 30% 以后振动响应几乎保持平稳；当处于右抱紧装置张开区域时，抱紧系数从 15% 增加到 40%，振动响应呈线性快速降低，抱紧系数增加到40%以后振动响应趋于平稳；当处于浮动支承上升区域时，抱紧系数从15%增加到25%，振动响应先减小后增大，原因是当试验进行到图中点A时，发现刀尖开始出现裂口，相应本组采集到的振动信号质量较差，但此时并没有换下有裂口的刀具而是继续进行试验，抱紧系数增大到25%时，发现刀尖裂口已经扩大，直到抱紧系数为45%时，才更换刀具。可见当抱紧系数较小时，刀尖出现裂口和裂口扩展这个过程对振动响应有显著影响，而当抱紧系数较大时，刀尖出现裂口对其对振动响应的影响变小，当抱紧系数增加到40%后，振动响应趋于平稳。此外，无论在何种支承状态约束下，抱紧系数为40%较为合适，继续增加抱紧系数对于降低切削振动已无效果，而过大的抱紧系数还会影响工件的旋转。

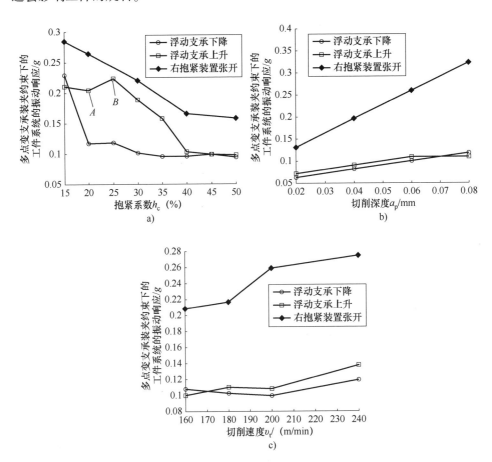

图4-23　多点变支承装夹约束下切削振动与抱紧系数、切削深度和切削速度的关系

a）抱紧系数　b）切削深度　c）切削速度

如图 4-23b 所示，随着切削深度的增大，不同支承装夹约束下的振动响应均呈明显的递增趋势。当处于右抱紧装置张开区域时，振动响应的增速和增长幅度比其他工况大，而处于浮动支承上升和下降区域时，振动响应的大小和变化趋势基本一致。如图 4-23c 所示，随着切削速度的增大，不同支承装夹约束下的振动响应整体上呈微增趋势。右抱紧装置张开区域振动响应的大小和变化幅度比处于浮动支承上升和下降区域时大很多。由图 4-23 还可分析得知，在同一工艺参数组合下，当处于右抱紧装置张开区域时，振动响应比其他工况大很多，因此为了保证丝杠全长的整体加工质量，可采用的措施有：

1）考虑减少螺纹的有效加工长度，保证螺纹不处于右抱紧装置张开的区域下加工。

2）对工件刚性较弱的尾部多施加一个浮动支承约束，或者优化浮动支承的位置布局，来改善右抱紧装置张开区域内的振动响应。

3）在右抱紧装置区域的振动响应得到改善的前提下，可适当采用较大切削深度和切削速度加工大型丝杠，提高生产效率。

进而研究刀尖倒棱 25°、倒棱 20° 和倒圆 $R0.02$ mm 这三种不同类型刀具在浮动支承下降区域的振动响应与切削深度的关系，如图 4-24 所示。在同一工艺参数组合下，振动响应从小到大依次为 20° 倒棱刀具、$R0.02$ mm 倒圆刀具和 25° 倒棱刀具，但差别不大。在同等条件下，虽然使用 20° 倒棱刀具切削工件的振动响应最小，但刀具寿命也小很多。相比而言，25° 倒棱刀具约切削了 80 组试验工件开始出现崩刃或裂口，而 20° 倒棱刀具约切削了 6 组试验工件出现破损。因此，考虑到加工成本，25° 倒棱刀具更适合切削大型丝杠，不仅可减少更换刀具的麻烦，也可保证螺纹全长的加工质量。

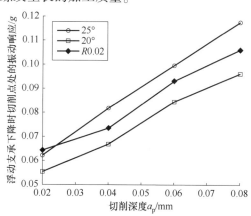

图 4-24 不同刀尖结构下振动响应与切削深度的关系

为了分析丝杠全长各支承装夹约束状态下的振动响应变化，在各浮动支承装夹约束状态变化前后进行连续切削试验。发现当浮动支承刚下降时，振动响应变化最大，其次为右抱紧装置张开时振动响应的变化。分析其原因，当浮动支承下降时，切削点正处于整个工件的中部，由于丝杠长径比长和自重等因素，切削时整个系统的刚度减弱较大，故振动响应变化最大；当右抱紧装置张开时振动响应比左抱紧装置大的原因是工件尾部为顶尖支承，而工件头部为卡盘约束，卡盘约束比顶尖支承更能提高切削系统的刚度，因此需进一步优化浮动支承的个数和间隔距离来提高大型丝杠旋铣系统整体的刚性，从而保证螺纹全长的加工质量。

4.5　切削温度模型试验与分析

▶▶ 4.5.1　试验设计

在汉江机床的 HJ092×80 数控旋铣机床上进行丝杠旋铣温度在线监测试验。工件毛坯材料为 GCr15 轴承钢，硬度为 63~65 HRC，工件几何参数与材料热物理参数见表 4-12，刀具选用 PCBN 涂层刀具，刀具几何参数与热物理参数见表 4-13。丝杠旋铣主要工艺参数如下：冷却方式为气冷，刀具数量 $N=4$，最大切削深度 $a_p = 0.06$ mm，切削速度分别设置为 160 m/min、180 m/min、200 m/min 和 220 m/min 四组。利用红外热成像仪获取稳定切削阶段中加工区域的最大温度值，作为该组工艺参数下的丝杠旋铣最大温度值，以验证 3.3 节中切削温度场模型的准确性，并分析切削速度对温度的影响规律。

表 4-12　工件几何参数与材料热物理参数

几何参数与材料热物理参数	数　　值
轴向节距	10.00 mm
外圆直径	78.50 mm
齿根圆直径	73.90 mm
热导率	$4.66×10^{-2}$ W/（mm·℃）
热释放率	12.6 mm²/s
密度	$7.81×10^{-3}$ g/mm³

表 4-13   刀具几何参数与热物理参数

几何参数与热物理参数	数　值
前角	0°
倒角	0.1 mm×25°
刀尖圆角半径	3.66 mm
热导率	0.044 W/（mm·℃）
比热容	0.75 J/（g·℃）

4.5.2   切削温度模型试验验证与影响分析

表 4-14 中的第 2 列为四组工艺参数下的温度测量最大值，第 3~5 列为在稳定切削阶段中温度测量最大值的上、下偏差和标准差。表 4-14 中上偏差最大为 13.1℃，下偏差最大为 13.5℃，标准差在 13.53℃ 以内。图 4-25 所示为温度测量值的误差分析，图中误差为温度实际测量值的上、下偏差。由图 4-25 可知温度实际测量值的波动较小，此外，将实际测量值与建立的切削温度场模型预测值相比较，可知相对误差约为 10%，表明实际测量值和理论预测值具有较好的一致性。实际测量值略小于理论预测值，这是由于在丝杠旋铣时，刀具实际切削点在螺旋滚道内，由于刀盘高速旋转、切屑飞溅和遮挡等特点，使得切削点温度的实际测量值偏低。

表 4-14   温度实际测量值与理论预测值对比

组号	温度测量最大值/℃	上偏差/℃	下偏差/℃	标准差/℃	理论预测值/℃	相对误差（%）
1	456	4.2	2.9	2.94	504	10.5
2	517	13.1	18.8	13.53	518	0.2
3	432	10.5	11.8	9.17	453	4.9
4	345	9.3	13.5	9.92	366	6.1

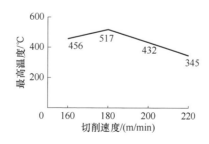

图 4-25   切削速度对丝杠旋铣最高温度的影响

由图 4-25 可知，丝杠旋铣区域的最高温度随着切削速度的增加先升高后降低。当切削速度在 160~220 m/min 的范围内变化时，丝杠旋铣区域的最高温度在切削速度为 180 m/min 时达到最高，随后开始下降。这与 Salomon、Palmai 等学者研究发现的 "当切削速度达到一定值后，温度随切削速度的增大会降低" 的结论相符。

4.6　切削比能模型试验与分析

▶ 4.6.1　试验设计

切削工艺中常对切削比能进行分析来代替对切削能耗的分析。在第 3 章中已建立了切削比能模型，并进行了影响特性的分析，本小节主要通过试验对之前建立的切削比能模型进行分析验证。为了获得模型预测的切削比能，首先需要测得在丝杠旋铣加工过程中的切向、径向、轴向切削力，进而识别得到切削力系数，由切削比能模型计算得到切削比能理论预测值。然后测量加工过程的功率曲线，将功率曲线分解获得测量的切削功率，切削功率与材料去除率 MRR 的比值即为切削比能试验值。最后，将切削比能理论预测值与试验值进行对比，从而验证所提出的切削比能模型。

选用汉江机床的 HJ092×80 数控旋铣机床，刀具选用 PCBN 涂层刀具，刀具半径 $r_t = 3.304$ mm，工件毛坯规格为 $\phi78.5$ mm×2000 mm 的棒料，材料为 GCr15 轴承钢，材料的化学成分、物理性能以及丝杠螺纹滚道的主要几何参数见表 4-15。试验验证现场如图 4-26 所示。

表 4-15　工件毛坯材料的化学成分、物理性能以及丝杠螺纹滚道的几何参数

类　别	参　数
化学成分 (质量分数,%)	C (0.98)，Cr (1.5)，Mn (0.35)，Si (0.21)，S (0.02)，P (0.021)，Fe (基体)
密度/ (kg/m³)	7810
弹性模量/GPa	201
硬度 HRC	62
泊松比	0.277
热导率/ [W/ (m·K)]	46.6
螺纹外径 d_1/mm	78.5

（续）

类　别	参　数
螺纹底径 d_2 /mm	73.8
螺纹升角/ （°）	2.8924
导程 P /mm	10

图 4-26　丝杠旋铣切削比能试验验证现场

1—旋铣刀盘　2—工件　3—压电式力传感器（Kistler 9602A）　4—旋铣刀具　5—信号传输集电环
6—数据采集设备（PROSIG P8020）　7—日置钳子式功率测量仪（HIOKI PW3365-30）

　　影响丝杠旋铣工艺切削比能的工艺参数主要为刀盘转速 n_t、工件转速 n_w、刀具数量 N 和刀尖回转半径 R。根据机床的加工能力以及企业工程师的经验推荐，选取了各工艺参数的三个水平，见表 4-16。选用田口试验方法进行试验设计，干式旋铣工艺试验参数组见表 4-17，冷却方式为气冷。此外，为了降低试验过程中的随机误差，每组工艺试验参数均重复进行三次试验。

表 4-16　干式旋铣工艺试验参数水平

工 艺 参 数	水　平
刀盘转速 n_t/ （r/min）	500，1000，1500
工件转速 n_w/ （r/min）	2，5，8
刀具数量 N （个）	4，6，8
刀尖回转半径 R /mm	40，45，50

表 4-17   干式旋铣工艺试验参数组

试验序号	刀盘转速 n_t/（r/min）	工件转速 n_w/（r/min）	刀具数量 N（个）	刀尖回转半径 R/mm
1	500	2	4	40
2	500	5	6	45
3	500	8	8	50
4	1000	2	6	50
5	1000	5	8	40
6	1000	8	4	45
7	1500	2	8	45
8	1500	5	4	50
9	1500	8	6	40

4.6.2   切削比能模型试验验证与影响分析

1. 切削比能预测值

求解切削比能预测值时，必须首先确定切削力系数，而切削力系数可以通过测量获得的切削力数据来确定。由表 4-17 中的试验参数可知，当选择试验参数组 9 时，刀盘转速 $n_t = 1500$ r/min，刀具数量 $N = 6$，切削频率最高为 200 Hz。因此，将 PROSIG P8020 数据采集设备的采样频率设为 1000 Hz。以试验参数组 6 为例，图 4-27 所示为切向切削力 $F_t(\theta)$ 和轴向切削力 $F_a(\theta)$ 的预测值和试验值的对比，其中切削转角 $\theta = 2\pi n_t t/60$ rad。由图 4-27 可知，预测值和测量值的切削力在趋势和数值上都有较好的吻合度。进而，基于丝杠旋铣工艺的平均切削力公式，对比了表 4-17 中的 9 组试验参数组的切向平均切削力和轴向平均切削力，如图 4-28 所示，预测值和试验值间的误差小于 9%。

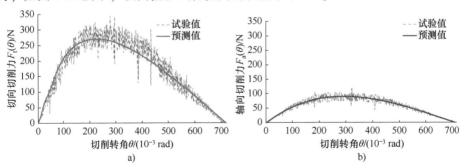

图 4-27   试验参数组 6 对应的切向和轴向切削力预测值和试验测量值对比

a）切向切削力   b）轴向切削力

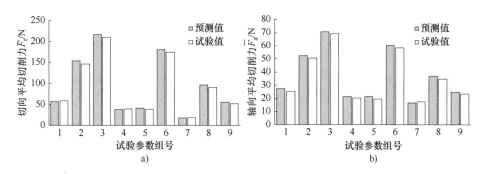

图 4-28 不同试验参数组下的切向和轴向平均切削力预测值和试验测量值对比

a) 切向平均切削力 b) 轴向平均切削力

丝杠旋铣时径向切削力不产生切削能耗，进而依据切削力系数求解步骤，分别获得切向和轴向切削力系数 K_{ts} = 1040.54 N/mm², K_{tp} = 2.47 N/mm, K_{as} = 300.85 N/mm² 及 K_{ap} = 2.00 N/mm。最终，基于丝杠旋铣工艺切削比能模型公式，结合工艺参数以及切削力系数计算出不同试验参数组下的切削比能 SCE 预测值，见表 4-18。

表 4-18 切削比能预测值和试测值对比

试验序号	刀盘转速 n_t/（r/min）	工件转速 n_w/（r/min）	刀具数量 N（个）	刀尖回转半径 R/mm	SCE 预测值/（10^{-2} J/mm³）	SCE 试测值/（10^{-2} J/mm³）	误差（%）
1	500	2	4	40	135.3	130.0	4.0
2	500	5	6	45	115.9	110.5	4.8
3	500	8	8	50	112.1	117.2	4.3
4	1000	2	6	50	151.9	139.7	8.7
5	1000	5	8	40	153.9	141.6	8.7
6	1000	8	4	45	113.9	107.3	6.2
7	1500	2	8	45	221.0	204.5	8.1
8	1500	5	4	50	123.2	117.4	5.0
9	1500	8	6	40	139.1	127.3	9.3

▶▶ 2. 切削比能试验值及模型验证

在丝杠旋铣工艺过程中的切削比能试验值可由材料去除切削功率 P_{cutting} 与材料去除率 MRR 的比值计算获得，即 SCE = P_{cutting}/MRR，其中，切削功率 P_{cutting}

通过对加工过程中测量的总功率分解得到。以表 4-17 中的试验参数组 1 为例，图 4-29 所示为丝杠旋铣工艺中材料去除切削功率 $P_{cutting}$ 的分解示例，切削功率 $P_{cutting}$ 表示为稳定切削状态下的总功率 P_{normal} 与空切削状态下的空切功率 P_{air} 的差值。同理，其他试验参数组下的切削功率 $P_{cutting}$ 也基于测量获得的机床功率曲线分解。最后，结合材料去除率 MRR 模型以及分解得到的切削功率 $P_{cutting}$，计算出不同试验参数组下的丝杠旋铣工艺切削比能 SCE 试验值，见表 4-18。对比切削比能的预测值与试测值，可以看出第三章所提出的切削比能预测模型的误差小于 10%。

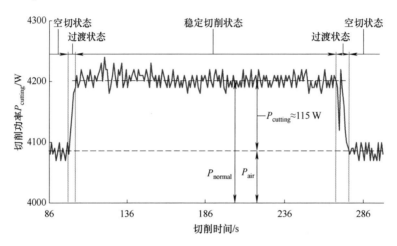

图 4-29 材料去除切削功率 $P_{cutting}$ 分解示例（试验参数组 1）

4.6.3 工艺参数对切削比能的贡献度分析

选用汉江机床的 HJ092×80 数控旋铣机床，工件毛坯规格为 ϕ62.05 mm× 2000 mm，丝杠螺纹滚道的主要几何参数为外径 62.05 mm、底径 57.95 mm、导程 10 mm，刀具为 PCBN 涂层刀具，前角 0°、后角 9°，刀具半径 r_t = 3.304 mm，旋铣刀盘中刀尖回转半径 R = 43.5 mm，工件与刀盘偏心距调整为 14.525 mm，刀盘倾斜角 φ = 2.8924°。由于刀尖回转半径 R 和刀盘倾斜角 φ 对材料去除率、切削力及切削比能的影响较小。因此，为了降低试验模型的复杂性，本小节重点分析切削速度 v_t（即刀盘转速 n_t）、工件转速 n_w、刀具数量 N 三个工艺参数对切削比能的贡献度。根据田口方法并结合各参数的特征选择三因素四水平设计，工艺参数水平见表 4-19，进一步由田口方法中的 L16 正交表设计丝杠旋铣试验参数表，则不同试验参数组合见表 4-20。切削比能 SCE 的试验值列于表 4-20 中的最后一列。

表 4-19　工艺参数水平

符　　号	参数（因素）	参数水平 1	参数水平 2	参数水平 3	参数水平 4
A	切削速度 v_t/（m/min）	58	97	135	174
B	工件转速 n_w（r/min）	1	3	5	7
C	刀具数量 N（个）	2	3	4	6

表 4-20　基于田口 L16 正交表的不同试验参数设计

试验序号	符　　号			工艺参数（因素）			SCE 试验值/（10^{-2} J/mm^3）
	A	B	C	切削速度 v_t/（m/min）	工件转速 n_w/（r/min）	刀具数量 N（个）	
1	1	1	1	58	1	2	99.46
2	1	2	2	58	3	3	92.42
3	1	3	3	58	5	4	91.02
4	1	4	4	58	7	6	92.80
5	2	1	2	97	1	3	120.60
6	2	2	1	97	3	2	93.20
7	2	3	4	97	5	6	99.47
8	2	4	3	97	7	4	92.09
9	3	1	3	135	1	4	151.14
10	3	2	4	135	3	6	118.26
11	3	3	1	135	5	2	91.95
12	3	4	2	135	7	3	92.42
13	4	1	4	174	1	6	212.21
14	4	2	3	174	3	4	113.56
15	4	3	2	174	5	3	98.06
16	4	4	1	174	7	2	91.41

方差分析方法（ANOVA）是分析加工工艺参数影响的有效工具。利用方差分析方法对表 4-20 中的切削比能结果进行分析，进而得到工艺参数对其的 F 值、P 值及参数贡献度，见表 4-21。当置信区间为 95%，即当 P 值小于 0.05 时表示参数的显著性。描述工艺参数对切削比能影响的主效应分析如图 4-30 所示。

表 4-21 切削比能的方差分析结果

目　　标	ANOVA 结果	切削速度 V_t/（m/min）	工件转速 n_w (r/min)	刀具数量 N（个）	误　　差	合　　计
SCE /（10^{-2} J/mm³）	F	5.24	15.30	5.83		
	P	0.041	0.003	0.033		
	贡献度（%）	18.48	53.92	20.55	7.05	100.00

由表 4-21 可以看出切削速度 v_t、工件转速 n_w、刀具数量 N 在统计学上均对切削比能 SCE 有显著影响，且 v_t 贡献度为 18.48%、n_w 贡献度为 53.92%、N 贡献度为 20.55%。进一步，如图 4-30 所示，当 v_t 由水平 A1（即 58 m/min）增加到水平 A4（即 174 m/min）时 SCE 均值由 93.92×10^{-2} J/mm³ 增加到 128.81×10^{-2} J/mm³，当 n_w 由水平 B1（即 1 r/min）增加到水平 B4（即 7 r/min）时 SCE 均值由 145.85×10^{-2} J/mm³ 减小到 92.18×10^{-2} J/mm³，当 N 由水平 C1（即 2）增加到水平 C4（即 6）时 SCE 均值由 94.01×10^{-2} J/mm³ 增加到 130.68×10^{-2} J/mm³。综上可知，在丝杠旋铣工艺中，通过适合的切削参数优选可降低 SCE。此外，从图 4-30 可以看出 SCE 的最优参数水平为 A1B4C1（v_t = 58 m/min，n_w = 7 r/min，N = 2）。

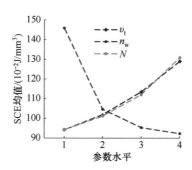

图 4-30 不同工艺参数水平对切削比能的影响

参 考 文 献

［1］ 祁宏坚. 机床加工环境清洁性能检测与分析评价［D］. 南京：南京理工大学，2021.

［2］ 陈超宇. 金属切削工艺资源环境负荷数据采集方法及影响分析［D］. 南京：南京理工大学，2019.

［3］ 江苏省机械行业协会. T/JSJXXH001- 2021 金属切削机床资源环境负荷测量方法［R］. 2021.

［4］倪寿勇．基于过程监测的滚珠丝杠硬旋铣关键技术研究［D］．南京：南京理工大学，2016.

［5］王禹林，查文彬，朱文超，等．丝杠硬态干式切削机床支承夹持力测量系统和测量方法：ZL201810229359.4［P］.2020-09-18.

［6］倪寿勇，朱红雨，李迎，等．刀杆式旋铣刀片切削力及温度测量装置：ZL201210007955.0［P］.2013-12-04.

［7］李隆．基于振动的大型螺纹旋风铣削建模与工艺试验研究［D］．南京：南京理工大学，2013.

［8］曹勇．多点变约束下硬旋铣大型螺纹的动态响应与表面粗糙度研究［D］．南京：南京理工大学，2015.

［9］张春建．大型螺纹旋风铣床主传动系统与旋铣系统建模与优化［D］．南京：南京理工大学，2012.

［10］刘超．螺纹干式旋铣时变切削温度场建模与残余应力机理研究［D］．重庆：重庆大学，2020.

［11］王乐祥．基于材料去除机理的螺纹干式旋铣切削能耗建模与多目标优化［D］．重庆：重庆大学，2020.

［12］工作场所有害因素职业接触限值　第1部分：化学有害因素：GBZ 2.1—2019［S］．北京：中国标准出版社，2019.

［13］工作场所有害因素职业接触限值　第2部分：物理因素：GBZ 2.2—2007［S］．北京：人民卫生出版社，2007.

［14］WANG Y L，YIN C，LI L，et al. Modeling and optimization of dynamic performances of large-scale lead screws whirl milling with multi-point variable constraints［J］. Journal of Materials Processing Technology，2020，276：116392.

［15］WANG Y L，LI L，ZHOU C G，et al. The dynamic modeling and vibration analysis of the large-scale thread whirling system under high-speed hard cutting［J］. Machining Science and Technology，2014，18（4）：522-546.

［16］LIU C，HE Y，LI Y F，et al. Modeling of residual stresses by correlating surface topography in machining of AISI 52100 steel［J］. Journal of Manufacturing Science and Engineering，2021，144（5）：51008-51018.

第5章

———

丝杠表面完整性及服役性能试验研究

5.1 丝杠旋铣滚道的表面几何形貌试验研究

丝杠干切后的表面几何形貌作为衡量表面完整性的重要指标之一，是其棒料在旋铣加工过程中受诸多因素综合作用而残留在已加工滚道表面的微观几何形态，与零件的磨损特性、疲劳强度等物理性能有直接关系。表面几何形貌常用表面粗糙度等指标来描述，两者密切相关。

▶ 5.1.1 试验设计

通过改变丝杠旋铣的切削参数，采用单因素方法，测量不同干切工艺参数组合下的滚道表面粗糙度，观察已加工表面的形貌特征，分析不同干切工艺参数对滚道表面几何形貌的影响规律。

该试验在汉江机床自主研制的 HJ092×80 八米数控旋铣机床上进行。选用山高 CCGW09T304S-01020-LF 的 PCBN 刀片，CBN 含量为 50%，刀具前角为 $-8°$，倒棱宽度为 0.15 mm，丝杠工件材料为 GCr15 轴承钢，热处理硬度为 62 HRC，冷却方式为干式气冷。所加工的丝杠经切样后，采用英国 Taylor Hobson 公司的非接触式白光干涉三维轮廓仪 CCI MP，对丝杠滚道试样的表面几何形貌进行测量，如图 5-1 所示。

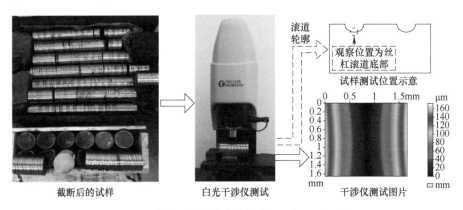

截断后的试样　　　　　白光干涉仪测试　　　　　干涉仪测试图片

图 5-1 试样准备和滚道试样表面几何形貌测量

主要参数包括旋铣刀盘上的刀具数量 N、刀盘转速 n_t、工件转速 n_w、切削深度 a_p 及抱紧转矩 M_f。其中，抱紧转矩 M_f 由驱动抱紧装置的伺服电动机输出转矩提供，数值可在编写机床加工 NC 代码时设定。为了便于对比分析，根据丝杠旋铣加工原理（见本书 2.1 节），计算切削速度和进给速度；本小节分别对抱紧转矩、刀具倒棱角度、工艺参数（切削速度、切削深度和进给速度）进行单因素试验分析，具体试验方案见表 5-1。

表 5-1　滚道几何形貌试验方案

组数	刀具倒棱角度 c_a	抱紧转矩 M_f /N·m	刀具数量 N（个）	刀盘转速 n_t/ (r/min)	工件转速 n_w/ (r/min)	切削深度 a_p/mm	等效进给速度 v_f/ (m/min)	等效切削速度 v_t/ (m/min)
1	−25°	1.6	6	707	6.8	0.06	0.07	200
2		2.4						
3		4.8						
4		9.6						
5		12.8						
6	−20°	9.6	3	849	4.1	0.06	0.04	240
7								
8	−25°		6	566	5.4	0.06	0.05	160
9			4	849				240
10			6	566	7.2	0.08	0.07	160
11			4			0.12		
12			3	849	4.1	0.06	0.04	240
13			4		5.4		0.05	

5.1.2　试验结果分析

1. 抱紧转矩对表面粗糙度的影响

令 $v_t = 200$ m/min，$a_p = 0.06$ mm 和 $v_f = 0.07$ m/min 固定不变，抱紧转矩 M_f 分别为 1.6 N·m、2.4 N·m 和 4.8 N·m，如图 5-2 所示，表面粗糙度测量值分别为 0.42 μm、0.36 μm 和 0.31 μm。当抱紧转矩为 1.6 N·m 时，可观察到丝杠加工表面的振纹明显，随着抱紧转矩增大，滚道表面粗糙度随之减小并逐渐趋于稳定，如图 5-3 所示。

2. 刀具倒棱角度对表面粗糙度的影响

令 $v_t = 240$ m/min，$a_p = 0.06$ mm 和 $v_f = 0.04$ m/min 固定不变，刀具倒棱角度分别为 −20° 和 −25°，如图 5-4 所示，表面粗糙度测量值分别为 0.43 μm 和 0.37 μm。

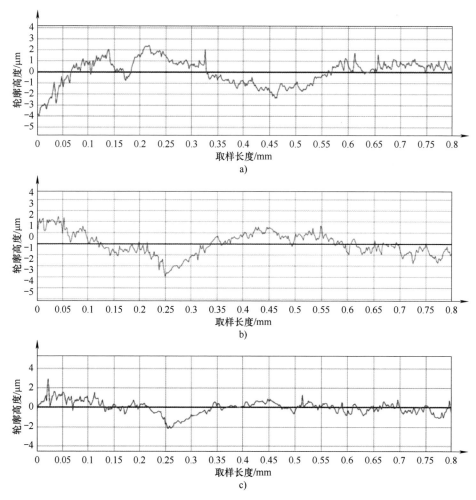

图 5-2　不同抱紧转矩下的测量表面形貌

a) 抱紧转矩 $M_f = 1.6\ \text{N·m}$，$Ra = 0.42\ \mu\text{m}$　b) 抱紧转矩 $M_f = 2.4\ \text{N·m}$，$Ra = 0.36\ \mu\text{m}$

c) 抱紧转矩 $M_f = 4.8\ \text{N·m}$，$Ra = 0.31\ \mu\text{m}$

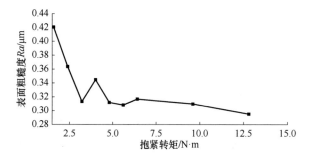

图 5-3　抱紧转矩对丝杠滚道表面粗糙度的影响曲线

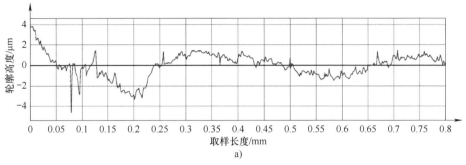

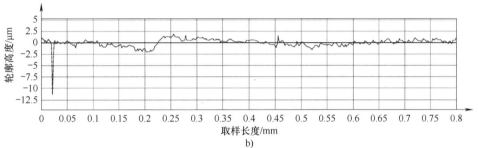

图 5-4 不同刀具结构下的测试表面形貌

a）倒棱角度为-20°，$Ra = 0.43$ μm　b）倒棱角度为-25°，$Ra = 0.37$ μm

▶ **3. 切削速度对表面粗糙度的影响**

令刀具倒棱角度为-25°，抱紧转矩 $M_f = 9.6$ N·m，$a_p = 0.06$ mm 和 $v_f = 0.05$ m/min 固定不变，切削速度 v_t 分别为 160 m/min 和 240 m/min，如图 5-5 所示，表面粗糙度测量值分别为 0.33 μm 和 0.19 μm。在测试表面形貌中，低切削速度 160 m/min 下获得的切削表面刀痕残留高度较高且不均匀，轮廓最大高度为 4~5 μm，而高切削速度 240 m/min 下获得的切削表面比较均匀且大部分表面的刀痕残留高度较低。

▶ **4. 切削深度对表面粗糙度的影响**

令刀具倒棱角度为-25°、抱紧转矩 $M_f = 9.6$ N·m、$v_t = 160$ m/min 和 $v_f = 0.07$ m/min 固定不变，切削深度 a_p 分别为 0.08 mm 和 0.12 mm，如图 5-6 所示，表面粗糙度测量值分别为 0.33 μm 和 0.22 μm。当切削深度由 0.08 mm 增加到 0.12 mm 时，表面粗糙度随切削深度的增加而下降，不同切削深度下形成的表面形貌差距不大，在切削深度 a_p 为 0.08 mm 下的表面形貌会出现局部较深的拉痕或较高的残留，而在切削深度 a_p 为 0.12 mm 下的表面形貌相对均匀。

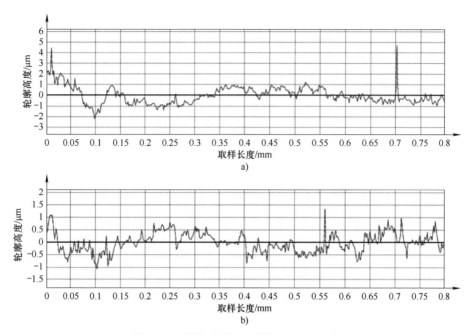

图 5-5　不同切削速度下的测试表面形貌

a) $v_t = 160$ m/min，$Ra = 0.33$ μm　b) $v_t = 240$ m/min，$Ra = 0.19$ μm

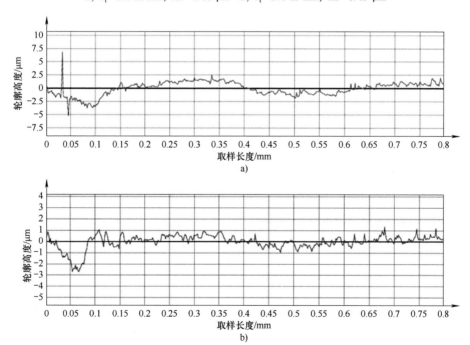

图 5-6　不同切削深度下的测试表面形貌

a) $a_p = 0.08$ mm，$Ra = 0.33$ μm　b) $a_p = 0.12$ mm，$Ra = 0.22$ μm

▶▶ **5. 进给速度对表面粗糙度的影响**

令刀具倒棱角度为 $-25°$、抱紧转矩 $M_f = 9.6$ N·m、$a_p = 0.06$ mm 和 $v_t = 240$ m/min 固定不变，进给速度 v_f 分别为 0.04 m/min 和 0.05 m/min，如图 5-7 所示，表面粗糙度测量值分别为 0.37 μm 和 0.19 μm，在进给速度 v_f 为 0.05 m/min 下的切削表面比较均匀，表面形貌高度较低，在进给速度 v_f 为 0.04 m/min 下的表面形貌高度不均匀，局部出现较高值。

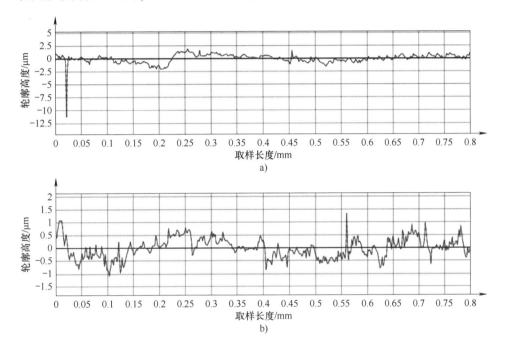

图 5-7　不同进给速度下的测试表面形貌

a) $v_f = 0.04$ m/min，$Ra = 0.37$ μm　b) $v_f = 0.05$ m/min，$Ra = 0.19$ μm

5.2　丝杠旋铣滚道的表面微观组织试验研究

加工变质层的微观组织，其组织变化、微观裂缝和缺陷等，将严重影响工件的疲劳寿命和使用性能。很多学者已对轴承钢经车削、磨削等常规加工后的白层组织进行了相关研究分析。然而，由于丝杠硬态旋铣干切过程具有充足的刀具散热时间，其加工后的工件滚道表面是否会出现白层，晶粒尺寸及晶界如何变化等方面的研究工作尚未引起重视。因此，本节利用光学显微镜（OM）、电子背散射衍射仪（EBSD）、X 射线衍射仪（XRD）等仪器设备，测量并分析距表面不同深度处的微观组织（如金相组织、晶粒尺寸和晶界等）变化，主要研究切削速度对微观组织的影响。

5.2.1 试验设计

硬态旋铣丝杠（工件材料为 GCr15 轴承钢），在固定切削深度 $a_p = 0.06$ mm 和刀具数量 $N = 4$ 的前提下，为研究旋铣加工前后的金相组织、晶粒尺寸和晶粒晶界变化，特选取切削速度 v_t 为 160 m/min 的工况进行系统深入研究。为研究切削速度对微观组织的影响规律，选取切削速度 v_t 分别为 160 m/min、200 m/min 和 240 m/min 的三种工况进行对比研究。以垂直于切削方向的工件断面为观测面，采用线切割的方法得到检测样品，将样品放在涂有脱模剂的橡胶模具里，注入液态树脂至覆盖样品，经固化最终完成检测样品的制备，如图 5-8 所示。

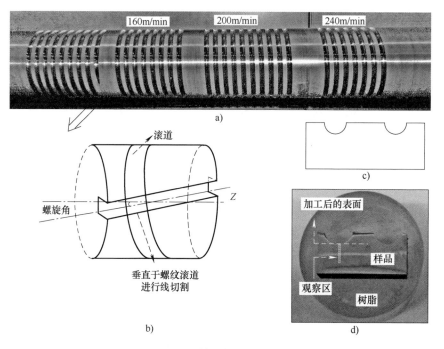

图 5-8 检测样品的制备

a）加工的丝杠工件　b）丝杠的取样示意　c）取样的断面示意　d）样品制作及观察区

为消除线切割对样品表层组织造成的影响，先采用粒度为 F320、F400 和 F600 的金相砂纸依次进行半精抛，然后在抛光机上依次采用 9 μm、3 μm、1 μm 和 0.25 μm 抛光布对观测面进行精抛光，直至呈镜面状，再将抛光后的工件放入超声波清洗机中用无水丙酮清洗 15 min，以去除表面的污物，并采用图 5-9 所示的仪器设备，按下述方法分别对样品进行检测分析。

a)

b)

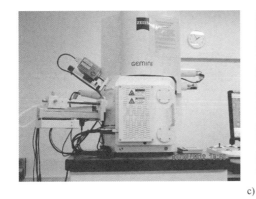

c)

图 5-9　微观组织检测仪器设备

a）光学显微镜　b）X 射线衍射仪　c）电子背散射衍射仪

（1）光学显微镜（OM）分析　将制备好的样品观测面浸入 3% 硝酸乙醇中腐蚀 5 s 后，立即清洗干净，待吹干后通过光学显微镜观测样品。

（2）电子背散射衍射（EBSD）分析　电子背散射衍射（Electron Backscatter Diffraction，EBSD）可实现亚微米级的显微分析。样品按上述的方法制备后，设定加速电压为 20 kV，样品表面倾斜 70° 放置，扫描步长为 50 nm，采用 Oxford Instruments HKL Channel 5 软件对样品的衍射数据进行后处理。

（3）X 射线衍射（XRD）分析　为测定工件表层残留奥氏体和马氏体的含量，使用 XRD Shimadzu S6000 仪对旋铣加工前后丝杠样品的组织进行测试，其衍射条件为 Cu-Ka（$\lambda = 0.15406$ nm），扫描速度为 2°/min，加速电压为 40 kV，电流为 100 mA。

▶ 5.2.2　试验结果分析

▶ 1. 金相组织变化

在切削速度 $v_t = 160$ m/min 的工况下，利用光学显微镜、X 射线衍射仪和电子背散射衍射仪等微观组织检测仪器设备系统地揭示硬态旋铣中的加工表层特征。

首先，利用光学显微镜观察工件的表层微观组织。为了观察是否会形成车削、磨削加工时容易出现的白层，对滚道加工表面区域进行观察，如图 5-10a 所示，可见工件表面并未出现白层。采用电子背散射衍射仪进一步分析晶粒和晶界变化等微观组织，如图 5-10b 所示，在加工表面 0 mm 处获得细针状的马氏体组织，比较充分地完成了马氏体、铁素体的细化。

a)　　　　　　　　　　　　　　　　b)

图 5-10　硬态旋铣后的工件表面微观组织

a) 光学显微镜下的微观组织　b) 电子背散射衍射仪下的微观组织

为了对工件表面下不同深度处的微观组织进行更深入的研究，将光学显微镜下沿切削深度方向上的微观组织表示在图 5-11a 中，深灰区域（距表面 0 ~ 1 mm）和浅灰区域（距表面 1 ~ 2 mm）内的白色可能是未被腐蚀的残留奥氏体、细小球状碳化物或渗碳体。由于未加工工件表面经过低频淬火处理，若加工表面的瞬态温度达到奥氏体相变温度，再加之冷却速度较快，此时深灰区域的组织为马氏体；若瞬态温度低于工件相变温度（加热时珠光体向奥氏体转变的开始温度）下的某一温度时，在不同的温度条件下工件组织转变成回火索氏体、回火屈氏体或回火马氏体。在不受切削温度场影响的浅灰区域内，被腐蚀的黑色为原热处理下形成的淬火马氏体组织。

取图 5-11b 所示的距表面 1 mm、2 mm 和 3 mm 位置处的微观组织（参考面积为 20 μm×20 μm）。由距表面 1 mm 处的 EBSD 图片可观察到组织内越来越多的马氏体、铁素体被大量的亚晶界或晶界细化成亚微晶粒；在距表面 2 mm 处组织中形成了较多的位错，位错运动受相邻渗碳体的阻碍而在渗碳体附近累积并形成位错壁或位错胞壁，位错壁之间的相互作用使得晶粒锐化，并在马氏体、铁素体基中逐渐演变成亚晶界或晶界；在距表面 3 mm 处的粒状渗碳体零散地分布在片状马氏体上，不连贯的 θ-α 界面为位错提供了大量的形核点。

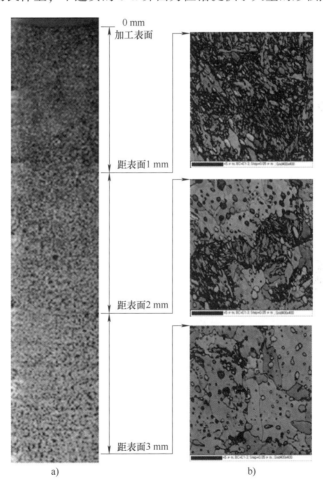

图 5-11　硬态旋铣后的工件不同深度处的微观组织

a）光学显微镜下的组织变化　b）电子背散射衍射仪下的组织变化

采用 XRD 技术分别获得丝杠旋风硬铣削加工前后的微观组织，组织内马氏体（α相）和残留奥氏体（γ相）含量的分布如图 5-12 所示。根据奥氏体粉末衍射得知，硬态旋铣后α-Fe 含量明显高于其加工前含量，工件表面α(110)强度增加约 30%，α(200)强度增加了 10%；相反，硬态旋铣后 γ-Fe 含量相对减少，γ(111)在加工后完全消失，且 γ(200)强度下降。结果表明在硬态旋铣后，工件表层组织发生了由奥氏体向马氏体的转变。

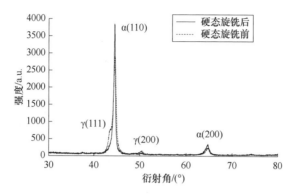

图 5-12　硬态旋铣前后的组织成分

▶ **2. 晶粒尺寸变化**

如图 5-13 所示，加工后的晶粒明显细化，在近表面 0~60 μm 区域内的晶粒尺寸为 17173 nm^2，明显小于加工前的晶粒尺寸 19366 nm^2。这是因为在硬态旋铣的切削力作用下，已加工表面受到强烈的塑性变形，从而引起金属晶粒的破损和细化，获得了较加工前细化的组织。

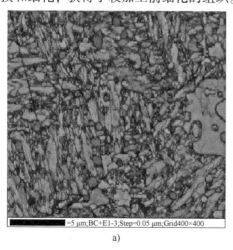

a)　　　　　　　　　　　　　　　b)

图 5-13　硬态旋铣前后的晶粒分布情况

a) 旋铣前的晶粒分布　　b) 旋铣后的晶粒分布

由微观组织在不同位置（距表面 0 mm、1 mm、2 mm 和 3 mm）处的 EBSD 图片得知，越靠近表面，晶粒尺寸越小，如图 5-14 所示。在晶粒细化的过程中，铁素体的晶粒尺寸由距表面 3 mm 处的 226680 nm² 细化到距表面 0 mm 处的 18630 nm²，而渗碳体的晶粒也呈现相同的细化趋势，即晶粒尺寸由距表面 3 mm 处的 27562 nm² 细化到距表面 0 mm 处的 10104 nm²。因此，在微观组织的细化过程中，铁素体、渗碳体的细化对微观组织的细化起到了最主要作用。

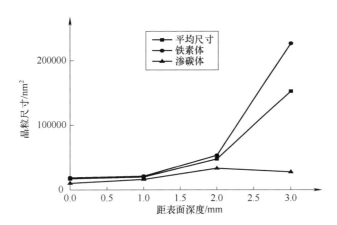

图 5-14 不同深度位置处的晶粒尺寸变化规律

▷▷ 3. 晶粒晶界变化

相比于大角度晶界，小角度晶界不活跃且抗开裂的性能优越。在丝杠硬态旋铣过程中，晶粒取向、大、小角度晶界的比例及其分布情况对研究组织的演化过程具有重要意义。

如图 5-15a 所示，丝杠旋铣前后的工件表层组织中均以大角度晶界为主，但仍有部分小角度晶界存在。相比于加工前工件表层组织的大角度晶界比例，加工后该比例明显降低，这是由于在旋铣过程中不断变化的机械应力与热应力，使得工件材料组织内的不同滑移系位错相继启动，随着塑性变形的继续进行，不同位错之间相互交截，使得晶体内部的位错运动更加困难，进而减少了大角度晶界的比例。如图 5-15b 所示，利用 EBSD 技术获得不同位置处的相邻两点间位向差信息，在距表面 3 mm 处，位向差分布较为广泛，大部分的晶界位向差离散地分布在 10°~60°；在距表面 2 mm 处，位向差为 10°~55° 的比例明显减少，更多地形成了位向差 60°；相比距表面 1 mm 处的小角度晶界比例，距表面 0 mm 处的小角度晶界所占比例较高。

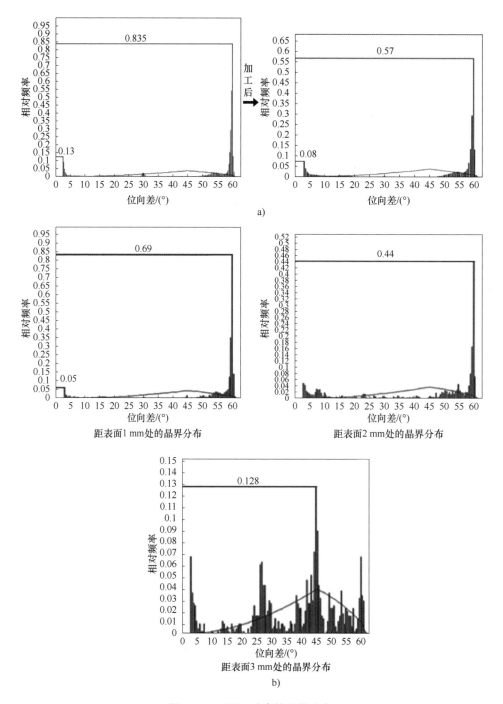

图 5-15 不同区域内的晶界分布

a) 加工前后距表面 0 mm 处的晶界分布 b) 加工后距表面不同深度处的晶界分布

▶ 4. 切削速度对微观组织的影响分析

如图 5-16 所示，在微观组织距表面 0~200 μm 区域内，低切削速度 160 m/min 工况下形成的晶粒尺寸为 16713 nm²，明显小于高切削速度 240 m/min 工况下形成的晶粒尺寸 19188 nm²，处于中间切削速度 200 m/min 工况下形成的晶粒尺寸也介于两者之间，三种切削速度工况下的晶粒尺寸在 0~60 μm 区域内差距尤为明显。这是因为随着切削速度的提高，切削刀具的温度和温度梯度将增大，使得工件表面的比力和影响层较小，存储能减小，从而造成加工表面组织晶粒以较低速粗化。

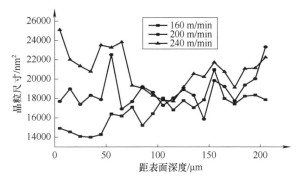

图 5-16 不同切削速度下的晶粒尺寸变化

此外，分析三种切削速度工况下的晶界分布（图 5-17 所示）得知，不同工况下形成的相邻晶粒位向差绝大多数分布在 40°~60°，并且随着切削速度的增加，位向差别角度更多地转向了 60°，在高切削速度 240 m/min 下达到了 80%以上。

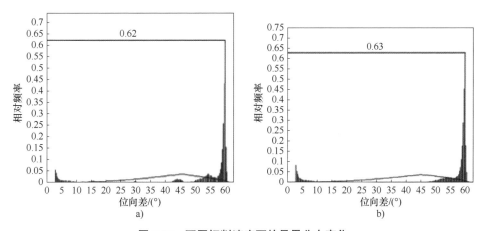

图 5-17 不同切削速度下的晶界分布变化

a）v_t = 160 m/min 下的晶界分布　b）v_t = 200 m/min 下的晶界分布

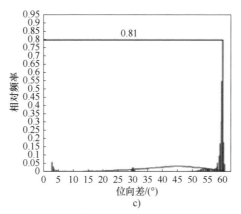

图 5-17　不同切削速度下的晶界分布变化（续）

c）$v_t = 240 \text{ m/min}$ 下的晶界分布

5.3　丝杠旋铣滚道的表面力学性能试验研究

除表面形貌和微观组织外，切削加工引起的工件表层的残余应力和硬度变化，也是影响零部件疲劳强度和疲劳寿命的主要因素。因此，有效地评定较优的残余应力分布很有必要：首先，残余应力按性质分为残余压应力和残余拉应力，其性质对工件的疲劳寿命有着重要的影响。残余压应力能抑制工件疲劳破坏，延长疲劳寿命，残余拉应力则会加速疲劳破坏。因此，残余压应力在工件抗疲劳破坏、抑制疲劳裂纹扩展方面优于残余拉应力。其次，对于残余应力的分布特性，残余应力极差直接关系到疲劳裂纹的萌生与扩展，其研究对工件疲劳破坏离散度的研究具有较大意义。最后，残余应力公差值的提出，即许可变动残余应力的上限，就是要控制残余应力不能超过该上限值，如对于比较重要且可能出现疲劳破坏的工件，残余压应力必须大于 200 MPa，即公差值为-200 MPa，此方法简单易用，便于在大批量生产中推广实行。

目前的相关研究主要针对车削、磨削等常规加工方法，而对于丝杠硬态旋铣加工后的残余应力变化和加工硬化方面的研究仍有待深入开展。因此，本节将通过试验研究，分别以表层残余应力、最大残余应力和残余应力极差为评价标准，揭示不同工况下的残余应力分布特性，并研究工艺参数对残余应力和加工硬化的影响规律。

5.3.1　试验设计

为了研究不同工艺参数（如切削速度、切削深度和进给速度）对残余应力的影响规律，首先分析不同工况下的残余应力分布，其次选取表层残余应力、最大残余应力和残余应力极差，分别分析在不同工况下的残余应力特征值。另外，在研究工艺参数对加工硬化的影响规律中，主要考虑切削速度对其的影响规律。

在检测试件表层的残余应力值时，采用了爱斯特应力技术有限公司的 X-350A 型 X 射线应力测试仪，如图 5-18 所示。射线照射面直径为 1 mm，采用侧倾固定 Ψ（衍射晶面方位角）法，定峰方法为交相关法，衍射晶面为 αFe（211），辐射为 CrKα，X 射线管高压和管电流分别为 27 kV 和 7.5 mA，入射角为 0°~45°，2θ 扫描起始角为 144°，2θ 扫描终止角为 168°，2θ 扫描步距为 0.1°，用计数管通过测角仪直接记录衍射强度曲线，并计算应力值。

考虑到丝杠滚道圆弧半径小，不易用电解抛光，故采用化学腐蚀的方法，用 30% 硝酸腐蚀，将试件表层材料逐层剥离，经反复腐蚀和测量后确定，单次腐蚀时间约 6 min 后剥离的厚度为 10 μm。试件表层的腐蚀区域为沿丝杠滚道槽内的直径为 5~8 mm 范围内，取样点为滚道底部，即将 X 射线光斑照射到滚道。

试件表层硬度的检测采用纳米压痕方法，根据纳米压头在加载和卸载过程中的载荷和位移信息，结合相应的理论计算出压痕的接触面积，获取材料的压痕硬度值，检测仪器如图 5-19 所示。采用压头为金刚石 Berkovich 三棱锥针尖的 Hysitron Triboindenter 金刚石圆锥体，各面间交角为 142°18′，压入载荷大小为 3 mN。

 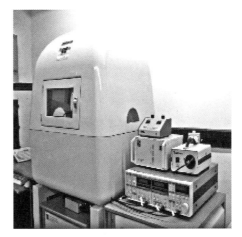

图 5-18 X 射线应力测试仪   图 5-19 纳米压痕仪

5.3.2 试验结果分析

1. 残余应力分布及特征值分析

（1）切削速度影响 固定切削深度为 0.06 mm、进给速度为 0.04 m/min，选取切削速度分别为 180 m/min、200 m/min 和 240 m/min，研究切削速度对残余应力的影响规律。如图 5-20a 所示，在三种工况下获得的残余应力沿表面深度方向的变化趋势不尽相同，变化规律并非如车削、磨削或常规铣削那样明显，这可能因为在丝杠旋铣过程中多把刀具依次渐进断续切削，每把刀具实际切削厚度从零增加到最大值再减小到零，不断变化。

如图 5-20b 所示，随着切削速度的增加，最大残余应力出现的位置更接近表层，残余应力极差随之减小。当切削速度为 240 m/min 时，最大残余应力出现在加工表层处，残余应力极差最小，而较小的残余应力极差有利于抑制疲劳裂纹的萌生与扩展。

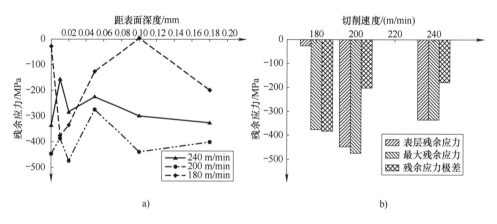

图 5-20　切削速度对残余应力的影响

a）切削速度对残余应力分布的影响　b）切削速度对残余应力特征值的影响

（2）切削深度影响　固定切削速度为 180 m/min、进给速度为 0.04 m/min，选取切削深度分别为 0.06 mm、0.08 mm 和 0.12 mm，研究切削深度对残余应力的影响规律。如图 5-21a 所示，在三种工况下获得的残余应力的变化趋势大致相同，类似于勺形。如图 5-21b 所示，切削深度为 0.06 mm 及 0.08 mm 下形成的表层残余应力数值相近，皆为残余压应力，随着切削深度的增加表层残余应力有略微减小的趋势，进一步增加切削深度至 0.12 mm 时，表层出现残余拉应力 9 MPa，这是因为切削热导致的拉应力略超过机械效应导致的压应力。残余应力极差则随切削深度的增加而增加，在切削深度为 0.06 mm 的工况下获得最小残余应力极差。最大残余压应力的数值也随切削深度的增加而增加，且所在位置随切削深度的增加而远离工件表面。在切削深度为 0.06 mm 的工况下的最大残余压应力出现在距工件表面 0.01 mm 处，而当切削深度增加到 0.12 mm 时，最大残余应力出现在距工件表面 0.05 mm 处。

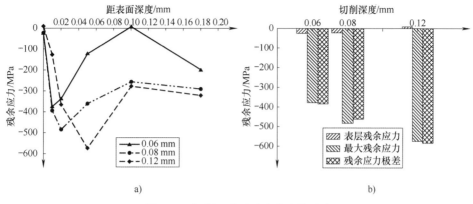

图 5-21　切削深度对残余应力的影响

a）切削深度对残余应力分布的影响　b）切削深度对残余应力特征值的影响

（3）进给速度影响　固定切削速度为 180 m/min、切削深度为 0.06 mm，选取进给速度分别为 0.04 m/min、0.08 m/min 和 0.12 m/min，研究进给速度对残余应力的影响规律。如图 5-22a 所示，在三种工况下获得的残余应力沿表面深度方向的变化趋势相似。如图 5-22b 所示，其表层残余应力均为压应力。在进给速度为 0.12 m/min 下形成的表层残余压应力最接近 −100 MPa，能更加有效地抑制疲劳破坏；形成的最大残余应力值均出现在表层下某一深度处，而非出现在加工表面，且最大残余应力数值差距不大。此外，残余应力极差随着进给速度的增加明显地减小，当在进给速度为 0.12 m/min 的工况下形成的残余应力极差最小。

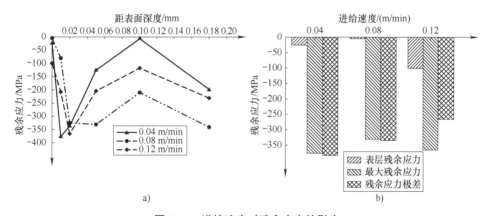

图 5-22　进给速度对残余应力的影响

a）进给速度对残余应力分布的影响　b）进给速度对残余应力特征值的影响

▶▶ **2. 加工硬度分析**

如图 5-23 所示，切削速度分别为 160 m/min、200 m/min 和 240 m/min 的工况

下，在距表面 0~0.5 mm 范围内加工硬度的变化趋势相似。高切削速度 240 m/min 下的加工硬度明显低于低切削速度 160 m/min 下的加工硬度，这可能由于切削速度的增大使得塑性变形的速度增大，缩短了刀具与工件的接触时间，进而减小了塑性变形程度。同时，切削速度的增大也会使切削表层的温度升高，软化了表层金属，使加工硬度有所减小。从位错理论的观点出发，在高切削速度工况下形成较高的表层温度，使位错攀移运动相对容易，大幅减少了位错的叠加，从而减小了加工硬度。

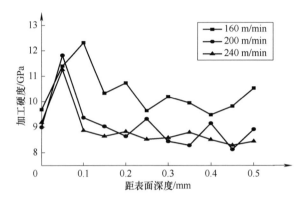

图 5-23 切削速度对加工硬度的影响

5.4 丝杠旋铣的多目标优化

国内外学者对丝杠硬态旋铣这种典型的低碳绿色干切工艺的优化已开展了相关研究工作，但优化目标较为单一，多为表面粗糙度、表层残余应力等表面完整性的某项性能指标，或以工艺能耗、加工效率等为优化目标。然而，单独考虑某项性能指标可能会对其他性能指标产生负面影响，阻碍丝杠绿色干切工艺的实施应用。因此，实现丝杠高性能和低能耗的绿色干切加工，开展多目标协同优化研究尤为关键。

本节提出一种同时兼顾高性能和低能耗的多目标优化方法。基于 Box-Behnken 试验设计，采用响应曲面法对丝杠硬态旋铣的表面粗糙度、表层残余应力和切削比能进行建模，进一步构建以丝杠硬态旋铣工艺参数为变量，以表面粗糙度、表层残余应力和切削比能为优化目标的多目标优化模型。采用改进型非支配排序遗传算法对该模型进行求解，并通过试验数据和优化结果的比较论证了优化方法的有效性，该方法也可用于其他多目标优化应用中。

5.4.1 试验设计

Box-benhnken 试验设计是评价指标和因素间的非线性关系的一种方法。下面首先介绍工艺优化参数和评价指标的选取。

1. 工艺优化参数和评价指标的选取

在丝杠旋铣加工中涉及众多的影响因素，不同的工艺参数会对丝杠的加工质量和能耗产生不同的影响。根据丝杠旋铣的工作原理，综合考虑旋铣过程中各运动间的耦合关系，最终选取独立可调的 4 个工艺参数作为优化变量：切削速度 v_t、刀具数量 N、切削深度 a_p 和抱紧转矩 M_f。

根据表面完整性的各项性能指标间的相对重要性，选择对工件性能影响最大的表面粗糙度和表层残余应力作为丝杠硬态旋铣工艺的评价指标，同时选择切削比能作为其工艺能耗指标。

（1）表面粗糙度　表面粗糙度是机械加工工件表面质量最重要的评价标准之一，表面粗糙度值小的工件能在很大程度上提高其耐磨性和疲劳寿命。机械加工工件的表面粗糙度与工艺参数关系密切，运用黑箱理论将机械加工系统的工艺参数作为输入，切削比能作为输出，通过统计方法即可获得表面粗糙度与工艺参数的关系模型为

$$Ra = f(x_1, x_2, \cdots, x_n) \tag{5-1}$$

式中，$x_1, x_2, \cdots, x_n$ 为机械加工过程的主要工艺参数，后文将详细阐述。

（2）表层残余应力　生产实践证明，除表面粗糙度外，机械加工引起的工件表层残余应力的变化，成为影响零件疲劳强度和耐磨性的主要因素。工件表面形成残余压应力比形成残余拉应力的疲劳寿命更长，而且工件表层形成的残余压应力值越大，疲劳寿命越长。研究表明，机械加工的工艺参数也密切影响着加工零件的表层残余应力，因此可将表层残余应力 σ_s 表示为工艺参数的函数：

$$\sigma_s = f(x_1, x_2, \cdots, x_n) \tag{5-2}$$

（3）切削比能　在丝杠硬态旋铣加工中，其切削比能为该丝杠加工过程中消耗的能量与去除材料体积的比值。切削比能越小，单位能耗越低，能量效率越高。大量研究表明，机械加工工艺中的切削比能与工艺参数间存在密切的关联性，同样可将切削比能 SCE 表示为工艺参数的函数：

$$SCE = f(x_1, x_2, \cdots, x_n) \tag{5-3}$$

而丝杠硬态旋铣的切削比能函数可表示为

$$SCE = \frac{E_c}{V} = \frac{\int P_c dt}{V} = \frac{\int (P_{total} - P_{idle}) dt}{V} \tag{5-4}$$

式中，V 为去除材料的体积；E_c 为丝杠切削阶段用于去除材料的切削能耗；P_c 为切削阶段的切削功率；P_{total} 为切削阶段机床总功率；P_{idle} 为切削阶段机床空载功率。图 5-24 所示为丝杠硬态旋铣时的功率曲线。

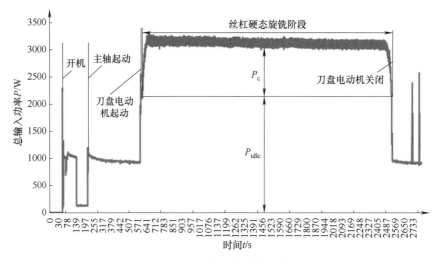

图 5-24　丝杠硬态旋铣时的功率曲线

▶ 2. 试验设计方案与试验数据

采用汉江机床自主研发的八米丝杠数控旋铣机床开展试验，主轴最高转速为 955 r/min，最大轴向进给速度为 3 m/min。本试验选用 PCBN 涂层刀具，CBN 含量为 50%，前角为 0°，倒棱为 0.1 mm×-25°，无涂层，丝杠材料为轴承钢 GCr15，冷却方式为干式气冷。

功率测量仪采用 9033A 型功率传感器，该设备在机床电器柜中总电源处获取电流和电压信号，通过终端软件对其处理获得实时的功率。功率测量仪与电器柜的接线方式和丝杠加工实况如图 5-25 所示。

图 5-25　功率测量仪及丝杠加工实况

由于工艺参数密切影响加工过程中的切削比能，以及加工工件的表面粗糙度和表层残余应力，为了建立丝杠硬态旋铣工艺参数（切削速度 v_t、刀具数量 N、切削深度 a_p 和抱紧转矩 M_f）与切削比能、表面粗糙度和表层残余应力的映射模型，按照 Box-benhken 试验设计要求，参考实际生产情况和前期试验结果，分别确定了工艺优化参数的三个水平值，见表 5-2。最终进行了 25 组试验，详细的试验设计方案和测量结果见表 5-3。

表 5-2   工艺优化参数的水平值

因素水平	切削速度 v_t/（m/min）	刀具数量 N（个）	切削深度 a_p/mm	抱紧转矩 M_f/N·m
1	160	3	0.04	2.4
2	200	4	0.06	4.8
3	240	6	0.08	9.6

试验结束后，采用白光干涉仪对加工丝杠螺纹滚道的表面粗糙度进行测量，采用 X 射线衍射仪获取丝杠的表层残余应力值。切削比能由第 3.4.1 节求得，表 5-3 为丝杠硬态旋铣不同工艺参数组合下的测量结果。

表 5-3   Box-benhken 试验设计及测量数据

试验序号	切削速度 v_t/（m/min）	刀具数量 N（个）	切削深度 a_p/mm	抱紧转矩 M_f/N·m	切削比能 SCE/（J/mm³）	表面粗糙度 Ra/μm	表层残余应力 σ_s/MPa
1	200	6	0.04	4.8	2.24984	0.34	-519
2	200	4	0.04	9.6	2.24976	0.21	-60
3	240	4	0.08	4.8	2.11909	0.19	-511
4	200	3	0.06	9.6	2.16123	0.29	-254
5	200	4	0.06	4.8	2.16257	0.20	-399
6	160	4	0.08	4.8	2.11909	0.20	-315
7	240	4	0.06	9.6	2.16269	0.19	-260
8	200	4	0.04	2.4	2.24976	0.19	-112
9	160	4	0.06	2.4	2.16269	0.18	-178
10	240	4	0.04	4.8	2.24995	0.19	-95
11	200	6	0.08	4.8	2.11913	0.40	-738
12	200	3	0.06	2.4	2.16123	0.36	-257
13	200	4	0.06	4.8	2.16257	0.20	-399
14	240	3	0.06	4.8	2.16051	0.30	-318

（续）

试验序号	切削速度 v_t/ (m/min)	刀具数量 N (个)	切削深度 a_p/mm	抱紧转矩 M_f/N·m	切削比能 SCE/ (J/mm³)	表面粗糙度 Ra/μm	表层残余应力 σ_s/MPa
15	200	6	0.06	9.6	2.16139	0.34	−595
16	160	4	0.06	9.6	2.16269	0.19	−167
17	160	4	0.04	4.8	2.24995	0.20	−57
18	200	6	0.06	2.4	2.16139	0.39	−793
19	240	6	0.06	4.8	2.1628	0.28	−414
20	200	3	0.08	4.8	2.11893	0.26	−625
21	240	4	0.06	2.4	2.16269	0.19	−132
22	160	3	0.06	4.8	2.16264	0.33	−245
23	200	4	0.08	2.4	2.119	0.22	−211
24	200	3	0.04	4.8	2.24403	0.30	−233
25	160	6	0.06	4.8	2.1628	0.37	−604

5.4.2 响应曲面法建模与分析

1. 基于响应曲面法的评价指标回归模型建立

响应曲面法（Response Surface Methodology，RSM）可以利用较少的试验数据定量分析影响因素与评价指标之间的关系。为了寻求优化工艺参数组合，首先需基于试验数据建立丝杠硬态旋铣切削比能、表面粗糙度和表层残余应力的响应曲面方程。考虑到这三个评价指标与工艺参数之间并非简单的线性关系，采用二阶响应曲面模型进行拟合，其一般形式为

$$y = \beta_0 + \sum_{i=1}^{m}\beta_i x_i + \sum_{i<j}\sum_{i=1}^{m}\beta_{ij}x_i x_j + \sum_{i=1}^{m}\beta_{ii}xi^2 + \varepsilon \tag{5-5}$$

式中，y 为丝杠旋铣的某个评价指标；β 为回归方程的系数，i、$j = 1$，2，…，m；x 为工艺参数；ε 为试验值与回归值的差值。

对试验数据进行拟合，分别获得了切削比能、表面粗糙度和表层残余应力的响应函数，它们分别表示为

$$\begin{aligned} SCE = {}& 2.52793 - 4\times10^{-6}v_t + 8.96\times10^{-3}N - 9.581a_p - \\ & 7.14\times10^{-4}N^2 + 53.996a_p^2 - 3.41\times10^{-2}Na_p \end{aligned} \tag{5-6}$$

$$\begin{aligned} Ra = {}& 1.002 + 4.54\times10^{-3}v_t - 0.5161N - 3.18a_p - 2.31\times10^{-3}M_f - \\ & 3.32\times10^{-4}Nv_t + 0.798Na_p + 0.06113N^2 - 9\times10^{-6}v_t^2 \end{aligned} \tag{5-7}$$

$$\sigma_s = 3005 - 30.9v_t + 275N - 7210a_p - 92M_f + 1.242Nv_t + 0.0634v_t^2 -$$
$$68.9N^2 + 7.55M_f^2 \tag{5-8}$$

R-sq 值是衡量拟合程度好坏的重要指标，对上述模型进行方差分析，三个模型的 P 值均小于 0.05，说明拟合的回归模型具有较强的显著性。其中切削比能的 R-sq 为 99.97%，R-sq（调整）达到了 99.94%；表面粗糙度的 R-sq 为 93.17%，R-sq（调整）达到了 89.76%；表层残余应力的 R-sq 为 86.72%，R-sq（调整）达到了 80.08%。这说明丝杠旋铣的切削比能、表面粗糙度和表层残余应力模型拟合程度良好，可以预测该范围内的评价指标值。

▶▶ **2. 试验结果分析**

通过切削比能、表面粗糙度和表层残余应力的主效应图可以直观地看出丝杠旋铣的四个工艺优化参数对各评价指标的影响大小及规律，如图 5-26~图 5-28 所示。图中横轴表示每个工艺参数的三个水平值，纵轴表示对应的指标在各个水平下的均值，虚线表示各个指标的在所有水平下的均值。

如图 5-26 所示，切削比能随着切削深度的增加而减小，且变化幅度很大；随切削速度和刀具数量的增加先增加后减小，但变化幅度很小；抱紧转矩对切削比能的影响很小。因此，切削深度对切削比能的影响最大。对于切削比能而言，最小的最优参数组合为 $v_t = 240$ m/min，$N = 3$，$a_p = 0.08$ mm，表明采用较大的切削速度和切削深度，较少的刀具数量能获得较小的切削比能。

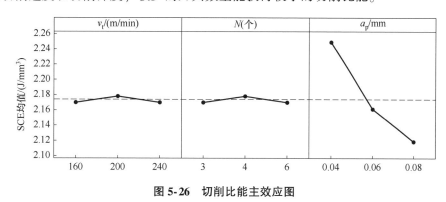

图 5-26　切削比能主效应图

如图 5-27 所示，表面粗糙度随切削速度、抱紧转矩和切削深度的增加先增加后减小，随刀具数量的增加则先减小后增加。刀具数量对表面粗糙度的影响最大，切削速度次之，抱紧转矩和切削深度对其影响相对较小。对于表面粗糙度而言，最小的最优参数组合为 $v_t = 240$ m/min，$N = 4$，$a_p = 0.04$ mm，$M_f = 9.6$ N·m，表明在刀具数量相对较少的情况下，采用较高的切削速度，较大的抱紧转矩和较小的切削深度能获得较小的表面粗糙度值。

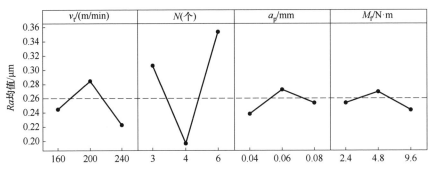

图 5-27　表面粗糙度主效应图

如图 5-28 所示，本试验在不同切削参数组下，丝杠表层均形成残余压应力。随着切削速度和抱紧转矩的增加，表层残余压应力均增加后减小；随着刀具数量的增加表层残余压应力则先减小后大幅增加；随切削深度增加，表层残余压应力呈近似线性增加。另外，刀具数量对丝杠表面残余压应力的影响最大，切削深度次之，切削速度和抱紧转矩的影响相对最小。对于表层残余压应力而言，最大的最优参数组合为 $v_t = 200$ m/min，$N = 6$，$a_p = 0.08$ mm，$M_f = 4.8$ N·m。

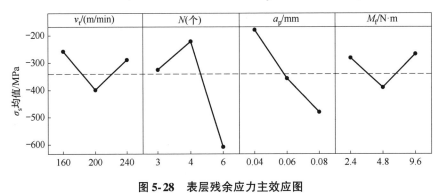

图 5-28　表层残余应力主效应图

通过观察主效应图获得的最优参数组合针对的是单一目标。综上分析，分别考虑各评价目标最优时获得的优化工艺参数组合并不相同。因此，有必要综合考虑丝杠旋铣的加工性能和能耗指标，进行多目标优化研究。

5.4.3　多目标优化建模与求解

1. 目标函数和约束条件

以实现丝杠硬态旋铣的高性能加工和低能耗为优化目标，分别将表面粗糙度、表层残余应力和切削比能的回归模型作为丝杠硬态旋铣的多目标优化函数。同时，在丝杠旋铣加工过程中，工艺参数必须在允许的加工条件范围内选取。因此，切削速度 v_t、刀具数量 N、切削深度 a_p 以及抱紧转矩 M_f 这四个优化变量应满足式（5-9）中的约束条件。因此，丝杠旋铣多目标优化数学模型为

$$\min \begin{cases} SCE(v_t, N, a_p) \\ Ra(v_t, N, a_p, M_f) \\ \sigma_s(v_t, N, a_p, M_f) \end{cases} \quad \text{s. t.} \quad \begin{cases} 160 \leqslant v_t \leqslant 240 \\ N = 3, 4, 6 \\ 0.04 \leqslant a_p \leqslant 0.12 \\ 2.4 \leqslant M_f \leqslant 9.6 \end{cases} \tag{5-9}$$

需要说明的是在材料力学中残余拉应力常用正数表示，残余压应力常用负数表示，因此，多目标优化模型中为使残余压应力最大化，在其数值上等价于使其最小化。

▶▶ **2. NSGA-Ⅱ算法及其参数设定**

求解多目标优化问题（Multi-objective Optimization Problem，MOP）的方法有两种：第一种是设定单个目标的权重系数后进行相加，将其转化为单目标，但采用单目标优化算法求解后只能获得一个最优解，当要改变单个目标权重时需重复求解；第二种是通过多目标优化算法求解，获得 Pareto 解，决策者可以根据需求选择合适的最优解，更适合求解 MOP。

改进型非支配排序遗传算法（Non-dominated Sorting Genetic Algorithm-Ⅱ，NSGA-Ⅱ）是 Deb 等学者在第一代非支配排序遗传算法 NSGA 的基础上，采用精英策略后提出的一种快速非劣解排序算法，因为具有计算精度高、运行速度快和解的收敛性好等优点而被广泛应用于多目标优化问题的求解。本小节将采用 NSGA-Ⅱ算法对建立的多目标优化模型进行求解，其运算流程如图 5-29 所示。

NSGA-Ⅱ算法需提前设定 4 个运行参数：初始种群大小 M、运算终止代数 T、交叉概率 P_c 和变异概率 P_m。本例中，选取初始种群大小为 100，运算终止代数为 500，交叉概率为 0.9，变异概率为 0.1。

▶▶ **3. 多目标优化模型求解与分析**

对上述的丝杠旋铣多目标优化模型进行求解，获得的三维 Pareto 解前沿如图 5-30a 所示。从图中可以看出，该最优解前沿近似为一条曲线，原因是在对这三个评价指标进行优化时，各评价指标之间存在某种冗余。将三维 Pareto 解前沿向坐标平面进行投射可获得图 5-30b~d 所示的二维 Pareto 解前沿。从图 5-30b 中可以看出，切削比能与表面粗糙度值反向变化，当追求其中一个目标最优时，另外一个目标必定严重恶化，两个目标不可能同时达到最优，即切削比能和表

面粗糙度存在着一个权衡。图 5-30d 同样表明表面粗糙度与表层残余应力存在权衡。图 5-30c 表明切削比能和表层残余应力之间不存在权衡，当表面残余应力在 −400~0 MPa 范围内变化时，切削比能与表层残余应力呈近似线性关系，在该范围内优化切削比能时，表层残余应力也可以得到明显改善。而当表层残余应力在大于−400 MPa 的范围内变化时，可以进一步优化表层残余应力，但切削比能几乎不能得到优化。

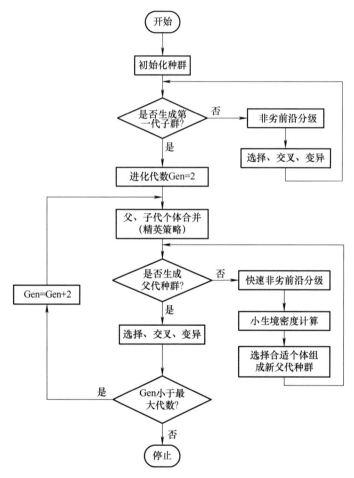

图 5-29　NSGA-Ⅱ算法流程

表 5-4 为仅考虑切削比能和仅考虑表面粗糙度时的优化方案。其中方案一为仅考虑切削比能最优，此时丝杠的表层形成了较大的残余压应力，但表面粗糙度的值较大，表明单纯追求切削比能最小会导致表面粗糙度可能不满足加工的精度要求。方案二为仅考虑丝杠加工后的表面粗糙度最小，此时切削比能较大，

且表层残余压应力恶化严重。因此无法同时实现高性能和低能耗的加工要求，需将表面粗糙度、表层残余应力和切削比能进行综合考虑。

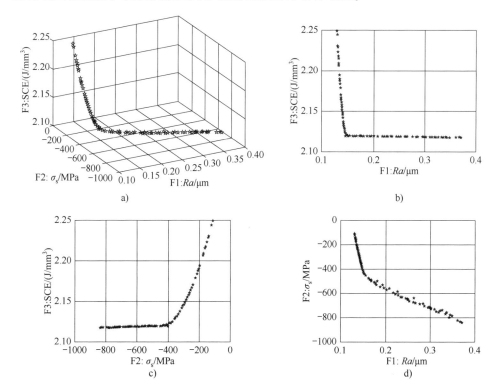

图 5-30 多目标优化模型的 Pareto 解前沿及其二维投影

a) 三维 Pareto 解前沿 b) F1、F3 面上的投影 c) F2、F3 面上的投影 d) F1、F2 面上的投影

表 5-4 单一目标优化的工艺参数及结果

加工方案	切削速度 v_t/（m/min）	刀具数量 N（个）	切削深度 a_p/mm	抱紧转矩 M_f/N·m	切削比能 SCE/（J/mm³）	表面粗糙度 Ra/μm	表层残余应力 σ_s/MPa
方案一	200	6	0.08	6.1	2.11791	0.37	−836
方案二	237	4	0.04	8.5	2.24952	0.13	−116

为了验证优化方法的有效性，将综合考虑丝杠旋铣的表面粗糙度、残余应力和切削比能所获得的最优解与企业常用的经验参数组合下的目标值进行对比，对比结果见表 5-5。

由表 5-5 可以看出，相比企业常用的经验参数组，经优化后的切削比能减少了 5%，表面粗糙度提高了 55%，表面残余压应力提高了 83%。通过综合优化后，能够在大幅提高丝杠加工性能的同时降低能耗，验证了所建立的优化模型的可行性。另外，通过分析优化后的最优参数组合可知，该最优组合的切削深度处于较高水平，刀具数量处于中间水平。原因是切削深度对切削比能的影响很大，而刀具数量对切削比能的影响较小；刀具数量对表面粗糙度的影响很大，而切削深度对表面粗糙度的影响较小。因此，为了获得较优的切削比能和表面粗糙度，应选择较大的切削深度和中等水平的刀具数量。

表 5-5　工艺参数优化前后的结果对比

参数类型	切削速度 $v_t/$（m/min）	刀具数量 N（个）	切削深度 a_p/mm	抱紧转矩 M_f/N·m	切削比能 SCE/（J/mm³）	表面粗糙度 Ra/μm	表层残余应力 σ_s/MPa
经验	200	3	0.04	4.8	2.22466	0.33	−220
优化后	237	4	0.08	8.5	2.11947	0.15	−402

综上所述，基于所建立的响应曲面模型，可以对不同工艺参数下丝杠旋铣的表面粗糙度、表层残余应力和切削比能进行预测。通过求解多目标优化模型，以获得 Pareto 解前沿，工艺规划者可以根据加工要求或主观因素进行最优决策。

5.5　滚珠丝杠副服役性能试验研究

滚珠丝杠副在服役过程中的预紧力丧失、接触疲劳失效、磨损、严重变形、断裂等失效都将影响其精度保持性、可靠性和寿命等服役性能，严重的可能会导致设备卡死、停机及其他不可预知的故障。对其服役性能开展试验研究，有助于滚珠丝杠副的使用维护和保养，还可进一步优化丝杠旋铣、磨削、装配等关键制造工艺，以及实现产品的再制造，从而提升其服役性能。

本节首先介绍滚珠丝杠副的主要失效形式和服役性能指标，然后详细介绍自主研发的滚珠丝杠副服役性能试验台，以及所提出的一种基于全周期分段步加策略的小子样加速试验方法和一种基于两水平步进加载的小子样加速试验方法，最后简要介绍一个加速试验实施案例。

5.5.1　主要失效形式和服役性能指标

1. 丝杠副主要失效形式

滚珠丝杠副在使用过程中，由于负荷不同，受力的大小也不同，而且工作的时候要承受扭转、疲劳和动载荷冲击，所以丝杠很容易出现故障甚至失效，失效形式主要包括以下几种：

（1）预紧力丧失 滚珠丝杠副的主要功能是实现精确的运动传导。丝杠预紧的目的是消除反向间隙，并且提高丝杠的刚性。如果滚珠丝杠的预紧力丧失，将导致运动间隙变大，从而功能失效。

（2）接触疲劳失效 丝杠在工作时，螺母和丝杠持续磨合，在一定的负载条件下，丝杠副的内部出现应力集中，并且随着时间周期性地变化。在反复应力的冲击下，滚道应力集中的近表层处因为疲劳出现了裂纹。随着时间的推移，这些裂纹逐渐扩展到滚道表层，一些表面会有碎屑掉落，接触表面出现小坑。长期运行后，剥落的碎屑也会参与到摩擦磨损中，加剧了滚道的磨损。最终使零件因为表面的损伤而达不到预设的精度，甚至会使设备系统无法继续正常运行。

（3）变形失效 在滚珠丝杠副的工作过程中，当冲击载荷远大于工作载荷时，可能会引起丝杠本身的变形，导致丝杠变形量超过了运行所允许的限定值，不能达到预设的精度。除了大载荷外，加工时产生的残余应力也会导致丝杠变形。尤其在丝杠加工过程中，残余应力的叠加导致丝杠在工作时出现变形失效。

（4）断裂失效 滚珠丝杠副运行一段时间后，可能会出现疲劳断裂和过载断裂等失效。原材料不合格、热处理时回火不足、工艺参数的不规范都能造成丝杠的滚道出现裂纹，从而失效。丝杠的钢珠和反向器也是极易发生断裂失效的部位。钢珠在没有润滑的情况下进行干摩擦会造成异常的温升，因此造成螺母和钢珠的损坏。而螺母在运行中遭受撞击时会造成反向器的变形，使得反向器中的钢珠不能正常滚动，导致反向器的断裂失效。

滚珠丝杠副主要故障模式和故障现象见表5-6。

表 5-6　滚珠丝杠副主要故障模式和故障现象

故 障 模 式	故 障 现 象
丝杆结构失效（断裂、裂纹）	丧失传动功能、传动卡滞
丝杠弯曲	噪声、振动异常、热平衡温度超标
丝杠滚道磨损	精度超差
丝杠点蚀	噪声、振动异常、传动卡滞
丝杠表面压痕	外观影响，振动轻微异常
螺母裂纹	丧失传动功能、传动卡滞
螺母变形	噪声、振动异常、热平衡温度超标
螺母滚道磨损	精度超差
螺母点蚀	噪声、振动异常、传动卡滞

(续)

故 障 模 式	故 障 现 象
滚动体碎裂	丧失传动功能、传动卡滞
滚动体变形	噪声、振动异常、热平衡温度超标
滚动体点蚀	噪声、振动异常、传动卡滞
循环装置结构失效（破损、击穿）	丧失传动功能、传动卡滞
循环装置滚道变形	噪声、振动异常
循环装置脱落	丧失传动功能、传动卡滞
密封件结构破损	影响运动
密封件变形	摩擦力矩增大
密封件脱落	影响运动
密封泄漏量大	温升异常
预紧结构松脱	预紧力丧失，出现传动间隙
预紧结构磨损	预紧力降低，出现传动间隙
润滑剂不能到达润滑位置	温升异常，滚道表面烧蚀
润滑剂变质	润滑析出物变质，滚道表面烧蚀
由于产品设计导致与外界连接松脱	连接松脱
滚动体保持结构破损	运动卡滞
滚动体保持结构发生塑性变形	噪声、振动异常、热平衡温度超标
滚动体保持结构脱离工作位置	运动卡滞

⧉ 2. 丝杠副服役性能指标

滚珠丝杠副的服役性能主要涉及精度保持性、可靠性和寿命三个方面。

1）精度保持性是指滚珠丝杠副在规定的安装要求、运行速度、使用负载、维护保养等工作条件下，在规定的工作时间（转数、里程）内，完成规定传动、定位功能的有效精度的保持能力。常用有效精度保持时间表示其精度保持性的优劣，即在一定工作条件下滚珠丝杠副的精度（主要指行程误差）保持在规定的等级范围内而未丧失的时间。需注意的是，精度的丧失并不代表寿命终止。

2）可靠性是指滚珠丝杠副在规定的安装方式及条件、润滑方式及条件、加载方式及条件、运行速度条件下，预紧力（摩擦力矩）、噪声、振动、温升等性能指标不超标且无故障地完成设计规定传动、定位功能的有效运行期限的能力，以转数或时间来表示。常用 MTBF（平均故障间隔时间）作为分析其可靠性的重要指标。

3）寿命是指疲劳寿命，即在规定的条件下滚珠丝杠副发生疲劳剥落或点蚀前的工作运行时间。寿命终止则代表滚珠丝杠副完全失效，通常因磨损和点蚀所致。在试验过程中常用可靠寿命来表示疲劳寿命，可靠寿命是指在同等的试验条件下，同一批次滚珠丝杠副样件进行试验，90%的试验样品没有发生疲劳剥落或点蚀前，滚珠丝杠副运行的总转数或在一定运行转速条件下的总工作时间。

5.5.2 丝杠副服役性能试验台

为了开展滚珠丝杠副的精度保持性试验、可靠性试验和寿命试验，自主研制了以下两种丝杠副服役性能试验台。

1. 丝杠副服役性能试验台 I

该试验台主体包括加载组件、头架组件、工作台面组件、尾架支承组件和床身组件，如图 5-31 所示。测试系统包括加速度传感器、转矩传感器、振动传感器、噪声传感器、温升传感器、光栅传感器、拉力传感器。试验台采用伺服电动机提供动力；采用电涡流制动器作为阻力源对丝杠螺母进行加载，并用拉力传感器实时测量被测丝杠螺母上的加载力；采用圆磁栅测量丝杠实际转动的位移量，采用长光栅测量被测螺母的位移量，进而可分析滚珠丝杠副的行程误差变动量是否超出规定范围。该试验台最多可同时测试两根滚珠丝杠副，由于同时采用圆磁栅和长光栅，更适合精度保持性试验。该试验台的主要技术指标见表 5-7。

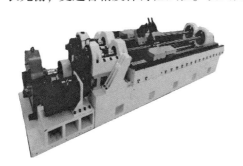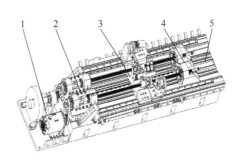

图 5-31　滚珠丝杠副服役性能试验台 I

1—加载组件　2—头架组件　3—工作台面组件　4—尾架支承组件　5—床身组件

表 5-7　滚珠丝杠副服役性能试验台 I 的主要技术指标

序　号	项 目 名 称	技 术 要 求
1	加载力	≤20 kN
2	力示值相对误差	最大允许值：±2%

（续）

序　号	项目名称	技术要求
3	转矩示值相对误差	最大允许值：±0.5%FS
4	噪声	≤78 dB（A）
5	最高转速	丝杠副（φ20~40 mm），≤800 r/min 丝杠副（φ40~63 mm），≤500 r/min
6	圆磁栅精度	±22′
7	长光栅精度	±0.5μm
8	被测丝杠安装方式	可实现预拉伸、固定-固定、固定-自由、固定-悬空

▶▶ 2. 丝杠副服役性能试验台Ⅱ

该试验台主体包括驱动组件、加载组件、床身和工作台，如图 5-32 所示。驱动组件采用交流变频电动机驱动，同步带与齿轮传动，交换齿轮减速增大并输入驱动力矩，从而带动加载组件和工作台来回往复运动，可同时带动多达三

图 5-32　滚珠丝杠副服役性能试验台Ⅱ

根的被测丝杠进行测试。加载组件通过滚珠丝杠副螺母轴向加载机构给被测丝杠副施加一个内部的加载载荷，并采用拉压力传感器对加载力进行实时测量；变频电动机输出轴与被测丝杠轴端通过动态转矩传感器相连，实时监测输入转矩；噪声传感器安装在被测丝杠螺母上，测量丝杠运行过程中的噪声；振动传感器分别布置在垂直于被测丝杠轴线的水平和竖直方向上，来测量这两个方向上的振动。由于该试验台可同时测试三根滚珠丝杠副，效率高，更适合可靠性和寿命试验。该试验台的主要技术指标见表 5-8。

表 5-8　滚珠丝杠副服役性能试验台Ⅱ的主要技术指标

序　号	项目名称	技术要求
1	加载力	≤160 kN
2	力示值相对误差	最大允许值：±0.5%FS（FS 指满量程）
3	速度误差	最大允许值：±2%
4	噪声	≤78 dB（A）
5	振动	±50 g
6	振动频率	0.5~10kHz
7	测量丝杠副长度	螺纹部分不小于2.5 m，总长度不小于 3 m

5.5.3 丝杠副服役性能加速试验方法

滚珠丝杠副服役性能试验贯穿整个寿命周期，是在已经验收合格的丝杠产品批次中，随机抽取同工艺、同规格产品，在滚珠丝杠副服役性能试验台上进行模拟实际加载磨合试验，进而研究滚珠丝杠副的服役性能。在某些对精度和性能指标要求不高的场合，即使精度和性能指标已经不达标，但是滚珠丝杠副还可以维持其基本运行功能，则认为其寿命并未终止，但若已发生接触疲劳失效，包括疲劳点蚀与疲劳剥落，则认为其寿命终止。可见，精度保持性、可靠性和寿命试验虽测试内容不同，但三类试验彼此也存在关联。因此，开展丝杠副服役性能加速试验时，可以同时兼顾精度保持性试验、可靠性试验和寿命试验，对被试验丝杠样件进行精度检测与相关故障记录，分别作为精度保持性试验与可靠性试验的检测数据，最后以丝杠副发生接触疲劳失效作为寿命终止判定标准，以提高服役性能试验的效率。

1. 样本准备

在已验收合格的产品批次中，应随机抽取同工艺、同规格的丝杠副产品，样本检验应符合有关标准的规定。在试验样本的非工作表面上编号，编号应清晰、唯一。

2. 样本支承安装要求

同一批丝杠副试验样本，在同一试验条件下，应在性能相同的试验台上进行试验。试验中被测丝杠副样件应采用两端固定方式或一端固定另一端支承的支承方式。

开展服役性能加速试验前，需要对样件安装精度进行检测，保证样件安装符合实际工况。被测滚珠丝杠副的安装精度要求见表 5-9。

表 5-9　被测滚珠丝杠副的安装精度要求

检 查 项 目	安装精度要求
被测丝杠副轴线对试验台导轨的平行度	0.015 mm/任意 1000 mm
被测丝杠螺母的安装端面对试验台导轨的垂直度	0.016 mm
被测丝杠副对头架传动轴线的同轴度	0.025mm

3. 试验环境条件

开展试验时，应保证温度、湿度、噪声和振动等应力条件真实反映实际工况，从而保证滚珠丝杠副服役性能加速试验结果的准确性。

1）温度应力条件反映滚珠丝杠副实际使用过程中的温度情况。在加速试验时，一般应保持实验室环境温度为 20℃，同时规定被测样件、加载部件以及导向部件的温度不超过 80℃，一旦发现温度超过 80℃，立刻停止试验。

2）湿度应力条件反映滚珠丝杠副实际使用过程中的湿度情况。在加速试验时，一般应保持实验室内相对湿度≤80%，并根据湿度应力状况定时进行抽湿或加湿工作。

3）按照滚珠丝杠副产品的现场使用情况、安装情况和预期使用情况确定试验的振动、噪声应力条件与应力剖面。在开展加速试验前，一般需要将试验台上的装置及被测样件按要求安装并调试平稳，同时使试验台及被测样件远离振动源和噪声源，排除外界的干扰。

▶ 4. 试验工作条件

试验过程中被测丝杠副润滑条件包括润滑剂牌号、润滑周期、润滑量等必须按照该产品具体说明书执行。滚珠丝杠副的润滑一般采用脂润滑或油润滑，在试验过程中定期加注润滑脂或润滑油并记录。油润滑使用定量润滑泵按照样件要求加注润滑油，一般采用符合 SH 0017—1990 规定的 L-FC 型 32 号油或优于其性能的油。脂润滑保证良好润滑，宜每 200 万转加注润滑脂，试验用脂量为容积空腔的 1/3。

在丝杠副服役性能加速试验过程中的各加速应力条件下，当处于匀速运行阶段时，加载力应稳定在±5% 的变化范围内；当处于换向运行阶段时，加载力应稳定在±10% 的变化范围内，且不得大于额定动载荷的 110%。加载力方向必须垂直于螺母侧表面，如图 5-33 所示。

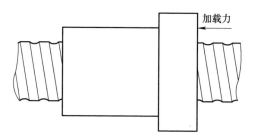

图 5-33 滚珠丝杠副加载方式

▶ 5. 加速试验方法

传统的可靠性及寿命等服役性能试验，其对象多为服役周期短、成本低的电子元器件产品，需要较大的样本量。而滚珠丝杠副的服役周期长、成本高，并且试验台的投入大，可利用的试验台数量非常有限，这给丝杠副的服役性能试验研究带来了很大困难，因此对丝杠副在小子样限制下的加速试验方法的研究尤为重要。下面重点介绍两种各具特色的服役性能加速试验方法。

（1）基于全周期分段步加策略的小子样加速试验方法　滚珠丝杠副精度保持性等服役性能的试验研究需要尽量获得产品长期磨合过程中基于时间历程的多种在线和离线状态检测数据，如关键位置处的振动、噪声，丝杠副的预紧力、精度、滚道的表面粗糙度、磨损量等信息。传统的大样本试验方法难以适用于滚珠丝杠副这类成本较高、寿命长的试验对象，也极大受限于服役性能试验台数量少等现状，因此无法通过该方法在短时间内有效获得基于时间历程的多种状态检测数据。

针对滚珠丝杠副等滚动功能部件可靠性试验时间长、有效信息获取难度大的问题，王禹林提出了一种基于全周期分段步加策略的小子样服役性能加速试验方法，将工件沿轴线方向分成若干子段，在等效载荷作用下以等效速度按照顺序往复磨合，仅通过一次试验即可高效获得滚珠丝杠副在全周期服役过程中不同时间历程下的精度和表面完整性演变数据，可为深入探索其服役过程中各种失效演变及服役性能预测提供依据，尤其能为精度保持性试验研究提供依据。为了获得基于时间历程的丝杠副服役过程在线及离线数据，全周期分段步加策略试验流程如图 5-34 所示。

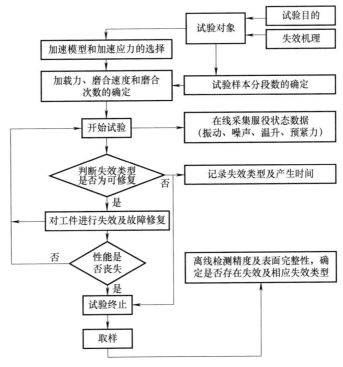

图 5-34　全周期分段步加策略试验流程

采用基于全周期分段步加策略的小子样服役性能加速试验方法，主要包括以下步骤。

步骤1：分析滚珠丝杠副精度丧失、性能退变等功能失效模式以及疲劳点蚀、材料胶合、变形损伤、断裂等构件损伤与破坏失效模式的失效判据，以及故障判据及故障计数准则，确定合理的加速试验截尾，选择合适的加速模型和加速应力。

对于加速试验的截尾方式，主要包括定时截尾和定数截尾。由于滚珠丝杠副在其服役过程中出现故障及失效具有一定的偶然性和不可控性，为了方便统计故障信息，建议采用定时截尾方式。加速模型是加速试验技术的核心，目前国内外常用的加速模型主要有物理加速模型、经验加速模型和统计加速模型。作为经验加速模型的一种，逆幂律模型适用于以疲劳、磨损为失效机理的机械产品，这里建议采用逆幂律模型。应力施加方式是影响加速试验技术的又一重要因素，按照工件所经历的应力水平历程，加速试验可分为恒定应力试验、步进应力试验、序进应力试验及步降应力试验。由于滚珠丝杠副服役周期长，样件成本较高，可用试样少，因此建议采用步进应力施加方式。

步骤2：指定全周期分段步加试验方案，确定所有 j 个步加服役过程中的等效加载力 F_j，等效磨合速度 v_j 和磨合次数 z_j，其中 $1 \leq j \leq n$。

如图5-35和图5-36所示，将滚珠丝杠副沿轴线方向分成 $n+1$ 个子段，子段号分别为0，1，…，i，…，n；每个子段长度分别为 L_0，L_1，…，L_i，…，L_n。在子段0上不进行服役性能试验，以保留工件的初始精度及表面完整性信息，从子段1开始实施全周期分段步加试验，即在等效加载力 F_1 作用下以等效速度 v_1 自子段1至子段 n 往复磨合 z_1 次，第1个步加服役过程结束，此时子段1磨合了 $2z_1+1$ 次（图5-35）或 $2z_1-1$ 次（图5-36），子段2至子段 n 磨合了 $2z_1$ 次。接着继续在等效加载力 F_2 作用下以等效速度 v_2 自子段2至子段 n 往复磨合 z_2 次，依此类推，直至第 n 个步加服役过程结束，或出现不可修复性故障而停止。试验完成时，第 i 个子段共经历了 i 个步加服役过程，其中第 j 个步加服役过程为在等效加载力 F_j 下以等效磨合速度 v_j 磨合 $2z_j$ 次（$1 \leq j \leq i \leq n$），而第 i 个步加服役过程为在等效加载力 F_i 作用下以等效速度 v_i 磨合 $2z_i+1$ 次或 $2z_i-1$ 次。

上述步骤2中的步加服役过程，具体可为以下两种方案。

方案1：如图5-35所示，自子段 j 至子段 n 在等效加载力 F_j 作用下以等效速度 v_j 进行往复磨合 z_j 次，并继续在子段 j 单程磨合一次，此时第 j 个步加服役过程结束。在服役过程中，子段 j 在本次步加服役过程中相应的磨合次数为 $2z_j+1$，子段 $j+1$ 到子段 n 的磨合次数为 $2z_j$。

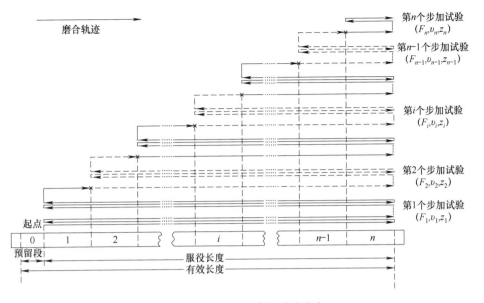

图 5-35　全周期分段步加试验方案 1

方案 2：如图 5-36 所示，自子段 j 至子段 n 在等效加载力 F_j 作用下以等效速度 v_j 进行往复磨合 z_j 次，并在第 $2z_j$ 次单程磨合时至子段 j 与子段 $j+1$ 交点处结束第 j 个步加服役过程。在服役过程中，子段 j 在本次步加服役过程中相应的磨合次数为 $2z_j-1$，子段 $j+1$ 到子段 n 的磨合次数为 $2z_j$。

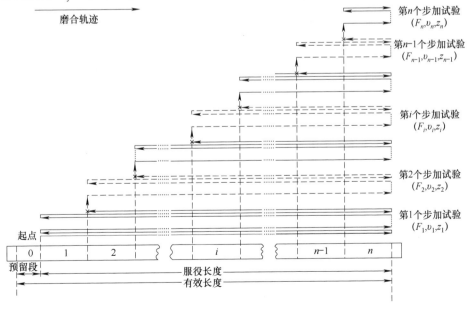

图 5-36　全周期分段步加试验方案 2

其中，上述分段数和长度、等效加载力、等效磨合速度、磨合次数的确定具体如下：

1）分段数和长度的确定。分段数 $n+1$，取 $n \geqslant 3$，各子段 i 的长度 L_i 满足 $L_0 \leqslant L_1 \leqslant \cdots \leqslant L_n$，并保证每次磨合时均有足够的长度完成加、减速运动。

2）等效加载力的确定。上述的所有步加服役过程中的等效加载力 F_j 可以为恒定力，也可以为周期力。若在第 j 个步加服役过程中以周期力 $F_j(t)$ 循环加载，此周期力可折算为等效力 F_j，见式（5-10），并且各步加服役过程中的等效加载力 F_j 宜满足 $F_1 \leqslant F_2 \leqslant \cdots \leqslant F_n \leqslant F_e$，其中 F_e 为滚珠丝杠副的额定载荷。

$$F_j = \frac{1}{T} \int_0^T F_j(t)\,\mathrm{d}t \qquad (5\text{-}10)$$

3）等效磨合速度的确定。上述的等效磨合速度 v_j 可以为恒定速度，也可以为周期磨合速度。若在第 j 个步加服役过程中以周期磨合速度 $v_j(t)$ 循环磨合，此周期磨合速度可折算为等效磨合速度 v_j，见式（5-11），并且各步加服役过程中的等效磨合速度 v_j 宜满足 $v_1 \leqslant v_2 \leqslant \cdots \leqslant v_n \leqslant v_e$，其中 v_e 为额定磨合速度。

$$v_j = \frac{1}{T} \int_0^T v_j(t)\,\mathrm{d}t \qquad (5\text{-}11)$$

4）磨合次数的确定。为了重点研究丝杠副后期的失效演变，在所有步加服役过程中，磨合次数 z_j 宜满足 $z_1 \geqslant z_2 \geqslant \cdots \geqslant z_n \geqslant z/n$，$z$ 为正常应力水平下总的理论磨合次数。

步骤 3：按照步骤 2 中确定的全周期分段步加试验方案开始试验。在试验过程中，在线采集滚珠丝杠副服役时的振动、噪声、温度、预紧力、行程误差等状态信息，同时收集并记录如滚道裂纹、点蚀等故障信息及相应的产生时间。试验过程中出现如滚动体碎裂、卡住，润滑油路堵塞，密封端盖破裂，预紧力丧失等可修复性故障时，须及时停机，记录故障类型及产生时间，修复后继续试验，延误时间、修复时间不计入试验时间。对于误用故障、误操作故障，不计入正常故障数据中；对于非滚珠丝杠副产品引发的关联故障不应计入故障数据，如联轴器故障、轴承故障、支承单元故障；对于从属故障不重复计算；对于周期故障在故障排除之前记录为一个故障。若属于不可维修故障，中止该被测样本的试验，记录试验中止时间。

步骤 4：试验结束后，对每个子段分别取样并离线检测精度和表面完整性，具体包括几何精度、表面粗糙度、表面微观组织、表层残余应力、磨损量等，并且确定是否存在失效。

步骤 5：基于各子段的长度、等效加载力、等效磨合速度和磨合次数折算出

第 i 个子段单位长度上正常应力水平下总的服役时间 T_i，则步骤 3 和步骤 4 中所测的在线状态数据、故障信息以及离线检测数据，即为所折算的服役时间 T_i 时的各项数据。

T_i 折算方法具体包括以下步骤：

假设滚珠丝杠副寿命在正常应力和加速应力下都服从威布尔分布，滚珠丝杠副的失效机理仅与当前应力水平和当前已累积的失效部分有关，与累积方式无关。

步骤 5.1：折算子段 i 在第 j 个步加服役过程相应的磨合时间，第 i 个子段在第 j 个步加服役过程如下：

1）当 $i > j$ 时，子段 i 在第 j 个步加服役过程中，在等效加载力 F_j 的作用下以速度 v_j 经历了 $2z_j$ 次磨合，此时子段 i 在第 j 个步加服役过程中的服役时间 t_{ij} 为

$$t_{ij} = \frac{2z_j L_i}{v_j}, \quad 1 \leqslant i < j \leqslant n \tag{5-12}$$

2）当 $i = j$ 时，子段 i 在第 j 个步加服役过程中，在等效加载力 F_j 的作用下以速度 v_j 经历了 $2z_j \pm 1$ 次磨合，此时子段 i 在第 j 个步加服役过程过程中的服役时间 t_{ij} 为

$$t_{ij} = \frac{L_i}{v_j}(2z_j \pm 1), \quad 1 \leqslant i = j \leqslant n \tag{5-13}$$

步骤 5.2：折算子段 i 在第 j 个步加服役过程中正常应力水平下的磨合时间。

1）威布尔分布下产品失效的概率密度函数为

$$f(t) = \frac{m}{\eta}\left(\frac{t}{\eta}\right)^{m-1} e^{-\left(\frac{t}{\eta}\right)^m}, \quad t > 0 \tag{5-14}$$

失效分布函数为

$$F(t) = 1 - e^{-\left(\frac{t}{\eta}\right)^m}, \quad t > 0 \tag{5-15}$$

式中，m 为形状参数；η 为尺度参数。

2）根据 Nelson 累计失效模型，在某个子段 i 的第 j 个步加服役过程中，在应力水平 S_q 下工作时间 t_{ij} 的累计失效概率 $F_q(t_{ij})$ 和在正常应力水平 S_q 下工作时间 t'_{ij} 的累计失效概率 $F'_q(t'_{ij})$ 相等，即

$$F_q(t_{ij}) = F'_q(t'_{ij}) \tag{5-16}$$

3）根据可靠性分布模型，将威布尔分布的失效分布函数代入式（5-16），可得

$$1 - \exp\left[\left(\frac{t_{ij}}{\eta_{ij}}\right)^{m_{ij}}\right] = 1 - \exp\left[\left(\frac{t'_{ij}}{\eta'_{ij}}\right)^{m'_{ij}}\right]$$

$$t'_{ij} = \eta'_{ij}\exp\left[\frac{m_{ij}}{m'_{ij}}\ln\left(\frac{t_{ij}}{\eta_{ij}}\right)\right], \quad 1 \leq i \leq n, \ j \neq j' \ \text{且} \ j、j' \leq i \qquad (5\text{-}17)$$

利用式（5-17）将子段 i 在第 j 个步加试验中的服役时间 t_{ij} 折算成正常应力水平下的服役时间 t'_{ij}，其中 $1 \leq j \leq i \leq n$。

步骤 5.3：折算子段 i 上的总服役时间。

对于子段 i 而言，试验结束后，子段 i 依次经历了自第 1 个步加服役过程至第 i 个步加服役过程，根据步骤 2 的折算时间得到子段 i 上总的服役时间为

$$T_i = \frac{\sum\limits_{j=1}^{i} t'_{ij}}{L_i} = \frac{t'_{i1} + t'_{i2} + \cdots + t'_{ii}}{L_i}, \quad 1 \leq j \leq i \leq n \qquad (5\text{-}18)$$

（2）基于两水平步进加载的小子样加速试验方法　基于全周期分段步加策略的小子样加速试验方法，仅通过一次试验即可高效获得全周期服役过程中不同时间历程下的精度和表面完整性演变数据，有利于失效演变机理的分析，更适合于精度保持性试验研究。然而该方法需要对样件进行较多的分段，以在每一段上保留对应时间历程的测试数据，因此该方法的试验过程相对复杂，并且样件长度不宜过短。因此，冯虎田提出了一种基于两水平步进加载的小子样加速试验方法。该方法将试验样本在较低应力水平和加速应力水平下依次开展试验，实施过程相对简单，试验周期可缩短 50% 以上，主要适用于工程应用与产品服役性能评价，例如可靠性评估和寿命预测，可测定滚珠丝杠副产品的寿命加速系数，解决丝杠副额定动载荷实测难题。

与基于全周期分段步加策略的加速试验方法不同之处在于，该方法的试验磨合始终在样件的全长上进行，无需对样件分段。试验过程主要分为两个阶段，第一个阶段为低应力水平，第二个阶段为高应力水平，但加速应力应小于样件的应力上限。两阶段的试验里程（距离/转数）可以设定为相同数值，也可以根据需要设定为不同数值。当设定为相同数值时，该方法可进一步演化为基于"A+A"的小子样加速试验方法，A 为每个阶段磨合的距离/转数。两个阶段的试验当量转速建议设定为相同数值，以进一步简化试验过程，对于滚珠丝杠副对象，当量转速建议设定为 500 r/min。试验故障记录类似于全周期分段步加策略的小子样加速试验方法。

当所有样本达到滚珠丝杠副服役性能试验设定转数或出现不可维修故障时，试验结束，妥善保存被测样本，并对失效样本进行失效分析，对产品的可靠性指标 MTBF 等进行评定，具体判定方法为

$$\text{MRBF}_j > \cfrac{2\sum\limits_{i=1}^{m} N'_i}{\chi^2_{0.90}\left(2\sum\limits_{i=1}^{m} r'_{(j,\ i)} + 2\right)} + \cfrac{2\sum\limits_{i=1}^{m} N''_i}{\chi^2_{0.90}\left(2\sum\limits_{i=1}^{m} r''_{(j,\ i)} + 2\right)} G \qquad (5\text{-}19)$$

$$\text{MRBF} = \cfrac{1}{\sum\limits_{j=1}^{\infty} \cfrac{1}{\text{MRBF}_j}} \qquad (5\text{-}20)$$

$$\text{MTBF} = M \times \text{MRBF} \qquad (5\text{-}21)$$

式中，N'_i 为第 i 个样本在第一应力水平试验结束时的总转数；N''_i 为第 i 个样本在第二应力水平试验结束时的总转数；$r'_{(j,i)}$ 为第 i 个样本在第一应力水平试验时间内，第 j 个失效模式失效数；$r''_{(j,i)}$ 为第 i 个样本在第二应力水平试验时间内，第 j 个失效模式失效数；G 为加速系数，依据滚珠丝杠副寿命计算公式，加速可靠性试验的加速系数 $G = S^3$，S 为负载系数，对于定位滚珠丝杠副（P 型），$1 \leqslant S \leqslant 2$，对于传动滚珠丝杠副（T 型），$1 \leqslant S \leqslant 10/3$；$M$ 为当量转换系数（h/r），为经验系数，是经过调研得到各进给轴平均在机床工作时间与滚珠丝杠副转数的比值，该系数与机床类型、机床加工对象有关，推荐取值 4×10^{-4} h/r。

5.5.4 丝杠副服役性能试验实施案例

1. 实施案例简介

本案例中，被测样件是 2 组规格为 XX4010-3，公称直径为 40 mm，公称导程为 10 mm，初始接触角为 45°、总长为 1500 mm，有效行程为 600 mm，额定动载荷为 29.9 kN 的滚珠丝杠副。

受限于丝杠副的样件长度，本案例主要采用基于两水平步进加载的小子样加速试验方法，选用丝杠副服役性能试验台Ⅱ。当量转速为 500 r/min，两组样件试验中的低应力水平均设定为 30% 的额定动载荷，该阶段试验里程设定为试验至被测丝杠副精度丧失时的转数（本案例实际试验中约为 400 万转）。同时，其中一组样件的高应力水平设定为 37% 的额定动载荷，另一组设定为 45% 的额定动载荷。其试验流程如图 5-37 所示，试验剖面如图 5-38 所示，关键参数设置见表 5-10。

为了达到良好的润滑效果，采用脂润滑方式，并每隔一定里程添加相应润滑脂。在开展滚珠丝杠副小子样加速试验过程中，对振动、噪声信号进行实时监测。当监测值超过设定阈值时，暂停试验并检查是否发生故障，若存在故障则做好记录。同时，每隔一定里程，记录和保存振动均值与噪声分贝值。最后，

丝杠绿色干切关键技术与装备

综合考虑丝杠副滚道疲劳点蚀面积、深度、数量，疲劳剥落状况，噪声、振动的变化情况，现场观察情况等，确定加速试验是否终止。

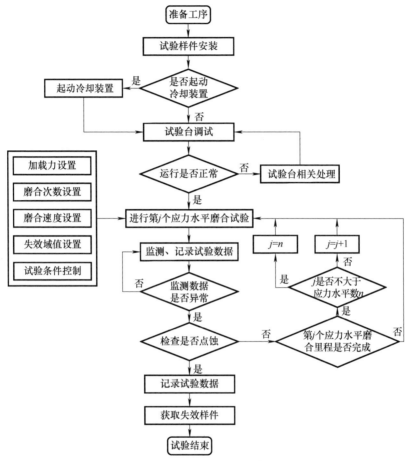

图 5-37　服役加速试验流程

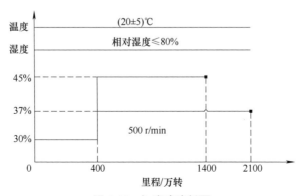

图 5-38　加速试验剖面

222

表 5-10 关键参数设置

加速应力组	30%~37%	30%~45%
当量转速/(r/min)	500	500
试验里程/万转	400~1700	400~1000
总和里程/万转	2100	1400
记录间隔里程/万转	40	25

2. 试验结果

上述试验条件下 30%~45%加速应力组的丝杠副故障情况如下：

当该滚珠丝杠副运行了 100 万转后，精度与摩擦力矩开始出现下降趋势；当运行至 403 万转时，精度与预紧力丧失。在调节预紧结构后，按前述试验方案，施加 45%额定动载荷，在转速为 500 r/min 条件下开展丝杠副加速寿命试验。在 631 万转处噪声与振动有增大趋势，螺母一端的密封圈松动，此时进行密封圈重新固定与添加润滑脂的工作；运行到 989 万转时，滚珠和各滚道出现一定磨损，滚道表面粗糙度值增加，滚珠与滚道、滚珠与滚珠之间的平稳性降低，噪声变大，振动波动变大；运行到 1175 万转时，螺母密封圈松动严重，此时进行螺母密封圈重新固定并添加润滑脂；而后磨损量继续增加，直至运行到 1311 万转时，丝杠滚道出现疲劳点蚀，试验终止。试验阶段主要出现了四次故障，试验记录汇总见表 5-11。

表 5-11 丝杠副故障试验记录汇总（30%~45%加速应力组）

里程/万转	原始试验现象记录	故障处理	故障间隔转数/万转
0~100	运行无异常	—	—
100~400	精度与摩擦力矩出现下降趋势	—	—
400~500	精度与预紧力丧失	调节预紧结构	403
500~631	精度保持性试验结束，进入寿命试验		
631~873	噪声与振动增大，螺母密封圈松动	调节预紧结构，添加润滑脂	231
873~989	丝杠滚道面出现深色油脂，噪声与振动有上升趋势	—	—
989~1175	丝杠滚道面出现磨损，噪声明显变大，振动波动大	—	—
1175~1283	螺母密封圈松动严重	重新固定密封圈，添加润滑脂	544

（续）

里程/万转	原始试验现象记录	故障处理	故障间隔转数/万转
1283～1311	丝杠滚道面磨损加剧，有滚珠碰击声，螺母密封圈松动	重新固定密封圈，添加润滑脂	108
1311	丝杠滚道面出现疲劳点蚀，试验终止	—	28

30%～37%加速应力组的丝杠副故障与30%～45%加速应力组下的丝杠副故障情况相近，故不再赘述，仅给出被测丝杠副发生故障的转数，见表5-12。

表5-12 不同加速应力下的发生故障转数

加速应力组	故障转数/万转				
30%～45%	403	631	1175	1283	1311
30%～37%	419	981	1355	1698	1996

在30%～45%加速应力组下的加速试验终止时，观察并记录被测丝杠副样本照片，如图5-39所示。可以看出，被测丝杠副螺母滚道面并没有明显疲劳点蚀现象，丝杠副反向器也未出现明显磨损，而丝杠滚道面出现少量疲劳点蚀坑。主要原因是滚珠与丝杠滚道的接触应力较高，而滚珠与螺母滚道的接触应力较低，同时滚珠与螺母滚道接触面的润滑状态优于滚珠与丝杠轴滚道接触面，因此导致被测丝杠副疲劳失效主要集中于丝杠滚道面。

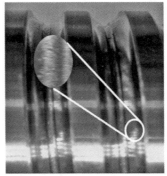

图5-39 丝杠疲劳失效样件

根据上面的统计数据和试验结果，还可进一步研究分析平均故障间隔时间（MTBF）、首发故障时间、疲劳失效薄弱环节以及失效演变特征与规律，可在后期进行深入的疲劳失效机理与各影响因素探讨。

参 考 文 献

[1] 郭覃．旋风硬铣削大型螺纹的表面完整性研究［D］．南京：南京理工大学，2014．

[2] 刘超．螺纹干式旋铣时变切削温度场建模与残余应力机理研究［D］．重庆：重庆大学，2020．

[3] 王乐祥．基于材料去除机理的螺纹干式旋铣切削能耗建模与多目标优化［D］．重庆：重庆大学，2020．

[4] 李隆．基于振动的大型螺纹旋风铣削建模与工艺试验研究［D］．南京：南京理工大学，2013．

[5] 曹勇．多点变约束下硬旋铣大型螺纹的动态响应与表面粗糙度研究［D］．南京：南京理工大学，2015．

[6] 周斌．大型丝杠硬态旋铣加工特性及丝杠副综合性能评估研究［D］．南京：南京理工大学，2016．

[7] 顾旻杰．滚动功能部件加速寿命预测与磨损失效机理研究［D］．南京：南京理工大学，2017．

[8] WANG Y L, LI L, ZHOU C G, et al. The dynamic modeling and vibration analysis of the large-scale thread whirling system under high-speed hard cutting［J］. Machining Science and Technology, 2014, 18 (4)：522-546.

[9] GUO Q, YE L, WANG Y L, et al. Comparative assessment of surface roughness and micro-structure produced in whirlwind milling of bearing steel［J］. Machining Science and Technology, 2014, 18 (2)：251-276.

[10] GUO Q, CHANG L, YE L, et al. Residual stress nano hardness and microstructure changes in whirlwind milling of GCr15 steel［J］. Materials and Manufacturing Processes, 2013, 28 (10)：1047-1052.

[11] GUO Q, XIE J Y, YANG W L, et al. Comprehensive investigation on the residual stress of large screws by whirlwind milling［J］. The International Journal of Advanced Manufacturing Technology, 2020, 106：843-850.

[12] GUO Q, XU Y F, WANG M L, et al. Studies on residue stress and deformation behavior of GCr15 subjected to whirlwind milling［J］. International Journal of Precision Engineering and Manufacturing, 2020, 21 (3)：1399-1408.

[13] GUO Q, WANG M L, XU Y F, et al. Minimization of surface roughness and tangential cutting force in whirlwind milling of a large screw［J］. Measurement, 2019, 152 (3)：107256.

[14] 王禹林，李作康，周斌，等．基于全周期分段步加的极小子样加速实验方法［J］．华中科技大学学报（自然科学版），2017，45 (6)：68-72．

[15] 何彦，余平甲，王乐祥，等．丝杠硬态旋铣工艺的多目标参数优化［J］．计算机集成制

造系统，2018，24（4）：894-904.

[16] 王禹林，欧屹，冯虎田，等 . 基于全周期分段步加策略的小子样加速失效演变实验方法：ZL201410785307.7［P］.2017-08-29.

[17] 欧屹，冯虎田，朱宇霖，等 . 一种滚珠丝杠副精度保持性试验装置：ZL201310024818.2［P］.2015-02-18.

[18] 陶卫军，冯虎田，欧屹，等 . 滚珠丝杠副精度保持性试验装置与方法：ZL201210067846.8［P］.2014-06-04.

[19] 欧屹，冯虎田，徐益飞，等 . 一种滚珠丝杠副可靠性试验装置：ZL2014200022988.7［P］.2014-06-25.

[20] 欧屹，丁聪，冯虎田，等 . 一种滚珠丝杠副额定动载荷及寿命试验装置：ZL201320843017.4［P］.2014-06-04.

[21] 冯虎田 . 数控机床功能部件优化设计选型应用手册：滚珠丝杠副分册［M］. 北京：机械工业出版社，2018.

[22] 冯虎田 . 滚珠丝杠副动力学与设计基础［M］. 北京：机械工业出版社，2015.